普通高等教育新工科电子信息类课改系列教材

安徽省"十二五"规划教材

基于 ARM 的嵌入式 Linux 开发与应用

马小陆　刘晓东　编著

西安电子科技大学出版社

内 容 简 介

    嵌入式 Linux 系统课程是一门多学科交叉且具有很强实践性的课程。编者结合多年嵌入式项目开发和教学经验，立足于将原理和实践内容相结合，在介绍每个知识点时侧重讲述嵌入式系统开发中为何以及如何使用它，最后进行实例展示和总结。全书分为两部分：嵌入式系统开发基础和嵌入式系统开发应用。嵌入式系统开发基础由第 1～6 章组成，其中第 1～4 章主要讲述应用层的知识，包括嵌入式 Linux 的基本知识、编程环境、C 语言和系统编程；第 5～6 章讲述 ARM 硬件相关的知识，包括 ARM 基础知识和开发基础。嵌入式系统开发应用由第 7～9 章组成，其中第 7 章讲述了嵌入式 Linux 系统的构建，包括引导程序、内核和根文件系统；第 8 章和第 9 章讲述嵌入式 Linux 内核开发原理和实例。

    本书内容丰富，实用易懂，系统架构和知识点原理叙述清晰，实例过程详尽。本书既可作为各高等院校嵌入式 Linux 有关专业的教学用书，也可作为从事嵌入式 Linux 系统开发的技术人员的参考书。

图书在版编目(CIP)数据

基于 ARM 的嵌入式 Linux 开发与应用/马小陆，刘晓东编著. —西安：西安电子科技大学出版社，2016.3(2021.7 重印)
ISBN 978-7-5606-4026-6

Ⅰ. ①基… Ⅱ. ①马… ②刘… Ⅲ. ①微处理器—系统设计—高等学校—教材 ②Linux 操作系统—系统设计—高等学校—教材 Ⅳ.①TP332 ②TP316.89

中国版本图书馆 CIP 数据核字(2016)第 030219 号

策　　划　毛红兵
责任编辑　刘玉芳　毛红兵
出版发行　西安电子科技大学出版社(西安市太白南路 2 号)
电　　话　(029)88202421　88201467　　　邮　　编　710071
网　　址　www.xduph.com　　　　　　电子邮箱　xdupfxb001@163.com
经　　销　新华书店
印刷单位　陕西天意印务有限责任公司
版　　次　2016 年 3 月第 1 版　　2021 年 7 月第 3 次印刷
开　　本　787 毫米×1092 毫米　1/16　　　印　张　27.5
字　　数　657 千字
印　　数　5001～7000 册
定　　价　64.00 元

ISBN 978-7-5606-4026-6/TP

XDUP　4318001−3

如有印装问题可调换

前　言

嵌入式 Linux 系统的发展前景不言而喻。我们经常接触的消费类电子产品，如手机和 MP4 等设备中，往往都集成了嵌入式 Linux 操作系统。嵌入式 Linux 系统在其他领域的应用也非常多，如远程通信、医疗电子、交通运输、工业控制和航空航天等。随着物联网技术的发展，用到嵌入式技术的场合日渐增多，相应地，也有越来越多的企业和研发机构转向嵌入式 Linux 的开发和研究。在各种嵌入式 Linux 的应用中，基于 ARM 处理器的嵌入式 Linux 系统有更加广阔的发展前景，故越来越多的开发人员开始从单片机和 DSP 系统开发渐渐地向基于 ARM 处理器的嵌入式 Linux 系统开发过渡。

在当前图书市场上基于 ARM 的嵌入式 Linux 系统开发方面，缺少适合引导读者一步一步深入学习的教材。当前基于 ARM 的嵌入式 Linux 书籍中，有些偏重于理论，有些偏重于实践。前者所讲述的嵌入式 Linux 相关理论由浅入深，编排结构合理，但对实践方面的实例讲述较少；后者对于嵌入式 Linux 实例方面的讲述非常贴近于当前新技术的发展，但很多只是针对代码进行简单分析，具体操作过程的讲述不详细，缺乏对嵌入式 Linux 知识点的总结。结果导致读者看过前者之后，面对具体的硬件开发不知道怎样做；而后者因缺乏系统理论知识的讲述、操作过程不详尽，读者看过之后在项目开发过程中遇到问题而不知何因，因此也就无法解决问题。为解决这个问题，编者结合多年嵌入式项目开发和教学经验特编写了本书。

本书为安徽省"十二五"规划教材，是一本立足于将原理和实践内容相结合的教材，在每个知识点的讲述中侧重对嵌入式系统开发中为何要用它，然后讲述怎样用它，最后以实例进行展示和总结。

本书共有 9 章：

第 1 章　讲述了嵌入式开发相关的基础知识，如嵌入式系统的定义、Linux 的特点、嵌入式 Linux 系统的结构、在 PC 上安装虚拟机和 Linux 操作系统、Linux 操作系统的目录结构和文件属性、开发中常用的 Shell 命令及其用法以及交叉开发环境等知识。通过本章的讲述，读者可以对嵌入式 Linux 操作系统有一个入门的了解，为后续章节的学习打下基础。

第 2 章　主要对发行版 Linux 上常用的编程工具，如编辑器 vi、编译器 gcc、调试器 gdb、Makefile、库及 Shell 编程进行具体的讲述，这部分内容是嵌入式 Linux 软件开发的基础，读者可以对照本章节内容上机练习，加深对 Linux 和 Linux 编程环境的理解，培养嵌入式 Linux 学习兴趣。

第 3 章　首先讲述了嵌入式 C 语言的基础知识，包括数据类型、常用 ASCII 字符、关键字和标识符、特殊字符、存储类型、内存空间及运算符；接着介绍了 C 语言开发中常用的输入/输出函数、控制语句、数组和指针、函数；最后介绍了自定义数据类型(结构体和联合体)。

第 4 章　讲述系统编程相关内容，共三块内容：I/O、进程和网络编程。其中 I/O 包含文件 I/O 和标准 I/O；进程包括进程相关的命令、进程控制、线程(线程的控制、线程的同步与互斥)、进程通信(无名管道、有名管道信号、IPC(共享内存、消息队列、信号灯));网络编程包括 C/S 模式、socket 编程简介、socket 编程相关函数、TCP 实例、循环服务器、并发服务器及 I/O 的处理方式(阻塞 I/O、非阻塞 I/O、异步 I/O 和多路复用 I/O)。

第 5 章　介绍了 ARM 的一些基础知识,包括 ARM 简介、ARM 开发环境 RealView 和 ARM 的编程模型。

第 6 章　讲述了 ARM 汇编知识,针对 ARM 汇编、S3C2440 硬件原理图设计了基于 ARM 汇编的 GPIO 接口编程;介绍了 ARM 的 C 语言编程中的 ATPCS 规则、C 语言内联汇编、C 语言内嵌汇编和汇编调 C 函数;介绍了 ARM 的异常处理流程,针对 ARM 软中断异常讲述了软中断指令 SWI、软中断编程框架及软中断实例编程;介绍了中断异常中 S3C2440 中断控制器的原理,针对按键中断原理图,编写了按键中断程序;最后介绍了工程中常用的串口接口编程原理和使用实例。

第 7 章　从软件的角度看,一个嵌入式 Linux 系统通常可以分为四个层次:引导加载程序、Linux 内核、根文件系统和用户应用程序。前面第 2~4 章介绍了应用程序层次,本章主要介绍其余三个层次的内容,讲述的侧重点是在开发中怎样移植 u-boot 引导程序、Linux 内核,怎样制作嵌入式 Linux 根文件系统。

第 8 章　首先讲述了 Linux 设备驱动的基本原理,接着逐层讲述了驱动相关的命令、驱动程序框架、字符设备的框架、字符设备的主体 file_operation、驱动并发机制、驱动阻塞机制、驱动异步 I/O 机制、驱动多路复用 I/O 机制、驱动中断机制和驱动定时器机制。

第 9 章　讲述了工程中常用的接口(GPIO、IIC、看门狗、A/D)和按键中断的原理,依据原理和前面章节对应用层、硬件层和内核知识的讲解设计了接口驱动,并进行了应用程序的测试。

本书适合于下列人员阅读:

(1) 刚刚进入嵌入式 Linux 系统学习的学生或开发人员。

(2) 熟悉单片机或 DSP 的开发,拟转到嵌入式 Linux 系统开发的技术人员。

(3) 接触过嵌入式 Linux 系统开发,但对其本质原理不是很清楚的学生或开发人员。

(4) 想深入学习嵌入式 Linux 系统的学生或开发人员。

本书在编写过程中得到了许多人的帮助,在此向他们表示诚挚的感谢。

感谢安徽工业大学电气与信息工程学院的领导和电子信息工程系的老师,本书的编写得到了他们的支持和帮助。

感谢苏嵌教育,书中的很多实例都是在苏嵌教育中验证的。

特别感谢本书的责任编辑刘玉芳老师,没有她的努力,本书是不可能与读者见面的。

由于时间仓促,加之作者的编写水平有限,书中不当之处在所难免,恳请广大读者批评指正。

马小陆

2015 年 11 月

目　　录

第 1 章　嵌入式 Linux 基础知识

1.1　嵌入式 Linux 系统概述

1.1.1　计算机的发展与嵌入式系统定义

电子数字计算机诞生于 1946 年，在其后漫长的历史进程中，计算机始终存在于特殊的机房中，它是实现数值计算的大型昂贵设备。直到 20 世纪 70 年代微处理器出现，计算机才出现了历史性的变化。以微处理器为核心的微型计算机因其小型、价廉、高可靠性等特点，迅速走出机房。基于高速数值计算能力的微型机，表现出的智能化水平引起了控制专业人员的兴趣，他们逐步将微型机嵌入到一个对象体系中，以实现对对象体系的智能化控制。例如，将微型计算机进行电气加固、机械加固，并配置各种外围接口电路安装到大型舰船中构成自动驾驶仪或轮机状态监测系统。这样计算机亦逐步失去了原来的形态与通用的计算功能。为了区别于原有的通用计算机系统，把嵌入到对象体系中、实现对对象体系智能化控制的计算机，称做嵌入式计算机系统。可见，嵌入式系统诞生于微型机时代，它的嵌入性本质是将一个计算机嵌入到一个对象体系中去，这些是理解嵌入式系统的基本出发点。

由于嵌入式计算机系统要嵌入到对象体系中，实现的是对象的智能化控制，因此，它有着与通用计算机系统完全不同的技术要求与技术发展方向。通用计算机系统的技术要求是高速、海量的数值计算；技术发展方向是总线速度的无限提升，存储容量的无限扩大。而嵌入式计算机系统的技术要求则是对象的智能化控制能力；技术发展方向是与对象系统密切相关的嵌入性能、控制能力与控制的可靠性。

早期，人们对通用计算机系统进行改装，在大型设备中实现嵌入式应用。然而，对于众多的对象系统，如家用电器、仪器仪表、工控单元等，无法嵌入通用计算机系统，况且嵌入式系统与通用计算机系统的技术发展方向完全不同，因此，必须独立地发展通用计算机系统与嵌入式计算机系统，这就形成了现代计算机技术发展的两大分支。电子数字计算机的出现，使计算机进入到现代计算机发展阶段，而嵌入式计算机系统的诞生，则标志着计算机进入了通用计算机系统与嵌入式计算机系统两大分支并行发展的时代，从而引发 20 世纪末计算机的高速发展时期。

计算机专业领域集中精力发展通用计算机系统的软、硬件技术，而不必兼顾嵌入式应用要求，通用微处理器迅速从 286、386、486 系列发展到奔腾系列；操作系统则迅速扩张基于高速海量的数据文件处理能力，使通用计算机系统进入到尽善尽美阶段。嵌入式计算机系统的发展走上了一条完全不同的道路，这条独立发展的道路就是单芯片化道路。它动员了原有的传统电子系统领域的厂家与专业人士，迅速地将传统的电子系统发展到智能化的现代电子系统时代。

因此，现代计算机技术发展的两大分支的意义在于：它不仅形成了计算机发展的专业化分工，而且将发展计算机技术的任务扩展到了传统的电子系统领域，使计算机成为进入人类社会全面智能化时代的有力工具。

只有了解了嵌入式(计算机)系统的由来与发展，才能对嵌入式系统的定义不会产生过多的误解。按照历史性、本质性、普遍性的要求，嵌入式系统应定义为："嵌入到对象系统中的专用计算机系统"。其中，对象系统是指所嵌入的宿主系统；"嵌入性"、"专用性"和"计算机系统"是嵌入式系统的三个基本要素，它们分别指：

(1) 嵌入性：是指嵌入到对象系统中，满足对象系统的环境要求，如物理环境(小型)、电气环境(可靠)、成本(价廉)等要求。

(2) 专用性：嵌入式系统的软、硬件可裁剪，可满足对象系统要求的最小软、硬件配置。

(3) 计算机系统：嵌入式系统必须满足对象系统控制要求的计算机系统，这样的计算机必须配置有与对象系统相适应的接口电路。

注意：在理解嵌入式系统的定义时，不要与嵌入式设备相混淆。嵌入式设备是指内部有嵌入式系统的产品或设备，例如，内含单片机的家用电器、仪器仪表、工控单元、机器人、手机、PDA 等。

1.1.2　Linux

通常所说的 Linux 是指 Linus Torvald 所写的 Linux 操作系统内核。从诞生开始，Linux 就遵循着开源的原则，免费供人们学习和使用。通过网络，更多的爱好者与开发者加入到 Linux 内核的开发工作当中，他们共同遵守 GPL(General Public License)协议，协议规定源码可以无偿获取并且修改，这使得 Linux 快速发展壮大起来。Linux 系统并不是为嵌入式系统专门定制的，但是它独特的特性使它在嵌入式领域占有举足轻重的地位，具体的特性可以归纳如下。

1．开源系统

相比商业专用的嵌入式操作系统而言，Linux 内核完全免费，这为开发特别是一些低成本小项目的开发节省了一笔不小的费用。而且其内核源码是公开的，更易于开发者掌握和使用。

2．支持多种硬件平台

Linux 内核支持 X86、PowerPC、ARM、XSCALE、MIPS、SH、68K、Alpha、SPARC 等多种体系结构，并已经成功移植到多种硬件平台上，这对于经费、时间受限制的研究与开发项目是很有吸引力的。Linux 内核采用一个统一的框架对硬件进行管理，同时从一个硬件平台到另一个硬件平台的改动与上层应用无关。

3．可定制的内核

Linux 内核具有独特的模块机制，可以根据用户的需要，实时将某些模块插入到内核中或者从内核中移走；可以根据嵌入式设备的个性需要进行量身裁定。裁减后的内核最小可达 150 KB 以下，尤其适合于嵌入式领域资源受限的实际情况。

4．性能优异

Linux 内核高效、稳定，且能充分发挥硬件的功能，因此它比其他操作系统的运行效率更高。在个人计算机上使用 Linux，可以将它作为工作站，但它更适合应用于嵌入式领域。

5．良好的网络支持

Linux 是率先实现 TCP/IP 协议栈的操作系统，它的内核结构在网络方面非常完整，并提供了对包括十兆位、百兆位、千兆位的以太网，以及无线网络、Token ring(令牌环网)、光纤甚至卫星的支持，这对现在依赖于网络的嵌入式设备来说是很好的选择。

1.1.3 嵌入式 Linux 系统结构

嵌入式 Linux 系统结构如图 1-1 所示。

图 1-1　嵌入式 Linux 系统结构

由图 1-1 可知，嵌入式 Linux 系统分三层：应用层、内核层、硬件层。应用层是一些应用程序和库，是面向于用户的，如命令、QQ 等应用程序；内核层的主要功能是设备驱动、进程管理、内存管理、文件系统和网络通信；内核与应用程序之间是系统调用接口(System Call Interface)，它为用户提供内核的功能，同时也保护了内核；内核层与硬件层之间的接口是驱动程序，驱动程序负责操作硬件，内核提供了驱动程序的添加机制，便于开发人员将驱动代码添加到内核中。

本书的第 2 章和第 3 章讲述应用层相关的内容，第 4 章讲述内核空间和用户空间的系统调用接口，也称为 Linux 系统编程；第 5 章和第 6 章讲述的是基于 ARM 处理器硬件相关的内容，属于硬件层内容；第 8 章、第 9 章讲述的是 Linux 内核和 Linux 内核中设备驱动相关的内容，属于内核层内容。

1.2 Linux 操作系统安装

学习嵌入式 Linux 系统，首先要在 PC 上安装一个 Linux 操作系统，然后熟悉它。在 PC 上安装 Linux 操作系统有以下三个方案：

(1) 安装基于 PC 的 Windows 操作系统下的 CYGWIN。

(2) 在 Windows 系统下安装虚拟机后，再在虚拟机中安装 Linux 操作系统。

(3) 直接安装 Linux 操作系统。

在此选择第二方案，在一台 PC 上安装 VMware 虚拟机，再用虚拟机安装 ubuntu11.04 系统。所需的软件有：虚拟机软件 VMware-Workstation-6.5.1-126130.exe 和 ubuntu-11.04-alternate-i386.iso 安装文件。

1.2.1 安装虚拟机 VMware

下载完整版 VMware-workstation-6.5.1，双击安装程序后进入到 VMware-Workstation-6.5.1 安装向导界面，如图 1-2 所示，后面依次选择默认设置即可完成虚拟机的安装。

图 1-2 VMware 安装向导界面

1.2.2 在虚拟机 VMware 中安装 ubuntu11.04 操作系统

在 ubuntu 官网上下载系统镜像文件 ubuntu-11.04-alternate-i386.iso。打开虚拟机选择"新建虚拟机"，然后选择系统镜像文件所在的路径和安装目录。设置完成后点击"完成"即可生成虚拟目标文件。点击"启动电源"按钮，虚拟机会默认读取镜像文件并进行安装，安装过程中可以选择默认设置，安装完成后，输入登录密码即可使用。

1.2.3 安装 VMware tools

VMware 模拟的硬件包括主板、内存、硬盘(IDE 或 SCSI)、DVD/CD-ROM、软驱、网卡、声卡、串口、并口和 USB 口，但 VMware 没有模拟显卡。VMware 为每一种客户操作系统提供了一个 **VMware-tools** 软件包，可以增强 VMware 中所安装的操作系统的显示和鼠标功能。它的另外一个重要功能是：可以使 Windows 系统与 VMware 下的 Linux 系统之间进行文件共享，这个功能方便习惯使用 Windows 系统的开发人员进行嵌入式软件的开发。下面讲述 VMware-tools 软件包的安装过程。

(1) 启动 Linux 系统，点击菜单栏 VM 下的 Install VMware Tools 子菜单，可以看到 VMware-tools 软件包，如图 1-3 所示。

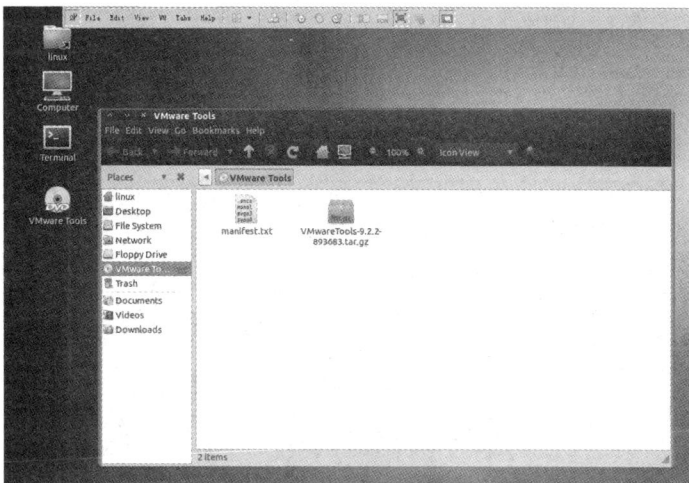

图 1-3　点击 Install VMware Tools 子菜单弹出的界面

(2) 将该软件包拷贝到 Linux 的 tmp 目录下，如图 1-4 所示。

图 1-4　将 VMware Tools 软件包拷贝到 Linux 的 tmp 目录下

(3) 打开终端，进入 tmp 目录，解压缩该软件包，其命令为：

tar -zxf VMwareTools-9.2.2-893683.tar.gz，然后默认解压到 vmware-tools-distrib 目录下，如图 1-5 所示。

图 1-5　解压缩 VMware Tools 软件包

(4) 进入解压后的目录并安装，其命令如下：

　　cd　vmware-tools-distrib

　　./vmware-install.pl

依次按下回车键，即可完成安装，如图 1-6 所示。

图 1-6　安装 VMware Tools 软件包

安装完成后即可进行 Windows 系统与 VMware 下的 Linux 系统之间文件共享的设置。

1.2.4　Windows 系统与 VMware 下的 Linux 系统之间的文件共享设置

Windows 系统与 VMware 下 Linux 系统之间的文件共享设置具体步骤如下：

(1) 点击菜单栏 VM 下的 Setting 子菜单，可以看到文件共享设置界面，如图 1-7 所示。

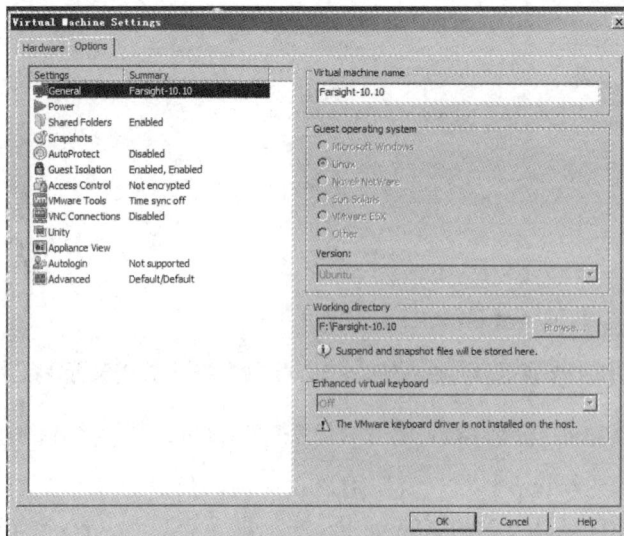

图 1-7　文件共享设置界面

（2）点击"Options"，选择"Shared Folders"，点击"Add"按钮就可选择 Window 系统下要共享的文件夹，如图 1-8 所示。

图 1-8　文件共享的设置

（3）在 Linux 系统下的/mnt 下即可看到 hgfs 文件目录，在 hgfs 目录下即有 Window 系统下设置的共享的文件夹目录，如图 1-9 所示，这样就可实现 Windows 与 VMware 下 Linux 文件的共享。

```
root@ubuntu:/home/linux# cd /mnt
root@ubuntu:/mnt# ls
hgfs
root@ubuntu:/mnt# cd hgfs/
root@ubuntu:/mnt/hgfs# ls

root@ubuntu:/mnt/hgfs# 
```

图 1-9　查看文件共享

1.3　Linux 基础

1.3.1　Linux 目录结构

Linux 继承了 Unix 操作系统结构清晰的特点。Linux 下的文件结构非常有条理，不同目录下存放不同功能的相关文件。初学 Linux，首先需要弄清 Linux 标准目录结构，其目录名和对应的功能如表 1-1 所示。

表 1-1　　Linux 标准目录结构和功能

目　录	功　能
bin	Linux 常用的命令
boot	启动 Linux 系统过程中用到的文件
dev	所有 Linux 系统中使用的外部设备文件
etc	这个目录下存放了系统管理时要用到的各种配置文件和子目录
sbin	系统管理员的系统管理程序
home	用来存放普通用户的主目录
lib	存放系统动态链接共享库
mnt	用户可以临时将别的文件系统挂在这个目录下
proc	在这个目录下可以获取 Linux 系统信息
root	超级用户的主目录
tmp	存放不同程序执行时产生的临时文件
usr	存放用户的应用程序和文件

1.3.2　Linux 文件属性

Linux 的文件属性主要有九个字段，如表 1-2 所示。

表 1-2　　Linux 的文件属性

字　段	属　性
第一字段	inode
第二字段	文件类型
第三字段	文件权限
第四字段	链接个数
第五字段	文件属主名
第六字段	用户分组名
第七字段	文件长度
第八字段	最后修改时间
第九字段	文件名或目录名

如图 1-10 所示为 a2ps.cfg 文件属性的详细信息。

2408949　-rw-r--r--　1root　root　15228　2003 - 01 - 25　a2ps.cfg

inode　文件类型　文件权限　链接个数　文件属主名　用户分组名　文件长度　文件上次被修改的时间和日期　文件名

图 1-10　　a2ps.cfg 文件属性的详细信息

在 Linux 的文件属性的九个字段中，后三个比较简单，下面主要介绍前六个字段。

1．inode

inode，译成中文就是索引节点。只要文件不同，inode 值就不一样，想查看某个文件的 inode 号，可用如下命令：

　　　ls　-i　文件名

2．文件类型

Linux 文件类型常见的有普通文件、目录文件、符号链接文件、管道文件、套接字文件、字符设备文件、块设备文件。

(1) 普通文件。在图 1-10 中，文件类型符号为"-"表示的是普通文件。touch 命令创建的文件即是普通文件。

(2) 目录文件。文件类型符号为"d"表示的是目录文件，创建目录文件的命令可以用 mkdir。

(3) 符号链接文件。文件类型符号为"1"表示的是符号链接文件，又称为软链接文件，这种类型的文件是通过命令 ln -s 来创建的，其命令格式如下：

　　　ln -s 源文件名 符号链接文件名

(4) 管道文件。文件类型符号为"p"表示的是管道文件，这种类型的文件可在进程通信中的 mkfifo 函数中创建。

(5) 套接字文件。文件类型符号为"s"表示的是套接字文件，这种类型的文件可在网络通信中实现本机通信时的 socket 函数中创建。

(6) 字符设备文件。文件类型符号为"c"表示的是字符设备文件，这种类型的文件是用 mknode 命令来创建的。

(7) 块设备文件。文件类型符号为"b"表示的是块设备文件，这种类型的文件也是用 mknode 命令来创建的。

3．文件权限

文件权限位是由 9 个权限位来控制的，每三位为一组，它们分别是文件属主(ower)的读 r、写 w、执行 x；用户分组(group)的读 r、写 w、执行 x；其他用户(other)的读 r、写 w、执行 x。如果权限位不可读、不可写或不可执行，则用"-"来表示，修改文件权限的命令是 chmod，其命令格式为

　　　chmod　权限　文件名

4．链接个数

链接个数指的是硬链接个数，创建硬链接文件的命令是 ln 命令，其命令格式如下：

　　　ln　源文件名　硬链接文件名。

创建硬链接文件的 inode 号和源文件的 inode 号是一样的，即表示同一个文件，其功能为文件的备份。

5．文件属主名

文件属主名即这个文件是哪个用户创建的，修改文件属主的命令是 chown，其命令格

式为

　　chown　用户名　文件名

6．用户分组名

Linux 系统中有多个用户时可进行分组，每个组的组名为这个组中成员的名称，用户分组名即这个文件是属于哪个用户组的，修改文件用户分组名的命令是 chgrp，其命令格式为

　　chgrp　用户分组名　文件名

1.3.3　Shell 命令

Shell 本身是一个用 C 语言编写的程序，它是用户使用 Linux 的桥梁，用户的大部分工作都是通过 Shell 完成的。Shell 既是一种命令语言，又是一种程序设计语言。作为命令语言，它交互式地解释和执行用户输入的命令，本节主要介绍这部分功能；作为程序设计语言，它定义了各种变量和参数，并提供了许多在高级语言中才具有的控制结构，包括循环和分支等，这部分内容的介绍放在 2.6 节 Shell 编程基础中。

在 Linux 下打开终端就可以看到 Shell 提示符，对于普通用户用"$"作为 Shell 提示符，而对于根用户(root)用"#"作为 Shell 提示符。

Shell 命令的一般格式为

　　命令名　　[选项]　[参数 1]　[参数 2]　……

(1) 选项：包括一个或多个字母的代码，它前面有一个符号"-"，Linux 用这个符号来区别选项和参数，多个选项可以用一个符号"-"连接起来或直接连接。例如：

　　ls　　-l-a

也可写作：

　　ls　　-la

(2) 参数：提供命令操作的对象。

例 1-1　ls　-l　/home/zxq

该命令将 /home/zxq 目录的内容详细列出。

Shell 命令非常多，本节主要讲述嵌入式开发中常用的 Shell 命令。

1．用户管理命令

(1) adduser。

权限：root 用户。

命令格式：adduser 新用户名

功能：添加新用户。

例 1-2　root@ubuntu:/home/linux#adduser mxl

解释：添加一个 mxl 用户，在/home 目录下会出现一个 mxl 目录，该目录是 mxl 用户的主目录。

(2) sudo。

权限：所有用户。

命令格式：sudo　root 用户权限的命令

功能：临时具有超级用户的权限。

例 1-3　root@ubuntu:/home/linux$sudo adduser mxl

解释：临时具有 mxl 用户的权限。

(3) su。

权限：所有用户。

命令格式：su 用户名

功能：切换用户。

例 1-4　root@ubuntu:/home/linux#su mxl

解释：切换到 mxl 用户。

(4) exit。

权限：所有用户。

命令格式：exit

功能：退到切换前的用户。

(5) deluser。

权限：root 用户。

命令格式：deluser 用户名

功能：删除一个用户。

例 1-5　root@ubuntu:/home/linux#deluser mxl

解释：删除 mxl 用户，用户删除后，home 下的 mxl 目录仍然存在。

若执行命令：root@ubuntu:/home/linux#deluser　--remove　-home mxl，则删除 mxl 用户及其在 home 下的 mxl 目录。

2. 目录和文件处理相关的命令

(1) ls。

权限：所有用户。

命令格式：ls　[选项]　[目录或文件]

功能：列出目录中的文件及子目录清单或文件的信息，若不加参数，则默认为当前目录。

常用选项：

- -a：显示所有文件及目录(包括隐藏文件)；
- -l：显示文件的详细信息；
- -i：显示文件的 inode 节点号。

(2) cd。

权限：所有用户。

命令格式：cd　[目标路径]

功能：变换工作目录到目标路径，其中目标路径可以是绝对路径也可以是相对路径。目标路径名可以缺省，若缺省则变换至该用户的主目录。

常用目标路径的举例如表 1-3 所示。

表 1-3 常用目标路径的举例

常用目标路径的例子	功　能
cd　dir	切换到当前目录下的 dir 目录
cd　/	切换到根目录
cd　..	切换到上一级目录
cd　../..	切换到上二级目录
cd　~	切换到用户主目录
cd	切换到用户主目录

(3) pwd。

权限：所有用户。

命令格式：pwd

功能：显示用户当前工作子目录的完整路径。

例 1-6　root@ubuntu:/home/linux $ pwd

解释：在终端出现/home/linux。

(4) mkdir。

权限：当前目录有适当权限的所有者。

命令格式：mkdir　[子目录或子目录完整路径]

功能：建立一个新的子目录，使用子目录的路径作为参数。

例 1-7　root@ubuntu:/home/linux $ mkdir /home/mxl/temp

解释：在/home/mxl 目录下新建一个子目录 temp。

(5) rmdir。

权限：当前目录有适当权限的所有者。

命令格式：rmdir　[子目录或子目录完整路径]

功能：删除空目录。

例 1-8　root@ubuntu:/home/linux $ rmdir /home/mxl/temp

解释：删除/home/mxl 目录下的子目录 temp。

(6) rm。

权限：当前文件有适当权限的所有者。

命令格式：rm　[选项]　[文件名或目录名]

功能：删除文件以及目录。

常用选项：

● -i：删除前逐一询问确定；

● -f：即使原文件为只读也强制删除，并不询问确定；

● -r：同时删除该目录下的所有目录以及文件。

例 1-9　root@ubuntu:/home/linux$ rm -i　textfile

root@ubuntu:/home/linux$ rm –rf　/home/mxl/temp

解释：第一个命令会询问是否删除，按"y"将会删除，按"n"将不会删除；第二个命令将不会提示，直接删除。

(7) mv。

权限：当前文件有适当权限的所有者。

命令格式：mv　[选项]　[原文件或目录]　[目标文件或目录]

功能：将一个文件移至另一个文件；或将多个文件移动至另一个目录；也可以将一个目录移动至另一个目录；mv 也可以实现重命名功能。

常用选项：

● -i：若目标位置已有同名文件，则询问是否覆盖旧文件。

例 1-10　root@ubuntu:/home/linux $ mv -i　*.c　/home/mxl/temp

解释：将当前目录下所有.c 文件移动至/home/mxl/temp 目录中。

例如：root@ubuntu:/home/linux $ mv　text1　text2

解释：将 text1 文件名修改为 text2，实现了重命名的功能。

(8) cp。

权限：所有用户。

命令格式：cp　[选项]　[原文件或目录]　[目标文件或目录]

功能：将一个文件复制到另一个目录中，或将数个文件复制到另一个目录中，也可以将一个目录复制到另一个目录中。

常用选项：

● -a：尽可能将文件的状态、权限等信息全部复制；

● -f：若目的地址有同名文件，则将已有的文件删除再进行复制；

● -r：若原目录中包含子目录，则将原目录中的文件及子目录也依次复制到目的地址中。

例 1-11　root@ubuntu:/home/linux $ cp text1 text2

解释：将文件 text1 的内容复制到 text2 中，若 text2 文件不存在则创建。

root@ubuntu:/home/linux $ cp –arf up-tech/　/temp

解释：将目录 up-tech 复制到/temp 目录中。

(9) cat。

权限：所有用户。

命令格式：cat　[选项]　[文件名]

功能：可以显示文件内容，或者把多个文件内容串接后输出到终端中或另一个文件中。

常用选项：

● -n：由 1 开始对所有输出行数编号；

● -b：与-n 类似，只是不对空白行编号。

例 1-12　root@ubuntu:/home/linux $ cat –n　textfile1　textfile2

解释：把文件 textfile1 和 textfile2 串接后输出到终端。

例 1-13　root@ubuntu:/home/linux $ cat text1 text2　>　text3

解释：把 text1 和 text2 文件内容串接后输出到 text3 文件中。

(10) more。

权限：所有用户。

命令格式：more　[选项]　[文件名]

功能：类似于 cat，但它可以分页显示，适合显示长文件清单或文本内容，若文件过长可按空格键换页，按回车键到下一行，按 b 键返回上一页。

(11) less。

权限：所有用户。

命令格式：less　[选项]　[文件名]

功能：与 more 命令功能类似，可以用来浏览文字文件的内容，不同之处在于 less 命令在显示文本时，允许用户使用"↑"键、"↓"键前后翻阅文件。

3. 帮助命令 man

权限：所有用户。

命令格式：man　[查找内容]

功能：用于快速查询命令和函数的使用方法等。

例 1-14　　root@ubuntu:/home/linux # man　ls

解释：查询命令 ls 的使用方法。

4. 查找命令 find

权限：所有用户。

命令格式：find　[路径]　[选项]　[查找相关内容]

功能：对于某个特定文件、某些特定文件和某种类型的文件进行检索时，可以根据名字、类型、文件属主以及上次修改时间来检索。

常用选项：

- -name：检索文件名中包含查找内容字符串的文件；
- -type：检索相应类型的文件(d、c 等);
- -user：检索创建用户为查找内容的文件。

例 1-15　root@ubuntu:/home/linux $ find　/etc/　–name　ex

解释：在/etc/目录下查找文件名中包含 ex 的文件。

5. 打包与压缩命令 tar

(1) 打包：将多个文件放在一起，总文件大小是各个文件之和，以.tar 结尾的是打包文件。

(2) 压缩：压缩后的文件大小小于压缩前的文件大小，压缩时可以采用不同的压缩算法，如 gzip、bzip2 等。

tar 命令不仅可以打包，也可以解包，还可以选择不同的压缩算法进行压缩和解压缩。

tar 命令格式如下：

权限：所有用户。

命令格式：tar　[选项]　[归档文件名]　[原文件或目录]

功能：Linux 软件一般以.tar.gz 或.tar.bz2 结尾。.tar.gz 是先由 tar 程序打包，再用 gzip 算法压缩而成。.tar. bz2 则是先由 tar 程序打包，再用 bzip2 算法压缩而成。

常用选项：

- -f：用户指定归档文件的文件名，否则使用默认名称；
- -c：创建新的归档文件；
- -x：释放归档文件；

- -v：显示归档和释放的过程信息；
- -j：使用 bzip2 压缩程序；
- -z：使用 gzip 压缩程序。

例 1-16　root@ubuntu:/home/linux # tar　-czvf　backup.tar.gz　*.c

解释：打包当前目录下所有后缀为 .c 的文件，并使用 gzip 算法压缩，其压缩包名为 backup.tar.gz。

例 1-17　root@ubuntu:/home/linux # tar　-xzvf　backup.tar.gz

解释：在当前目录下解压 backup.tar.gz。

例 1-18　root@ubuntu:/home/linux # tar　-cjvf　backup.tar.bz2　*.c

解释：打包当前目录下所有后缀为 .c 的文件，并使用 bzip2 算法压缩，其压缩包名为 backup.tar. bz2。

例 1-19　root@ubuntu:/home/linux # tar　-xjvf　backup.tar. bz2

解释：在当前目录下解压 backup.tar. bz2。

6. 挂载及卸载命令

(1) 挂载命令 mount。

权限：root 用户。

命令格式：mount　[-t　vfstype]　[-o　options]　device　dir

功能：-t vfstype 用于指定文件系统的类型。-o options 主要用来描述设备或档案的挂接方式。

常用的 vfstype 有：

- 光盘或光盘镜像：iso9660；
- DOS fat16 文件系统：msdos；
- Windows 9x fat32 文件系统：vfat；
- Windows NT ntfs 文件系统：ntfs；
- Windows 文件网络共享：smbfs；
- UNIX(LINUX) 文件网络共享：nfs。

常用的 options 有：

- loop：用于把一个文件当成硬盘分区挂接上系统；
- ro：采用只读方式挂接设备；
- rw：采用读写方式挂接设备；
- iocharset：指定访问文件系统所用的字符集。
- device：要挂接的设备。
- dir：设备在系统上的挂接点，一般为/mnt 目录。

例 1-20　挂载 U 盘的命令。

root@ubuntu:/home/linux # mount -t vfat /dev/sda1 /mnt/

解释：sda1 为插入 U 盘在/dev 下生成的设备文件节点，挂接成功后在/mnt/看到 U 盘的内容，若 U 盘中的汉字文件名显示为乱码或不显示，可以使用下面的命令：

　　　root@ubuntu:/home/linux #mount -t vfat -o iocharset=cp936 /dev/sda1 /mnt/

例 1-21 挂接 Linux 系统 NFS 文件共享。

类似于 Windows 的网络共享，Linux 系统也有网络共享，那就是 NFS(Net File System)。下面介绍在 Linux 下如何挂接 NFS，其步骤分为服务器端和客户端。

① NFS 服务端配置步骤有如下 2 步：

- 在 /etc/exports 文件中添加服务器端的共享目录。

例如：/source/rootfs   *(rw,sync,no_root_squash)

解释：设置 /source/rootfs 为 NFS 服务端的共享目录，客户端可以访问这些目录。

- 启动 nfs 服务，其命令如下：

    /etc/init.d/nfs-kernel-server   start

② 服务器端还有其他的命令：

- 停止 NFS 服务：/etc/init.d/nfs-kernel-server   stop；
- 重新启动 NFS 服务：/etc/init.d/nfs-kernel-server   restart；
- 查看 NFS 服务当前状态：/etc/init.d/nfs-kernel-server   status。

例 1-22 NFS 客户端访问服务器端共享目录：

    root@ubuntu:/home/linux #mount -t nfs 192.168.1.189: /source/rootfs   /mnt

解释：192.168.1.189 是 NFS 服务端的 IP 地址，/source/rootfs 为服务器端共享的目录。该命令执行成功后，客户端/mnt 中的内容即为服务器端/source/rootfs 中的内容。

(2) 卸载命令 umount。

权限：root 用户。

命令格式：umount   挂载目录

功能：卸载所挂载的目录的内容。

7. 其他常用命令

(1) ifconfig。

权限：root 用户具有网络设置接口，其他用户可以查看网络接口信息。

命令格式：ifconfig   [网络接口名]   [ip 地址]

功能：用来配置网络接口或查看网络接口。

例 1-23   root@ubuntu:/home/linux #ifconfig

解释：显示网络接口信息。

    root@ubuntu:/home/linux #ifconfig   eth0 192.168.1.34

解释：配置网络接口 eth0 的 IP 地址为 192.168.1.34。

(2) clear。

权限：所有用户。

命令格式：clear

功能：清除终端屏幕上的内容。

(3) insmod。

权限：root 用户。

命令格式：insmod 驱动模块名称

功能：将驱动模块加载到 Linux 内核中。

(4) rmmod。

权限：root 用户。

命令格式：rmmod 驱动模块名称

功能：将驱动模块从 Linux 内核中卸载。

(5) echo。

权限：所有用户。

命令格式：echo 信息

功能：输出信息到终端屏幕上，相当于 C 语言中的 printf，在 Shell 编程中用于调试打印。

8．Shell 中的常用快捷键

(1) Ctrl + c。

权限：所有用户。

命令格式：Ctrl　c

功能：中断进程。

(2) Tab。

权限：所有用户。

命令格式：命令或路径　Tab

功能：自动补齐命令或路径。

例 1-24　root@ubuntu:/home/linux #/hom　Tab

解释：会自动补齐为/home。

(3) "↑"和"↓"键。

权限：所有用户。

命令格式："↑"或"↓"

功能："↑"查找选择之前使用过的命令；"↓"查找选择之后使用过的命令。

9．Shell 中的通配符

(1) *。

权限：所有用户。

功能：匹配任意长度的字符串。

例 1-25　root@ubuntu:/home/linux #cp　-arf　*.c　backup/

解释：将当前目录下后缀为.c 的文件都拷贝到 backup 中。

　　　root@ubuntu:/home/linux #cp　-arf　test*.c　backup/

解释：将当前目录下文件名前 4 个字符为 test 且后缀为.c 的文件都拷贝到 backup 中去。

(2) ? 。

权限：所有用户。

功能：匹配一个字符。

例 1-26　root@ubuntu:/home/linux#cp　-arf　test?.c　backup/

解释：将当前目录下文件名为前缀为 5 字符，同时前 4 个字符为 test 和后缀为.c 的文件都拷贝到 backup 中去。

(3) [...]。

权限：所有用户。

功能：匹配指定的字符。

例 1-27　root@ubuntu:/home/linux #cp -arf　test[456].c　backup/

解释：将当前目录下的 test4.c、test5.c、test6.c 拷贝到 backup 中去。

(4) [.-.]。

权限：所有用户。

功能：匹配一个范围的字符串。

例 1-28　root@ubuntu:/home/linux #cp -arf　test[1-6].c　backup/

解释：将当前目录下的 test1.c、test2.c、test3.c、test4.c、test5.c、test6.c 六个文件拷贝到 backup 中去。

(5) [^...]。

权限：所有用户。

功能：选择除了指定字符的其他文件。

例 1-29　root@ubuntu:/home/linux #cp -arf test[^345].c backup/

解释：将当前目录下除了 test3.c、test4.c、test5.c 的其他的 test*.c 拷贝到 backup 中去。

1.4　交叉开发环境

对于嵌入式系统开发来说，一般主机(PC)与目标板(嵌入式系统)的体系结构、指令集、可执行的二进制代码格式不同，同时由于嵌入式系统资源有限，无法在其上建立起所需要的开发环境，而且对于只是面向产品的嵌入式系统来说，没有必要发展成为既是运行环境又是开发环境的系统。因此要进行嵌入式开发，必须要理解嵌入式系统开发过程中使用的交叉开发环境(Cross-development Environment)。要理解交叉开发环境，首先得理解什么是交叉编译。

1.4.1　交叉编译

交叉编译这个概念的出现和流行是与嵌入式系统发展同步的。我们常用的计算机软件都要通过编译的方式把高级语言代码(比如 C 代码)编译成计算机可以识别和执行的二进制代码。例如在 Windows 平台上可使用 Visual C++ 开发环境编写程序并编译成可执行程序，这种方式是使用 PC 平台上的 Windows 开发工具开发 PC 能运行的可执行程序，这种编译过程称为本地编译。

然而，在进行嵌入式系统的开发时，运行程序的硬件平台通常资源有限，例如常见的 ARM9 平台，其一般的 SDRAM 空间是 64～256 MB，而 CPU 的主频在 100～500 MHz 之间。这种情况下，直接在 ARM 平台上编译源码不太可能。为了解决这个问题，交叉编译工具应运而生。通过交叉编译工具，可以在 CPU 能力很强、存储空间足够的主机平台上(PC)将源码编译成目标硬件平台可以运行的程序，最后再将其下载到目标硬件平台上，这种编译方式称为交叉编译。

　　综上所述，编译环境和运行环境不一样称为交叉编译，编译环境和运行环境一样称为本地编译。以这种交叉编译方式开发的嵌入式系统软件开发需要相应的交叉开发环境，也称为宿主机(PC)/目标机开发环境。

1.4.2　交叉开发环境

　　交叉开发环境的模式一般是宿主机/目标机模式，如图 1-11 所示。

图 1-11　交叉开发环境模式

　　宿主机是一台通用计算机(如 PC)，各种 Linux 发行版本可以直接在 PC 上安装，功能十分强大；目标机一般在嵌入式软件开发期间使用，它可以是嵌入式软件的实际运行环境，也可以是能够替代实际运行环境的仿真系统。

　　交叉开发环境就是在宿主机和目标机体系结构不同的情况下，在宿主机上开发能在目标机上运行的程序。比如说在 x86 平台上开发 ARM 目标板上运行的程序，就是在 x86 平台中将程序编译链接成 ARM 平台上可运行的代码。那么怎样将在宿主机编译好的代码下载到目标机上运行呢？这就涉及宿主机与目标机之间的通信方式。

1.4.3　宿主机与目标机之间的通信方式

1．JTAG 口

　　JTAG 技术是一种嵌入式调试技术，它在芯片内部封装了专门的测试接口(TAP，Test Access Port)，通过 JTAG 测试工具对芯片的内核进行测试。它是联合测试行动小组(JTAG，Joint Test Action Group)定义的一种国际标准测试协议，主要用于芯片内部测试及对系统进行仿真、调试。目前大多数比较复杂的器件都支持 JTAG 协议，如 ARM、DSP、FPGA 器件等。标准的 JTAG 接口是 4 线：TMS、TCK、TDI、TDO，分别为测试模式选择、测试时钟、测试数据输入和测试数据输出，JTAG 接口的时钟一般在 1～16 MHz 之间。JTAG 在嵌入式开发中使用的频率不高，但必不可少，因为当目标机上没有任何程序时，必须用 JTAG 下载引导程序，然后才能利用引导程序来下载内核和文件系统以提高开发的效率。

2．串口

　　在宿主机上开发的程序代码是运行在目标机上的，要在开发阶段把目标机的运行信息显示给开发人员，最常用的方法就是通过串口线将目标机的信息输出到宿主机的显示器上，这样开发人员就能看到代码的运行情况；同时开发人员也可通过串口向目标机发送控制命令，此时串口可看做是控制台。

　　在 Windows 和 Linux 操作系统下，典型的串口通信软件分别是"超级终端"和

"minicom"。通过串口通信软件，用户可以很方便地对串口进行配置，最主要的配置参数是波特率、数据位、停止位、奇偶校验位和数据流控制位等，这些参数必须根据目标机的实际串口参数进行正确配置，才能实现正常的串口通信。

当然串口也可以下载程序到目标机中，使用串口下载需要配合特定的下载软件，如DNW 软件等。串口下载的缺点是传输速度没有网络下载快，但是具有方便使用的优点，不需要额外的连线和设置 IP 等操作。

3. USB

串口用来显示目标板的信息是十分方便的，但是用来传输或者下载文件则速度较慢，并且通常需要专用的串口工具才能下载，而许多串口下载工具也自带了 USB 文件传输功能，通过 USB 口进行文件的传输速度比使用串口进行传输得快。

4. 以太网口

通过以太网连接可以实现宿主机快速向目标机下载程序，提高开发的效率。例如在嵌入式系统开发中常常需要通过网络下载文件或者挂载文件系统，经常用到的服务有 TFTP、NFS 等。

NFS(Network File System，网络文件系统)可以实现不同的机器、不同的操作系统之间彼此共享文件，其设置过程可见 1.3.3 节中的 mount 命令。NFS 可以让不同的主机通过网络将远端的 NFS 服务器共享出来的文件安装到自己的系统中，从客户端看来，使用 NFS 的远端文件就像是使用本地文件一样。NFS 这种特性使它在嵌入式系统中得到了广泛的应用，它使得应用程序开发调试变得更加方便，不用反复烧写镜像文件。NFS 的使用分为服务端和客户端，其中服务器端提供要共享的文件，而客户端则通过挂载(mount)实现对共享文件的访问操作。在嵌入式系统开发过程中经常会把根文件系统放在 NFS 的导出目录中，同时配置内核启动时挂载 NFS 文件系统来启动系统。

TFTP(Trivial File Transfer Protocol，简单文件传输协议)是嵌入式系统中通过网络下载映像最常用的一种方法，它分为客户端和服务端两种。通常首先在宿主机上开启 TFTP 服务器端，设置好 TFTP 的根目录内容(即供下载的文件)，接着在目标板上开启 TFTP 的客户端程序。这样，把目标板和宿主机用网线连接之后，就可以通过 TFTP 协议传输可执行文件了。

本 章 小 结

本章的目的是让没有接触或没有进行过嵌入式系统开发的读者了解嵌入式开发相关的基础知识，如嵌入式系统的定义、Linux 的特点、嵌入式 Linux 系统的结构、如何在 PC 上安装虚拟机和 Linux 操作系统、Linux 操作系统的目录结构和文件属性、开发中常用的 Shell命令及其用法，以及交叉开发环境等知识。通过本章的讲述，读者能够对嵌入式 Linux 操作系统有一个入门的了解，为后续章节的学习打下基础。

第 2 章　嵌入式 Linux 编程环境

嵌入式 Linux 系统的开发，不再拥有集成编程环境，一切都要程序员分开操作，包括编辑器、编译器、调试器、工程管理工具(make 及 Makefile)和开发工具包等，这对程序员的要求更高。本章主要对这方面内容进行讲述。

2.1　编辑器 vi

2.1.1　编辑器 vi 简介

编辑器 vi 最初是由 Sun Microsystems 公司的 Bill Joy 在 1976 年开发的。一开始 Bill Joy 开发了 Ex 编辑器，也称行编辑器，后来开发了 vi 作为 Ex 的可视接口，一次能看到一屏的文本而非一行，vi 因此而得名。一开始接触 vi，会觉得它的界面不友好、不容易掌握，可一旦掌握了 vi 的常用命令操作，就会感觉到它强大的功能。此外，vi 占用资源少，在嵌入式 Linux 系统中也可以使用。

2.1.2　vi 用法

vi 有三种工作模式：

(1) 文本输入模式，也是写代码时用的模式，又叫插入模式。

(2) 命令行模式，在此模式下，可以进行查找、替换等命令操作。

(3) 最后行模式，此模式是在写完代码后要有保存或退出等相关功能。

三种模式之间的切换如图 2-1 所示。由图 2-1 可知，当进入 vi 编辑某个文件时，会首先进入命令行模式；按下 a 或 i 就进入文本输入模式，用户输入的可视字符都添加到文件中，并显示在屏幕上；按下 Esc 键就可以回到命令行模式；在命令行模式下输入"："就进入最后行模式；在最后行模式下按下 Esc 键会回到命令行模式。

图 2-1　三种模式之间的切换

1. 文本输入模式下使用 vi

在文本输入模式下，不能敲入命令，必须先按 Esc 键返回命令行模式。若用户不知身处何种模式下，也可以按 Esc 键，都会返回命令行模式。

文本输入模式下常用命令及其含义如表 2-1 所示。

表 2-1　文本输入模式下常用命令及其含义

常用命令	含　　义
i	在光标处插入正文
I	在一行开始处插入正文
a	在光标后追加正文
A	在行尾追加正文
o	在光标下面新开一行
O	在光标上面新开一行
Esc	返回命令行模式

2. 命令行模式下使用 vi

在命令行模式下，都要输入命令，它与最后行模式下的命令格式有所区别，它的命令不是以"："开始，它直接接受键盘输入的单字符或组合字符命令。例如按下 u 就表示取消上一次对文件的修改，相当于 Windows 下的 undo 操作。

命令行模式下有一些命令是要以"／"开始的。例如查找字符串就是：/string，这条命令是在文件中匹配查找 string 字符串。命令行模式下常用命令及其含义如表 2-2 所示。要检索文件，也必须在命令行模式下进行。

(1) /str：向后搜寻 str 直至文件结尾处。

(2) ?str：往前搜寻 str 直至文件开始处。

表 2-2　命令行模式下常用命令及其含义

常用命令	含　　义
0	光标移至行首
h	光标左移一格
L	光标右移一格
J	光标向下移一格
K	光标向上移一格
$+A	光标移至该行最后
PageDn	向下滚动一页
PageUp	向上滚动一页
d+方向键	删除文字
dd	删除整行
pp	整行复制
r	修改光标所在字符
x	删除光标处字符
nx	删除光标处后 n 个字符
nX	删除光标处前 n 个字符
ndw	删除光标处 n 个单词
d$或 D	删除从光标处至该行最末
u	恢复前一次所做的删除

3. 最后行模式下使用 vi

在最后行模式下，所有命令都要以"："开始，所键入的字符系统均作命令来处理。例如"：q"代表退出，"：w"表示存盘。最后行模式下常用命令及其含义如表 2-3 所示。

表 2-3 最后行模式下常用命令及其含义

常用命令	含　义
:q!	放弃任何改动而退出 vi，即强行退出
:w	文件存盘
:x	存盘并退出 vi
:w!	对于只读文件强行存档
:wq	存档并退出 vi
:set nu	在文件中每行的前面会列出行号
:set nonu	取消列出的行号

4. vi 使用实例

本节给出了一个 vi 使用的完整实例，如表 2-4 所示。通过这个实例，读者可以熟悉 vi 的使用流程和不同模式下的常用命令。实例中的功能要求及操作命令如表 2-4 所示。

表 2-4 vi 使用实例

步骤	功　能　要　求	操　作　命　令
1	在/root 目录下建一个名为 vi 的目录	mkdir　/root/vi
2	进入 vi 目录	cd　/root/vi
3	将文件/etc/inittab 复制到 vi 目录下	cp　/etc/inittab　./
4	使用 vi 打开 vi 目录下的 inittab	vi　./inittab
5	将光标移到该行	17<enter>(命令行模式)
6	复制该行内容	yy
7	将光标移到最后一行行首	G
8	粘贴/复制行的内容	p
9	撤销第 8 步工作"粘贴/复制行的内容"	u
10	将光标移动到最后一行的行尾	$
11	粘贴/复制行的内容	p
12	光标移到"si::sysinit:/etc/rc.d/rc.sysinit"	21G
13	删除该行	dd
14	存盘但不退出	:w(最后行模式)
15	将光标移到首行	1G
16	插入模式下输入"Hello,this is vi world!"	i 并输入"Hello,this is vi world!"(文本输入模式)
17	返回命令行模式	Esc
18	向下查找字符串"wait"	/wait(命令行模式)
19	再向上查找字符串"halt"	?halt
20	强制退出 vi，不存盘	:q!(最后行模式)

2.2　编译器 gcc

2.2.1　编译器 gcc 简介

Linux 系统下的 gcc(GNU C Compiler)是 GNU 推出的功能强大、性能优越的多平台编译器，它是 GNU 的代表作品之一。gcc 是可以在多种硬体平台上编译出可执行程序的超级编译器，其执行效率与一般的编译器相比要高出 20%～30%。编译器 gcc 能将 C、C++ 语言源程序、汇编语言源程序和目标程序编译、链接成可执行文件，如果没有给出可执行文件的名字，gcc 将生成一个默认名为 a.out 的可执行文件。在 Linux 系统中，可执行文件没有统一的后缀，系统从文件的属性来区分可执行文件和不可执行文件，而 gcc 则通过后缀来区别输入文件的类别。gcc 常见的后缀名及其含义如表 2-5 所示。

表 2-5　gcc 常见的后缀名及其含义

gcc 常见的后缀名	含　义
.c	C 语言源代码文件
.a	由目标文件构成的库文件
.C、.cc 或.cpp	C++源代码文件
.h	程序所包含的头文件
.i	经预处理过的 C 源代码文件
.ii	经预处理过的 C++源代码文件
.m	Objective-C 源代码文件
.o	编译后的目标文件
.s	汇编语言源代码文件
.S	经过预编译的汇编语言源代码文件

gcc 编译器可移植到不同的处理器平台上。标准 PC Linux 上的 gcc 是针对 Intel CPU 的编译器；而 ARM 系列开发套件使用的是针对 ARM 系列处理器的编译器，如 arm-linux-gcc 等。

2.2.2　gcc 的编译过程

使用 gcc 编译 C 语言源代码文件生成可执行文件要经历相互关联的四个步骤：预处理(也称预编译，Preprocessing)、编译(Compilation)、汇编(Assembly)和链接(Linking)，如图 2-2 所示。

图 2-2　gcc 编译过程

1. 预处理

在预处理阶段，主要处理源文件中以 "#" 开始的语句，如 #ifdef、#include 和 #define。该阶段会生成一个中间文件 *.i。gcc 的选项 "-E" 能使编译器在进行完预处理后就停止，操作命令为

    gcc -E -o test.i   test.c

其中，test.c 为 C 语言源码文件，test.i 为生成的预处理文件。

2. 编译阶段

编译器在预处理结束之后，gcc 首先要检查代码的规范性，以及是否有语法错误等，以确定代码实际要做的工作，检查无误后，就开始把代码翻译成汇编语言。gcc 的选项"-S"能使编译器在进行完编译阶段之后就停止，操作命令为

    gcc -S -o test.s   test.c

其中，test.c 为 C 语言源码文件，test.s 为生成的汇编文件。

3. 汇编阶段

在汇编阶段，将输入的汇编文件 *.s 转换成目标文件*.o。*.o 文件已经是二进制文件，即 0 和 1 的机器语言，但是它不是可执行的二进制文件。gcc 的选项"-c"能使编译器在进行完汇编之后就停止，操作命令为

    gcc -c -o test.o test.c

其中，test.c 为 C 语言源码文件，test.o 为生成的目标文件。

4. 链接阶段

在汇编阶段之后，就进入了链接阶段，该阶段链接各种静态链接库和动态链接库，得到可执行文件。完成了链接之后，gcc 就生成了可执行文件，其命令如下：

    gcc   -o test test.c

其中，test.c 为 C 语言源码文件，test 为生成的可执行文件。

2.2.3 gcc 常用用法

gcc 的命令格式为：

    gcc   [options]   [filenames]

- options：编译器选项。常用的选项如表 2-6 所示。
- filenames：相关的文件名称。

表 2-6 gcc 编译器常用的选项

选项	含　义	选项	含　义
-c	编译生成目标文件	-I	指定额外的头文件搜索路径
-S	编译生成汇编语言文件	-L	指定额外的函数库搜索路径
-E	只对文件进行预处理	-static	静态链接库，默认都是动态链接
-v	查询 gcc 版本信息	-w	不生成任何警告信息
-g	生成调试信息，gdb 调试器可利用该信息	-Wall	生成所有警告信息
-o	生成指定的输出文件		

例 2-1　在 vi 编辑器下编写下列 .c 程序，程序名为 hello.c。

```
#include   "stdio.h"
int main(void)
{
    printf("Hello world, Linux programming!\n");
    return 0;
}
```

保存并退出 vi 编辑环境，在终端下执行下面的命令编译和运行这段程序：

```
gcc -o hello hello.c
```

hello 为生成的可执行程序。

2.3　调试器 gdb

2.3.1　调试器 gdb 简介

gdb 是 Linux 系统上缺省使用的调试器。gdb 也可以被移植到不同的平台上，如 ARM 系列处理器的调试器 arm-linux-gdb。gdb 可以让程序在设定断点的地方停下，此时可以查看变量、寄存器、内存及堆栈等，也可以修改变量及内存值。gdb 可以调试多种语言，但 gdb 是一个非集成开发环境，无图形化界面。在调试程序之前，一定要在编译源程序时加上 "-g" 选项。

2.3.2　gdb 用法

1. 进入 gdb 调试环境

进入 gdb 调试环境有以下两种方式。

(1) 在 Shell 终端中直接输入命令 gdb。

例 2-2

```
root@ubuntu:/home/linux# gdb
GNU gdb (GDB) 7.2-ubuntu
Copyright (C) 2010 Free Software Foundation, Inc.
License GPLv3+: GNU GPL version 3 or later <http://gnu.org/licenses/gpl.html>
This is free software: you are free to change and redistribute it.
There is NO WARRANTY, to the extent permitted by law.  Type "show copying"
and "show warranty" for details.
This GDB was configured as "i686-linux-gnu".
For bug reporting instructions, please see:
<http://www.gnu.org/software/gdb/bugs/>.
(gdb)
```

这时会看到 gdb 版本的一些信息。此时若要调试某个程序，则使用 file 命令。

例 2-3

```
root@ubuntu:/home/linux# gdb
GNU gdb (GDB) 7.2-ubuntu
Copyright (C) 2010 Free Software Foundation, Inc.
License GPLv3+: GNU GPL version 3 or later <http://gnu.org/licenses/gpl.html>
This is free software: you are free to change and redistribute it.
There is NO WARRANTY, to the extent permitted by law.  Type "show copying"
and "show warranty" for details.
This GDB was configured as "i686-linux-gnu".
For bug reporting instructions, please see:
<http://www.gnu.org/software/gdb/bugs/>.
(gdb) file hello
Reading symbols from /home/linux/hello...(no debugging symbols found)...done.
(gdb)
```

本例中的 hello 为要调试的可执行程序。

(2) 在 Shell 终端中输入 gdb，并在其后面加上编译好的可执行文件名称。

例 2-4

```
root@ubuntu:/home/linux# gdb hello
GNU gdb (GDB) 7.2-ubuntu
Copyright (C) 2010 Free Software Foundation, Inc.
License GPLv3+: GNU GPL version 3 or later <http://gnu.org/licenses/gpl.html>
This is free software: you are free to change and redistribute it.
There is NO WARRANTY, to the extent permitted by law.  Type "show copying"
and "show warranty" for details.
This GDB was configured as "i686-linux-gnu".
For bug reporting instructions, please see:
<http://www.gnu.org/software/gdb/bugs/>...
Reading symbols from /home/linux/hello...(no debugging symbols found)...done.
(gdb)
```

2．gdb 常用的调试命令

gdb 常用的调试命令如表 2-7 所示。

表 2-7　gdb 常用的调试命令

gdb 常用调试命令	格　式	含　义	简写
list	list　[开始，结束]	列出文件的代码清单	l
prit	print　变量名	打印变量内容	p
break	break　[行号或函数名]	设置断点	b
continue	continue　[开始，结束]	继续运行	c
info	info 变量名	列出信息	i
next	next	下一行	n
step	step	进入函数(步入)	S
display	display 变量名	显示参数	
file	file 文件名(可以是绝对路径和相对路径)	加载文件	
run	run args	运行程序	r

2.3.3　gdb 使用实例

下面通过一个实例来介绍 gdb 的用法。

1．用 vi 编辑器编写 C 源程序

用 vi 编辑器编写 C 源程序，代码如下：

```c
 1 #include <stdio.h>
 2
 3 int sum(int a, int b)
 4 {
 5     int result;
 6     result = a + b;
 7     return result;
 8 }
 9
10 int main(int argc, char ** argv)
11 {
12     if (argc != 3)
13     {
14         printf("Please input two arg ");
15         return -1;
16     }
17     int a = *argv[1]-'0';
18     int b = *argv[2]-'0';
19     int re = sum(a,b);
20     printf("      ",a,b,re);
21     return 0;
22 }
```

2．编译程序

命令如下：

> root@ubuntu:/home/linux/maizi/two#gcc 　-g 　-o hello hello.c

3．进入 gdb 调试环境

命令如下：

> root@ubuntu:/home/linux/maizi/two#gdb hello

4．调试 hello

(1) (gdb) run 2 3。该命令表示执行调试并传入两个参数 2,3，运行结果如下：

> Starting program: /home/linux/maizi/two/hello 2 3
>
> 2 + 3 = 5
>
> Program exited normally

这样就出现了计算结果，因为没有设置断点，所以会执行完程序。

(2) (gdb)b 4。该命令表示在第 4 行设置断点，gdb 给出以下提示说明设置断点成功：

> Breakpoint 1 at 0x80483ca: file hello.c, line 4.

设置完断点后，再来运行程序，执行 run 命令，出现下面的提示信息：

> Starting program: /home/linux/maizi/two/hello 2 3
>
> Breakpoint 1, sum (a=2, b=3) at hello.c:6
>
> 6 result = a + b;

这样它就停留在第 6 行了。如果要继续执行，使用 c 命令。

(3) (gdb)c。继续执行程序，gdb 给出以下提示信息：

　　　Continuing.

　　　2 + 3 = 5

　　　Program exited normally.

这里又把程序执行完了，因为前面只设置了一个断点。那么，我们如何知道设置了多少个断点呢？使用 info break 命令就可以知道。

(4) (gdb)info break。gdb 给出了下面的提示信息：

　　　Num Type　　　　　Disp Enb Address　　　What

　　　1　　breakpoint　keep　y　　0x080483fa　in sum at hello.c:4

　　　　　breakpoint already hit 1 time

该信息提示已经在第 4 行设置了一个断点，接下来就是去除断点的问题了。删除断点的命令是 delete b，禁用断点的命令是 disable b，恢复禁用的断点的命令是 enable b。这些命令后面可以带参数以说明是第几个断点(是第几个不是第几行)。

(5) (gdb)disable b。执行 run 命令后就不会断点了，接着使用 enable b 命令后再使用 run 命令，这样就又有了断点。

有时候我们设置了断点就需要查看某个变量的值，使用 display 或者 print 命令可以查看某个变量的值。

(6) (gdb)display result。display 相当于添加监听变量，每一次 run 后都会给出 result 的值。

(7) (gdb)s。这是单步运行命令 step，同样也可以使用命令 next(简写为 n)。

如果平时使用的时候忘记了命令也可以使用 help 命令来查看帮助信息，它会提示一些命令的用法。

2.4　make 和 Makefile

2.4.1　make 和 Makefile 概述

在 2.3 节介绍 gcc 编译器时，我们只介绍了对单个文件的编译，如果有多个代码文件，且多个代码文件之间又存在引用关系时，该如何去编译生成一个可执行文件呢？

例 2-5　有如下一些源文件：

```
add.c  add.h  div.c  div.h  main.c  mul.c  mul.h  sub.c  sub.h
```

其相应代码如下：

```
// add.h
#ifndef _ADD_H_
#define _ADD_H_
int add(int a, int b);
#endif
```

```
// add.c
#include "add.h"
int add(int a, int b)
{
    return a + b;
}

// sub.h
#ifndef _SUB_H_
#define _SUB_H_
int sub(int a, int b);
#endif

// sub.c
#include "sub.h"
int sub(int a, int b
{
    return a - b;
}

// mul.h
#ifndef _MUL_H_
#define _MUL_H_
int mul(int a, int b);
#endif

// mul.c
#include "mul.h"
int mul(int a, int b)
{
    return a * b;
}

// divi.h
#ifndef _DIVI_H_
#define _DIVI_H_
int divi(int a, int b);
#endif
```

```
// divi.c
#include "divi.h"
int divi(int a, int b)
{
    if (b == 0)
    {
        return 0;
    }
    return a / b;
}


// main.c
#include <stdio.h>
#include "add.h"
#include "sub.h"
#include "mul.h"
#include "divi.h"

int main()
{
    int a = 10;
    int b = 2;

    printf("%d + %d = %d\n", a, b, add(a, b));
    printf("%d - %d = %d\n", a, b, sub(a, b));
    printf("%d * %d = %d\n", a, b, mul(a, b));
    printf("%d / %d = %d\n", a, b, divi(a, b));
    return 0;
}
```

依照前面讲述的知识，可以用以下编译方式：

(1) 生成对应的目标 .o 文件：

```
gcc -c -o add.o add.c
gcc -c -o sub.o sub.c
gcc -c -o mul.o mul.c
gcc -c -o div.o div.c
gcc -c -o main.o main.c
```

(2) 再使用如下命令对所生成的单个目标文件进行链接，生成可执行文件。

```
gcc - o main add.o sub.o mul.o div.o main.o
```

这种编译方式比较复杂，而且源文件越多，就越复杂，且当添加新的文件，或者修改现有文件时，维护起来也非常困难。而 Makefile 就像一个批处理的编译脚本，可实现自动化编译，一旦写好，只需要一个 make 命令，整个工程完全自动编译，极大地提高了软件开发的效率。

　　make 是一个命令，用来解析 Makefile 文件；Makefile 是一个文件，用来告诉 make 命令如何编译整个工程生成可执行文件。

2.4.2　make 命令

　　make 命令的格式如下：

　　　　make [选项] [Makefile 文件]

　　make 命令常用的命令行选项如表 2-8 所示。

表 2-8　make 命令常用的命令行选项

命 令 格 式	含　　义
-C dir	读入指定目录下的 Makefile
-f file	读入当前目录下的 file 文件作为 Makefile
-i	忽略所有的命令执行错误
-I dir	指定被包含的 Makefile 所在目录
-n	只打印要执行的命令，但不执行这些命令
-p	显示 make 变量数据库和隐含规则
-s	执行命令时不显示命令
-w	如果 make 在执行过程中改变目录，则打印当前目录名

make 执行的流程如下：

(1) 查找当前目录下的 Makefile 文件。

(2) 初始化 Makefile 文件中的变量。

(3) 分析 Makefile 中的所有规则。

(4) 为所有的目标文件创建依赖关系。

(5) 根据依赖关系，决定哪些目标文件要重新生成。

(6) 执行生成命令。

　　可见，make 命令执行时，需要一个 Makefile 文件，以告诉 make 命令如何去编译和链接程序。

2.4.3　Makefile 文件内容

1. 规则

　　Makefile 是由规则来实现的，即 Makefile 文件内容的主体由很多规则构成，每一条规则都由三部分组成：

(1) 目标(object)。

(2) 依赖(dependency)。

(3) 命令(command)。

Makefile 的格式为：

　　　　目标：依赖

　　　　<Tab> 命令

目标和依赖之间通过 "：" 分隔，命令前面是由 "Tab" 键产生的空格。

当 make 命令去执行 Makefile 文件时，其规则被这样处理：

●　目标是一个文件，当它的依赖也是文件时，如果依赖文件的时间比目标文件要新，则运行规则所包含的命令来更新目标。

●　如果依赖是另一条规则的目标，则先跳到另一条规则去执行命令，再返回当前规则。

●　如果目标不是一个存在的文件，则一定执行。

注意：

●　make 命令默认只会执行 Makefile 中的第一条规则。

●　make 命令加参数时，如 make hello，则会执行 Makefile 中 hello 对应的规则。

针对 2.4.1 中的例子，其 Makefile 文件内容如下：

```
main:main.o add.o sub.o mul.o divi.o
    gcc -o main main.o add.o sub.o mul.o divi.o
main.o:main.c
    gcc -c -o main.o main.c
add.o:add.c
    gcc -c -o add.o add.c
sub.o:sub.c
    gcc -c -o sub.o sub.c
mul.o:mul.c
    gcc -c -o mul.o mul.c
divi.o:divi.c
    gcc -c -o divi.o divi.c
clean:
    rm -f *.o
```

在终端上执行 make 命令即完成了所有文件的编译工作。操作结果如下：

```
root@ubuntu:/home/linux/maizi/two/Makefile# make
gcc -c -o main.o main.c
gcc -c -o add.o add.c
gcc -c -o sub.o sub.c
gcc -c -o mul.o mul.c
gcc -c -o div.o div.c
gcc -o main main.o add.o sub.o mul.o div.o
root@ubuntu:/home/linux/maizi/two/Makefile# ls
add.c   add.o   div.h   main     main.o   mul.c   mul.o   sub.h
add.h   div.c   div.o   main.c   Makefile mul.h   sub.c   sub.o
```

其中，main 即为生成的可执行文件。

2．变量

在 Makefile 中定义的变量，就像 C/C++语言中的宏一样，它代表了一个文本字串，在

Makefile 中执行的时候其会自动原样地展开在所使用的地方。与 C/C++所不同的是，它可以在 Makefile 中改变其值。变量的名字可以包含字符、数字、下划线(可以是数字开头)，但不应该含有"："、"#"、"="或是空字符(空格、回车等)。变量是大小写敏感的，如"foo"、"Foo"和"FOO"是三个不同的变量名。推荐使用大小写搭配的变量名，如 MakeFlags，这样可以避免和系统的变量冲突。

(1) 变量的基础。变量在声明时需要赋初值，而在使用时，需要在变量名前加上"$"符号，但最好用小括号"()"或是大括号"{}"把变量包括起来。如果要使用真实的"$"字符，则用"$$"来表示。变量可以使用在许多地方，如规则中的"目标"、"依赖"、"命令"以及新的变量中。

例 2-6

```
cc=gcc

foo = c

prog.o : prog.$(foo)

        $(cc)    -$(foo)    prog.$(foo)
```

其实际展开后的内容如下：

```
prog.o : prog.c

        cc -c prog.c
```

(2) 变量中的变量。变量中的变量即是使用其他变量来构造变量的值。在 Makefile 中有两种方式使用变量定义变量的值。

第一种方式是使用"="号，"="左侧是变量，右侧是变量的值。右侧变量的值可以定义在文件的任何一处，即右侧中的变量不一定非是已定义好的值，它也可以使用后面定义的值。

例 2-7

```
foo = $(bar)

bar = $(ugh)

ugh = Huh?

all:

        echo $(foo)
```

当执行"make all"时，将会打印出变量$(foo)的值是"Huh?"。可见，变量可以使用后面的变量来定义。

这个功能的优点是可以把变量的真实值推到后面来定义，但这种功能的缺点是在递归定义时，会引起陷入无限的变量展开。

例 2-8

```
CFLAGS = $(CFLAGS) -O
```

或

```
A = $(B)

B = $(A)
```

为了避免上面这种方法的缺陷，可以使用 make 中另一种用变量来定义变量的形式。这种形式使用的是"：="操作符。

例 2-9

    x := foo

    y := $(x) bar

    x := later

等价于

    y := foo bar

    x := later

对于这种形式，前面的变量不能使用后面的变量，而只能使用前面已定义好的变量。

例 2-10

    y := $(x) bar

    x := foo

那么，y 的值是"bar"，而不是"foo bar"。

注意：还有一个比较有用的操作符是"?="。先举例如下：

    FOO ?= bar

其含义是，如果 FOO 没有被定义过，那么变量 FOO 的值就是"bar"，如果 FOO 先前被定义过，那么这条语句将什么也不做，其等价于：

    ifeq ($(origin FOO), undefined)

        FOO = bar

    endif

(3) 变量的高级用法。变量的高级使用方法有两种。

第一种高级用法是变量值的替换，其格式为

    $(var:a=b)或是${var:a=b}

功能：把变量 var 中所有以"a"字串结尾的"a"替换成"b"字串。这里"结尾"的意思是"空格"或是"结束符"。

例 2-11

    foo := a.o b.o c.o

    bar := $(foo:.o=.c)

本例中，先定义了一个"$(foo)"变量，而第二行的意思是把"$(foo)"中所有以".o"字串"结尾"全部替换成".c"，所以"$(bar)"的值就是"a.c b.c c.c"。

第二种高级用法是"把变量的值再当成变量"。

例 2-12

    x = y

    y = z

    a := $($(x))

在这个例子中，$(x)的值是"y"，所以$($(x))就是$(y)，于是$(a)的值就是"z"(注意，是"x=y"，而不是"x=$(y)")。

还可以使用更多的层次：

    x = y

    y = z

```
z = u
a := $($($(x)))
```

这里$(a)的值是"u"。

再如：

```
x = $(y)
y = z
z = Hello
a := $($(x))
```

这里的$($(x))被替换成了$($(y))，因为$(y)的值是"z"，所以，最终结果是 a:=$(z)，也就是"Hello"。

再复杂一点，加上函数：

```
x = variable1
variable2 := Hello
y = $(subst 1,2,$(x))
z = y
a := $($($(z)))
```

在这个例子中，"$($($(z)))"扩展为"$($(y))"，而其再次被扩展为"$($(subst 1,2,$(x)))"。$(x)的值是"variable1"，subst 函数把"variable1"中所有的"1"字串替换成"2"字串，于是，"variable1"变成"variable2"，再取其值，所以，最终$(a)的值就是$(variable2)的值："Hello"。

在这种方式中，可以使用多个变量来组成一个变量的名字，然后再取其值。

例 2-13

```
first_second = Hello
a = first
b = second
all = $($a_$b)
```

这里的"$a_$b"组成了"first_second"，于是，$(all)的值就是"Hello"。

(4) 追加变量值。可以使用"+="操作符给变量追加值。

例 2-14

```
objects = main.o foo.o bar.o utils.o
objects += another.o
```

则$(objects)值变为 main.o foo.o bar.o utils.o another.o。

使用"+="操作符，等价于

```
objects = main.o foo.o bar.o utils.o
objects := $(objects) another.o
```

(5) 环境变量。make 运行时的系统环境变量可以在 make 开始运行时被载入到 Makefile 文件中，但是如果 Makefile 中已定义了这个变量，或是这个变量由 make 命令行代入，那么系统环境变量的值将被覆盖(如果 make 指定了"-e"选项，那么，系统环境变量将覆盖 Makefile 中定义的变量)。

(6) 特殊变量。在 Makefile 中还有一些特殊的内部变量，它们根据每一个规则内容定义。常用的特殊变量有：

- $@：指代当前规则下的目标文件列表。
- $<：指代依赖文件列表中第一个依赖的文件。
- $^：指代依赖文件列表中所有的依赖文件。
- $?：指代依赖文件列表中所有对应目标文件的文件列表。

2.5　Linux 编程库

Linux 编程库是指始终可以被多个 Linux 软件项目重复使用的代码集。以 C 语言为例，它包含了几百个可以重复使用的例程和调试程序的工具代码，其中包括函数。如果每次编写新程序都要重新写这些代码会非常不方便，而使用编程库有以下两个主要优点：

(1) 可以简化编程，实现代码的重复使用，进而减小应用程序的大小。

(2) 可以直接使用比较稳定的代码。

Linux 下的库文件分为共享库和静态库两大类，它们之间的差别仅在于程序执行时所需的代码是在运行时动态加载的，还是在编译时静态加载的。此外，共享库通常以.so(Share Object)结尾，静态库通常以 .a 结尾(Archive)。在终端下查看库的内容，通常情况下，共享库为绿色，静态库为黑色。

Linux 编程库一般放在 /lib 或/usr/lib 目录下。通过共享库，许多程序可以重复使用相同的代码，因此可以有效减小应用程序的大小。表 2-9 列出了一些常用的 Linux 编程库。

表 2-9　常用的 Linux 编程库

库 名 称	说　　明
libc.so	标准的 C 库
libdl.so	可使用库的源代码而无需静态编译库
libglib.so	Glib 库
libm.so	标准数学库
libGL.so	OpenGL 的接口
libcom_err.so	常用的出错例程集合
libdb.so	创建和操作数据库
libgthread.so	Glib 线程支持
libgtk.so	GIMP 下的 X 库
libz.so	压缩例程库
libvga.so	Linux 下的 VGA 和 SVGA 图形库
libresolve.so	提供使用因特网域名服务器接口
libpthread.so	Linux 多线程库
libdm.so	GNU 数据库管理器

2.6　Shell 编程基础

2.6.1　建立和运行 Shell 脚本

Shell 脚本是一个包含若干 Linux 命令的文件，后缀是 .sh。如同编写高级语言的程序一样，编写一个 Shell 程序需要一个文本编辑器，如 vi 等。在文本编辑环境下，根据 Shell 的语法规则，输入一些 Linux 命令，形成一个完整的程序文件。

执行 Shell 程序文件有三种方法：

(1)　# sh shell_file。

(2)　# source shell_file。

(3)　#./shell_file(必须是可执行文件，否则要修改权限：chmod 777 shell_file)。

在编写 Shell 程序时，第一行一般要指明系统需要哪种 Shell 并解释 Shell 程序，如：

```
#! /bin/bash

#! /bin/csh

#! /bin/tcsh
```

2.6.2　Shell 中的变量

1．用户自定义变量

在 Linux 支持的所有 Shell 中，都可以用赋值符号 "=" 为变量赋值，所赋的值要用引号括起来。如果要使用这个变量，则在变量前面加一个 "$"。

例 2-15

```
DATA=`data`

    echo $DATA

echo -n $DATA    (-n 是将换行去掉)
```

本例中，"`" 表示命令 data 的运行结果，此时变量 DATA 的值为 data 的运行结果而不是字符串 `data`。

可以用 Expr 命令对 Shell 变量进行数字运算。

例 2-16

```
expr 12   +   5
```

运行结果：17

例 2-17

```
SUM=`expr 12 + 4 * 2`

echo $SUM
```

运行结果：20

2．位置变量

常用的位置变量如表 2-10 所示。

表 2-10　常用的位置变量

位置变量	含　义
$#	保存程序命令行参数的数目
$?	保存前一个命令的返回码
$0	保存程序名
$1、$2、…	$1:第一个参数；$2：第二个参数；$3，$4，$5，…依次类推
$*	以（"$1 $2…"）的形式保存所有输入的命令行参数
$@	以（"$1""$2""…"）的形式保存所有输入的命令行参数

例 2-18

```
#! /bin/bash
# script name:script1
echo "$#"
echo "$0"
echo "$1"
echo "$*"
echo "$@"
```

在终端下执行如下脚本：

```
#./script1 hello linux script
```

运行结果：

```
3
./script1
hello
hello linux script
hello linux script
```

3．环境变量

常用的环境变量如表 2-11 所示。

表 2-11　常用的环境变量

环境变量	含　义
PATH	决定了 Shell 将到哪些目录中寻找命令或程序
HOME	当前用户主目录
SHELL	当前用户用的是哪种 Shell
HISTSIZE	保存历史命令记录的条数
PS1	基本提示符，对于 root 是 "#"，对于普通用户是 "$"
PS2	附属提示符，默认是 ">"

2.6.3　Shell 中的 test 命令

test 命令格式如下：

test expression

test 命令返回值：返回 0(真)或者返回 1(假)。

expression 为 test 命令可以理解的任何有效表达式，常用的有如下三类：字符串比较、数值比较、文件比较。

1．字符串比较

字符串比较是对字符串的内容进行比较，其表达式及含义如表 2-12 所示。

表 2-12　test 字符串比较

test 表达式	含　义
test -n 字符串	字符串的长度非零
test -z 字符串	字符串的长度为零
test 字符串 1=字符串 2	字符串相等
test 字符串 1!=字符串 2	字符串不等

例 2-19　Shell 脚本内容为：

    test　$var = "ade"

    echo $?

当变量 var 的值为 ade 时，打印结果为 0；否则为 1。

2．数值比较

数值比较是对两个整型数值比较大小，其表达式及含义如表 2-13 所示。

表 2-13　test 数值比较

test 表达式	含　义
test 整数 1 -eq 整数 2	整数相等
test 整数 1 -ge 整数 2	整数 1 大于等于整数 2
test 整数 1 -gt 整数 2	整数 1 大于整数 2
test 整数 1 -le 整数 2	整数 1 小于等于整数 2
test 整数 1 -lt 整数 2	整数 1 小于整数 2
test 整数 1 -ne 整数 2	整数 1 不等于整数 2

3．文件比较

文件比较是对文件是否存在以及文件的状态进行判断等，其表达式及含义如表 2-14 所示。

表 2-14　test 文件比较

test 表达式	含　义
test -d file	当 file 是个目录时，返回真
test -f file	当 file 是个文件时，返回真
test -r file	当 file 是一个只读文件时，返回真
test -w file	当 file 是一个可写文件时，返回真
test -x file	当 file 是一个可执行文件时，返回真
test -s file	当 file 长度大于 0 时，返回真

例 2-20　Shell 脚本内容为：

```
test -f $1
echo $?
```

该 Shell 脚本用于判断 test.c 是否是文件。

2.6.4　Shell 中的流程控制语句

Linux Shell 有一套自己的流程控制语句，包括条件语句(if)、循环语句(for、while、until)、选择语句(case)。

1．条件语句(if)

if 形式有三种：if...then...fi、if...then...else...fi 和 if...then...elif...then...else...fi。

(1) if...then...fi 的语法结构如下：

```
if    test 语句
      then
             命令表
      fi
```

功能：如果条件测试语句为真，则执行命令表中的命令，否则退出 if 语句，即执行 fi 后面的语句；if 和 fi 是条件语句的语句括号，必须成对使用；命令表中的命令可以是一条，也可以是若干条。

例 2-21

```
if    test   -f    $1          //测试参数是否为文件
then
      echo "File  $1   exists"      //引用变量值
fi
if    test -d   $1              //测试参数是否为目录
then
      echo "File  $1 is   a   directory"  //引用变量值
fi
```

(2) if...then...else...fi 的语法结构如下：

```
if    test 语句
then
      命令表 1
else
      命令表 2
      fi
```

功能：如果 test 语句为真，则执行命令表 1 中的命令，再退出 if 语句，否则执行命令表 2 中的语句，再退出 if 语句。

(3) if...then...elif...then...else...fi 的语法结构如下：

```
if    test 语句 1
```

```
then
        命令表 1
elif    test 语句 2
then
        命令表 2
else
        命令表 3
fi
```

功能：如果 test 语句 1 为真，则执行命令表 1 中的命令，再退出 if 语句，否则判断 test 语句 2 是否为真，如果为真，则执行命令表 2 中的语句，再退出 if 语句，否则执行命令表 3 的语句，再退出 if 语句。

2. 循环语句(for、while、until)

(1) for…do…done 的语法结构如下：

```
for    变量 in  单词表
do
        命令表
done
```

功能：变量依次取单词表中的各个单词，每取一次单词，就执行一次命令表中的命令，循环次数由单词表中的单词数确定；命令表中的命令可以是一条，也可以是由分号或换行符分开的多条；如果单词表是命令行上的所有位置参数时，可以在 for 语句中省略"in 单词表"部分。

例 2-22　查找位置变量 $1 文件是否在当前目录下。

```
flist=`ls`
for   file   in    $flist
do
     if    test   $1  =   $file
     then
              echo   "$file   found"
              exit
     fi
done
```

(2) while…do…done 的语法结构如下：

```
while   test 语句
do
     命令表
done
```

功能：while 语句首先测试 test 语句，如果为真，就执行一次循环体中的命令，然后再测试 test 语句，执行循环体，直到该命令或表达式为假时退出循环。while 语句的退出状态为命令表中被执行的最后一条命令的退出状态。

例 2-23　批量生成空白文件。

```
if   test   $#   =   2
then
      loop=$2
else
      loop=5
fi
i=1
while   test   $i   -lt   $loop
do
      > $1$i
      i=`expr   $i   +   1`
done
```

(3) until…do…done 的语法结构如下：

```
until    test 语句
do
        命令表
done
```

功能：until 循环与 while 循环的功能相似，所不同的是，只有测试 test 语句是假时，才执行循环体中的命令表，否则退出循环。这一点与 while 命令正好相反。

3. 选择语句(case)

选择语句的语法结构如下：

```
case    变量    in
str1)
        命令表 1
        ;;
str2)
        命令表 2
        ;;
……
strn)
        命令表 n
        ;;
esac
```

功能：把变量的内容与 str1 等进行比较，如果相同则执行那部分的命令表。

例 2-24

```
if   test   $#   -eq   0
then
```

```
            echo    "No argument is declared"
    fi
    case   $1   in
    file1)
            echo    "User selects file1"
            ;;
    file2)
            echo    "User selects file2"
            ;;
    *)
            echo    "You must select either file1 or file2!"
            ;;
    esac
```

2.6.5　Shell 程序中的函数

在 Shell 程序中,常常把完成固定功能且多次使用的一组命令(语句)封装在一个函数里,每当要使用该功能时只需调用该函数名即可。

函数在调用前必须先定义,即在顺序上函数说明必须放在调用程序的前面。调用程序可传递参数给函数,函数可用 return 语句把运行结果返回给调用程序。函数只在当前 Shell 中起作用,不能输出到子 Shell 中。

1. 函数的定义格式

(1) 函数定义格式一如下:

```
    function_name ( )
    {
            command1
            ……
            commandn
    }
```

(2) 函数定义格式二如下:

```
    function    function_name ( )
    {
            command1
            ……
            commandn
    }
```

2. 函数的调用格式

(1) 函数调用格式一如下:

```
    value_name=`function_name    [arg1 arg2 … ]`
```

(2) 函数调用格式二如下：

```
function_name  [arg1   arg2   …   ]
          echo    $?
```

例 2-25　查找已登录的指定用户。

```
check_user( )
{
    user=`who  |  grep   $1  |  wc -l`
    if  [   $user   –eq   0   ]
    then
          return   0        //未找到指定用户
    else
          return   1        //找到指定用户
    fi
}


while   true
do
    echo   "Input username: "
    read    uname
    check_user  $uname       //调用函数，并传递参数 uname
    if  test  $?  –eq   1      // $?为函数返回值
    then
        echo  "user  $uname   online"
    else
        echo  "user  $uname   offline"
    fi
done
```

本 章 小 结

本章主要对发行版 Linux 上常用的编程工具，如编辑器 vi、编译器 gcc、调试器 gdb、Makefile、库及 Shell 编程等进行具体的讲述，这部分内容是嵌入式 Linux 软件开发的基础，读者可以对照本章节内容上机操练，以加深对 Linux 和 Linux 编程环境的理解，培养对嵌入式 Linux 的学习兴趣。

第 3 章　嵌入式 Linux 开发 C 语言基础

3.1　嵌入式 Linux 下 C 语言基础知识

3.1.1　数据类型

C 语言包括两类数据类型，分别为基本数据类型和用户构造数据类型，基本数据类型如表 3-1 所示。

表 3-1　基本数据类型

类　型	含　义
逻辑类型	只有两个量 true 和 false，表示逻辑真和逻辑假
整数类型	C 语言支持四种整数类型：char、short、int 和 long
浮点类型	C 语言支持两种浮点类型：float 和 double，浮点类型用于处理包含小数部分的数值
void 类型	该类型也叫缺省型，用于描述值为空集的类型等，主要用于说明无返回值的函数或指向任一类型的指针等

各种数据类型所占的空间大小与机器的位数有关。如在 32 位处理器中：char 类型占 1 字节；short 类型占 2 字节；int 类型占 4 字节；long 类型占 4 字节；float 类型占 4 字节；double 类型占 8 字节。

用户构造的数据类型包括数组、结构体、联合体。

3.1.2　常用的 ASCII 字符

常用的 ASCII 字符如表 3-2 所示。

表 3-2　常用的 ASCII 字符

ASCII 字符	十进制数值	十六进制数值
a～z	97～122	61H～7AH
A～Z	65～81	41H～5AH
1～9	49～57	31H～39H
空格	32	20H
回车	10	0AH

3.1.3　关键字和标识符

1. 关键字

关键字是由系统预定义的词法符号，它有特定的含义，不允许用户重新定义。一些基本关键字如表 3-3 所示。

表 3-3　基 本 关 键 字

auto	break	case	char	const	continue
default	do	double	else	enum	extern
float	for	goto	if	int	long
register	return	short	signed	define	static
struct	switch	typedef	union	unsighed	void

下面介绍 C 语言项目开发中常用的关键字 const、typedef 和 define。

(1) const。const 限定一个变量不允许被改变，其常用形式如表 3-4 所示。

表 3-4　const 常用形式

形　式	举　例	含　义
const 数据类型变量名	const char m;	限定 m 不可变
const 指针数据类型变量名	const char *p;	*p 是 const，p 可变
	char const *p;	*p 是 const，p 可变
指针数据类型 const 变量名	char * const p;	p 是 const，*p 可变
const 指针数据类型 const 变量名	char * const p;	p 是 const，*p 可变

(2) typedef。typedef 可以看做 type define 的缩写，它用于给已有的类型重新定义一个方便使用的别名，而并没有产生新的数据类型。typedef 常用形式如表 3-5 所示。

表 3-5　typedef 常用形式

形　式	举　例	含　义
简单地定义变量的别名	typedef char * PChar; PChar a, b;	相当于 char *a; char *b;
与结构体的结合使用	typedef struct Node { 　int a; 　char *b; }*PNode; PNode a, b;	相当于 struct Node　*a; struct Node　*b;

对复杂的变量定义一个类型别名	void (*signal (int signum,void (*handler)(int))) (int);
	typedef void sigfunc(int);
	sigfunc *signal(int signum,sigfunc *handler);
		typedef 定义了一个又一个整型参数无返回值的函数类型

(3) define。define 是 C 语言中的宏定义，它用来将一个标识符定义为一个字符串，该标识符称为宏名，被定义的字符串称为替换文本。define 使用时一般有三种定义格式。

① 简单的宏定义格式如下：

　　#define　<宏名>　　<字符串>

例如：#define PI 3.1415926。

② 带参数的宏定义格式如下：

#define <宏名> (<参数表>) <宏体>

例 3-1　带参数的宏定义示例。

```
#define MAX(x,y) ((x)>(y)?(x):(y))

i=MAX(j+k,m-n);
```

等价为：

```
i=((j+k)>(m-n)?(j+k):(m-n));
```

③ 条件编译的格式如下：

```
#ifdef <宏名>

……

#endif
```

在大规模的开发过程中，特别是跨平台和系统的软件里，条件编译功能很重要。

例 3-2　条件编译示例。

```
#include "stdio.h"
//#define DEBUG
int main()
{
    int a[10];
    int i=0;
    while(i<10)
    {
    a[i]=i+1;
        #ifdef DEBUG
    printf("%d\t",a[i]);
        #endif
    i++;
    }
    printf("\n");
    return 0;
}
```

本例中，printf("%d\t",a[i])语句为调试语句，在程序开发过程中，可以将 #define DEBUG 放开，则 printf("%d\t",a[i])语句将会被编译；若在程序发布时，printf("%d\t",a[i])为冗余代码，则可将#define DEBUG 作为注释。

2. 标识符

标识符是由程序员按照命名规则自行定义的词法符号，用于定义宏名、变量名、函数名和自定义类型名等。C 语言标识符的命名规则如下：

(1) 标识符由一个或多个字母、数字或下划线组成；

(2) 标识符的第一个字符必须是字母或下划线；

(3) 标识符不能与任何关键字相同。

正确的标识符如：x、y、sum、a100、_A7b_3x；

错误的标识符如：3'a、x*y、@、b.8、while。

3.1.4　变量存储类型

C 语言的变量存储类型有自动变量、寄存器变量、静态变量和外部变量四种。

1．自动变量(auto)

自动类变量用关键字 auto 进行说明。自动类变量在调用时自动产生，但不会自动初始化，随着调用的结束，这个变量也就自动消失了，下次调用时再自动产生，还要重新赋值，退出时又自动消失。

2．寄存器变量(register)

寄存器变量通常在比较注重执行速度的情况下使用，其思想是告诉编译程序把该变量放在某个 CPU 寄存器中。因为数据在寄存器中的操作比在内存中快，所以就提高了程序代码的执行速度。寄存器变量的说明是在变量名及类型之前加上关键字 register。值得注意的是，取地址运算符&不能作用于寄存器变量。

3．静态变量(static)

静态变量用关键字 static 声明。根据变量的类型可以分为静态局部变量和静态全局变量。

(1) 静态局部变量。它与局部变量的区别在于：在函数退出时，这个变量始终存在，但不能被其他函数使用，当再次进入该函数时，将保存上次的结果。其他使用与局部变量一样。

(2) 静态全局变量。静态全局变量是指只在定义它的源文件中可见，而在其他源文件中不可见的变量。它与全局变量的区别是：全局变量可以再说明为外部变量(extern)，被其他源文件使用，而静态全局变量却不能再被说明为外部变量，即只能被所在的源文件使用。

4．外部变量(extern)

外部变量用关键字 extern 声明。为了使变量可以在除了定义它的源文件中使用外，还可以被其他文件所使用，就要将全局变量通知每一个程序模块文件，此时可用 extern 来说明。

例 3-3　变量存储类型示例。

file1.c 文件

```
#include <stdlib.h>
#include <stdio.h>
int reset();
int next();
int last();
int sum(int );
```

```
        int i=1;
        void main()
        {
            auto int i,j;
            i=reset();
            for(j=1;j<=3;j++)
            {
                printf("i=%d\tj=%d\n",i,j);
                printf("next(i)=%d\n",next());
                printf("last(i)=%d\n",last());
                printf("sum(i+j)=%d\n",sum(i+j));
            }
        }
```

file2.c 文件

```
        static int i=10;
        int next()
        {
            return (i+=1);
        }
        int last()
        {
            return (i-=1);
        }
        int sum(int i)
        {
            static int j=5;
            return (i=j+=i);
        }
```

file3.c 文件

```
        extern int i;
        reset()
        {
            return (i);
        }
```

在 file1.c 文件的开头声明 i 是全局变量，并初始化为 1。而在 main 函数内部，说明了两个自动变量 i 和 j，这样在 main 内部出现的 i 就是自动变量。

file2.c 文件一开始就定义了变量 i，并声明为静态变量，因此它的使用范围只在当前文件中。然而从函数 sum 中的定义来看，其内部用到的 i 是形式参数，j 是内部静态变量。

在 file3.c 文件的开头说明 i 是外部变量，表明它与 file1.c 文件定义的 i 是同一个变量，所以 reset 的值返回的就是这个 i 的当前值 1。

3.1.5　C 语言中定义的五个内存空间

C 语言中定义的内存空间分为栈、堆、全局区、文字常量区和程序代码区五个。

1. 栈

栈用来存放函数的形参和函数内的局部变量，它由编译器分配空间，在函数执行完后由编译器自动释放。

2. 堆

堆用来存放由动态分配函数(如 malloc)分配的空间，它是由程序员手动分配的，并且必须由程序员使用 free 释放。如果忘记用 free 释放，会使得所分配的空间一直占着不放，从而导致内存泄露。

3. 全局区

全局区用来存放全局变量和静态变量，它存在于程序的整个运行期间，是由编译器分配和释放的。

4. 文字常量区

文字常量区用来存放文字常量。如：char *c = "123456"，其中，"123456"为文字常量，存放于文字常量区。文字常量区也由编译器控制分配和释放。

5. 程序代码区

程序代码区用来存放程序的二进制代码。

例 3-4　内存空间示例 1。

```
int a = 0; //全局区
void main()
{
    int b; //栈
    char s[] = "abc";          //s 在栈，abc 在文字常量区
    char *p1,*p2;              //栈
    char *p3 = "123456";       //123456 在常量区，p3 在栈
    static int c =0;           //全局区
    p1 = (char *)malloc(10);   //p1 在栈，分配的 10 字节在堆
    p2 = (char *)malloc(20);   //p2 在栈，分配的 20 字节在堆
    strcpy(p1, "123456");      //123456 放在常量区
}
```

例 3-5　内存空间示例 2。

```
char *f()
{
    char s[4] = {'1','2','3','0'}; //s 数组存放于栈
    return s; //返回 s 数组的地址，但程序运行完 s 数组就被释放了
}
```

```
void main()
{    char *s;
     s = f();
     printf (%s, s); //打印出来的是乱码，因为 s 所指向的地址已经没有数据
}
```

3.1.6 运算符

运算符是告诉编译程序执行特定算术或逻辑运算的符号。C 语言有三大运算符：算术运算符、关系运算符和逻辑运算符、位运算符。另外，C 语言还有一些特殊的运算符，如？运算符和逗号运算符，用于完成一些特殊的任务。

1. 算术运算符

算术运算符如表 3-6 所示，注意，模运算是取整数除法的余数，所以"%"不能用于 float 和 double 类型。

表 3-6   算法运算符

运算符	作用	运算符	作用
–	减法，也是一元减法	%	模运算
+	加法	––	自减(减 1)
*	乘法	++	自增(增 1)
/	除法		

C 语言中有两个很有用的运算符：自增运算符"++"和自减运算符"––"，其中，"++"是运算数加 1，而"––"是运算数减 1，换句话说：x=x+1 同++x；x=x–1 同 ––x。自增和自减运算符可用在运算数之前，也可放在其后，例如：x=x+1 可写成++x 或 x++。

但在表达式中这两种用法是有区别的。自增或自减运算符在运算数之前，C 语言在引用运算数之前就先执行加 1 或减 1 运算；运算符在运算数之后，C 语言就先引用运算数的值，而后再进行加 1 或减 1 运算。

例 3-6

```
x=10;
y=++x;
```

此时，y=11。
如果程序改为：

```
x=10;
y=x++;
```

则 y=10。

在这两种情况下，x 都被置为 11，但区别在于设置的时刻，这种对自增和自减发生时刻的控制是非常有用的。在大多数 C 编译程序中，自增和自减运算生成的程序代码比等价的赋值语句生成的代码要快得多，所以采用自增或自减运算符是一种较好的选择。

2. 关系运算符和逻辑运算符

关系运算符中的"关系"是指一个值与另一个值之间的关系，逻辑运算符中的"逻辑"

是指连接关系的方式。因为关系运算符和逻辑运算符常在一起使用，所以将它们放在一起介绍。关系运算符和逻辑运算符概念中的关键是 true(真)和 false(假)。C 语言中，非 0 为 true，0 为 false。使用关系运算符和逻辑运算符的表达式，取 false 和 true 分别返回值 0 或 1，如表 3-7 所示。

表 3-7　关系运算符和逻辑运算符

关系运算符	含义	逻辑运算符	含义
>	大于	&&	与
>=	大于等于	||	或
<	小于	!	非
<=	小于等于		
==	等于		
!=	不等于		

关系运算符和逻辑运算符的优先级比算术运算符低，即表达式 10>1+12 的计算可以假定是对表达式 10>(1+12)的计算，当然，该表达式的结果为 false。在一个表达式中允许运算的组合。

例 3-7

10>5&&!(10<9)||3<=4

这一表达式的结果为 true。

3. 位运算符

与其他语言不同，C 语言支持全部的位运算符。因为 C 语言的设计目的是取代汇编语言，所以它必须支持汇编语言所具有的运算能力。位运算是对字节或字中的位(bit)进行测试、置位或移位处理，这里字节或字是针对 C 语言标准中的 char 和 int 数据类型而言的。位运算不能用于 float、double、long、void 或其他复杂类型。表 3-8 给出了位运算符。

表 3-8　位 运 算 符

运算符	含义	运算符	含义
&	与	~	补
|	或	>>	右移
^	异或	<<	左移

(1) 位运算中的 AND、OR 和 NOT(1 的补码)的真值表与逻辑运算等价，唯一不同的是位运算是逐位进行运算的。

异或的真值表如表 3-9 所示。

表 3-9　异或的真值表

P	Q	P^Q
0	0	0
1	0	1
1	1	0
0	1	1

由表 3-9 可知，当且仅当一个运算数为 true 时，异或的输出为 true，否则为 false。

位运算通常用于设备驱动程序，例如串口、I/O 口等驱动程序，这是因为位运算可屏蔽掉某些位。

一般来说，位的 AND、OR 和 XOR 运算通过对运算数的运算，直接对结果变量的每一位分别处理。正是因为这一原因，位运算通常不像关系运算符和逻辑运算符那样用在条件语句中。

例 3-8

假定 x=7，那么 x&&8 为 true，而 x&8 却为 false。

注意：关系运算符和逻辑运算符的结果不是 0 就是 1。而相似的位运算通过相应处理，结果可为任意值。

(2) 移位运算符 ">>" 或 "<<" 将变量的各位按要求向右或向左移动。当某位从一端移出时，另一端移入 0。

注意：移位不同于循环，从一端移出的位并不送回到另一端去，而是移去的位永远丢失了，同时在另一端补 0。

移位运算还可用于整数的快速乘除运算。每左移一位相当于乘 2，每右移一位相当于被 2 除，注意，乘后再除时，除运算并不带回乘法时已经丢掉的高位。

(3) 反码运算符 "～" 的作用是将特定变量的各位状态取反，即将所有的 1 位置成 0，所有的 0 位置成 1。

4. ?运算符

?运算符提供了一个可以代替某些 if-then-else 语句的简便易用的运算符 "？"。该运算符是三元的，其一般形式为

　　　EXP1？　EXE2 : EXP3

其中，EXP1、EXP2 和 EXP3 是表达式，注意冒号的用法和位置。

运算符 "？" 计算 EXP1 之后，如果数值为 true，则计算 EXP2，并将结果作为整个表达式的数值；如果 EXP1 的值为 false，则计算 EXP3，并以它的结果作为整个表达式的值。

例 3-9

　　　x=10;

　　　y=x>9 ? 100:200;

例中，赋给 y 的数值是 100，如果 x 被赋予比 9 小的值，y 的值将为 200，若用 if-else 语句改写，则有下面的等价程序：

　　　x=10;

　　　if(x>9)

　　　　　y=100;

　　　else

　　　y=200;

5. 逗号运算符

逗号作为一个运算符是把几个表达式连在一起。逗号运算符的左侧总是作为 void(无

值)，这意味着其右边表达式的值变为以逗号分开的整个表达式的值。

例 3-10

> x=(y=3，y+1)；

表达式将 3 赋给 y，然后将 4 赋给 x，因为逗号运算符的优先级比赋值运算符的优先级低，所以必须使用括号。实际上，逗号表示运算顺序，当它在赋值语句右边使用时，所赋的值是逗号分隔开的表中最后那个表达式的值。

例 3-11

> y=10；
>
> x=(y=y-5，25/y)；

执行后，x 的值是 5，因为 y 的起始值是 10，减去 5 之后结果再除 25，得到最终结果。

6. 运算符优先级

运算符优先级如表 3-10 所示。注意：所有运算符(除一元运算符和 ? 之外)都是左结合的。一元运算符(* 、& 和 −)及运算符"?"则为右结合。

表 3-10　运算符优先级

最高级	() [] -> .
	! ~ ++ -- - (type) * & sizeof
	* / %
	+ -
	<< >>
	<= >=
	== !=
	&
	^
	|
	&&
	||
	?
	= += -= *= /=
最低级	,

3.2　C 语言输入/输出函数

3.2.1　输出函数

1. putchar

函数形式：int putchar(int c)。

功能：把字符 c 输出到显示器上。

参数：c 为字符常量、变量或表达式。

返回值：正常为要显示的 c，出错为 EOF，即 -1。

例 3-12 putchar 使用实例。

```
#include "stdio.h"
int main()
{
    char a='k';
    char b='m';
    char ret;
    ret=putchar(a=(b,'n'));
    putchar('\n');
    printf("%c\n",ret);
    return 0;
}
```

运行结果：n

2．printf

函数形式：void printf(const char *format,...)。

功能：向终端(显示器、控制台等)输出格式化字符。

参数：格式化的字符串。

返回值：无返回值。

格式字符串：包含两种信息。

(1) 格式说明：%[修饰符]格式字符，用于指定输出格式。

(2) 普通字符，原样输出。

例 3-13 printf 使用示例 1。

```
#include "stdio.h"
int main()
{
    float a=310.23456;
    int ret;
    ret=printf("hello linux %e\n",a);
    printf("ret=%d\n",ret);
    return 0;
}
```

运行结果：hello linux 3.102346e+02

ret=25

注意：修饰符 m 指定输出数据域宽，数据长度小于 m，左补空格；否则按实际输出。

例 3-14 printf 使用示例 2。

```
#include "stdio.h"
int main()
```

```
    {
        int a=1234567;
        printf("%5d\n",a);
        return 0;
    }
```

运行结果：1234567

例 3-15　printf 使用示例 3。

```
    #include "stdio.h"
    int main()
    {
        int a=123;
        printf("%5d\n",a);
        return 0;
    }
```

结果：[空格][空格]123

其他输出格式如表 3-11 所示。

表 3-11　输 出 格 式

输出格式	功　　能
%-md	左对齐，右边补空格
%x	十六进制
%#0	八进制
%f-	默认保留 6 位小数
%.3f-	保留小数点后三位(四舍五入)
%m.3f	前面补相差的宽带，且保留 3 位小数
%0md	以 0 来补充空格

3.2.2　输入函数

1．getchar

函数形式：int getchar(void)。

功能：从标准输入中读取一个字符。

参数：无参数。

返回值：成功为用户输入的 ASCⅡ码，出错返回-1。

例 3-16　getchar 使用示例。

```
    a=getchar();
    b=getchar();
    printf("%c,%c\n",a,b);
```

结果：

```
    键盘输入：3 [回车]
```

显示：3，[回车]

键盘输入：3　4
显示：3,4

2．scanf

函数形式：int scanf(const char *format,...)。

功能：按指定格式从键盘读入数据，存入地址表指定存储单元，并按回车键结束。

参数：格式化的字符串。

返回值：正常为输入数据的个数；读到文件末尾或出错时则返回 EOF。

注意：修饰符 m 指定输入的宽度，遇到空格或不可转换字符则结束。

例 3-17　scanf 使用示例。

```
scanf("%4d%5d%2d",&a,&b,&c);
```

输入：123456789012345678

则 a=1234, b=56789,c=01。

3.3　C 语言控制语句

C 语言有三类控制语句：条件语句(if)、分支语句(switch)和循环语句(for、while、do...while goto、break 和 continue)。

3.3.1　条件语句

if 语句的格式有两种形式。

(1) if(表达式 1)。

　　　语句块 1

　else

　　　语句块 2

(2) if(表达式 2)。

　　　语句块 1

　else if(表达式 2)

　　　语句块 2

　else if(表达式 3)

　　　语句块 3

　　　　...

　else

　　　语句块 n

注意：若语句块中有多条语句时，必须用{}括起来。

表达式：if 语句的表达式一般情况下为逻辑表达式或关系表达式，也可以是任意类型(包括整型、实型、字符型、指针类型)。

例 3-18

  if(a==b && x==y)

    printf("a=b,x=y");

例 3-19

  if('a')

    printf("%d",'a');

  if('3')

    printf("OK!");

注意："非零"与"零"的用法，区分 if(x=1)与 if(x==1)的不同。

3.3.2　分支语句

switch 语句的格式如下：

  switch (表达式)

  {

    case　常量表达式 1:

    语句块 1;

    break;

    case　常量表达式 2:

     语句块 2;

     break;

     ….

    case　常量表达式 n:

     语句块 n;

      break;

    default　　:

     语句块 n+1

  }

switch 中的表达式可以是整型或字符型表达式，也可以是枚举类型。新标准的 C 语言允许为任意类型。每个常量表达式的值必须各不相同，否则会出现矛盾。当表达式的值与 case 后面的常量表达式的值相等时，执行此 case 后面的语句。

3.3.3　循环控制语句

循环控制语句包括 for 语句、while 语句、do...while 语句、goto 语句、break 语句和 continue 语句。

1. for 语句

for 语句的格式如下：

  for(表达式 1; 表达式 2; 表达式 3)

    语句

for 语句的执行步骤如下：

(1) 先求解表达式 1。

(2) 求解表达式 2，若其值为真(非 0)，则执行 for 中指定的语句，然后执行下面第(3)步；若其值为假(0)，则结束循环，转到第(5)步。

(3) 求解表达式 3。

(4) 转回上面第(2)步继续执行。

(5) 循环结束，执行 for 语句下面的语句。

使用 for 语句应该注意以下六点：

(1) for 循环中的"表达式 1(循环变量赋初值)"、"表达式 2(循环条件)"和"表达式 3(循环变量增量)"都是选择项，即可以缺省，但分号(;)不能缺省。

(2) 省略了"表达式 1(循环变量赋初值)"，表示不对循环控制变量赋初值。

(3) 省略了"表达式 2(循环条件)"，则不做其他处理时便成为死循环。

例 3-20

```
for( i=1; ; i++ )
        sum=sum+i;
```

相当于：

```
i=1;
while(1)
{
    sum=sum+i;
    i++;
}
```

(4) 省略了"表达式 3(循环变量增量)"，则不对循环控制变量进行操作，这时可在语句体中加入修改循环控制变量的语句。

例 3-21

```
for( i=1; i<=100 ; )
{
        sum=sum+i;
        i++;
}
```

(5) 省略了"表达式 1(循环变量赋初值)"和"表达式 3(循环变量增量)"。

例 3-22

```
for( ; i<=100 ; )
{
    sum=sum+i;
     i++;
}
```

相当于：

```
while(i<=100)
```

```
    {
        sum=sum+i;
         i++;
    }
```

(6) 3 个表达式都可以省略。

例 3-23

```
    for( ; ; )
            语句
```

相当于：

```
    while(1)
            语句
```

2．while 语句

while 语句的格式如下：

```
    while(表达式)
            语句
```

其中，表达式是循环条件，语句为循环体。

while 语句的执行步骤如下：

(1) 计算表达式的值，当值为真(非 0)时，执行循环体语句；

(2) 值为假时跳出循环。

使用 while 语句应注意以下两点：

(1) while 语句中的表达式一般是关系表达式或逻辑表达式，只要表达式的值为真(非 0)即可继续循环。

(2) 循环体如包括有一个以上的语句，则必须用{ }括起来，组成复合语句。

3．do…while 语句

do…while 语句的格式如下：

```
    do
    {
        语句
    }while(表达式);
```

do…while 循环是 while 循环的变体。在检查条件是否为真之前，该循环首先会执行一次语句，然后检查条件是否为真，如果条件为真的话，就会重复这个循环。适合用于在循环次数未知的情况下判断是否达到条件，并打印最后一位数。

4．goto 语句

goto 语句的格式如下：

```
    goto 语句标号；
```

其中，语句标号是按标识符规定书写的符号，放在某一语句行的前面，标号后加冒号(：)。语句标号起标识语句的作用，与 goto 语句配合使用。

例 3-24

```
label: i++;
loop: while(x<7);
```

其中，lable 和 loop 均为标号。

C 语言不限制程序中使用标号的次数，但各标号不得重名。goto 语句的语义是改变程序流向，转去执行语句标号所标识的语句。goto 语句通常与条件语句配合使用，用来实现条件转移、构成循环、跳出循环体等功能。

5．break 语句和 continue 语句

break 语句用于跳出循环体，即提前结束循环。break 只能用在循环语句和 switch 语句中。

例 3-25

```
for(r=1；r<=10；r++)
{
  area=pi*r*r;
   if(area>100)
       break；
   printf("%f",area);
}
```

continue 语句用于结束本次循环，接着判定下一次是否执行循环。continue 与 break 的区别是：continue 只结束本次循环，而 break 终止本层循环。

例 3-26

```
int main()
{
    int n;
    for(n=100;n<=200;n++)
    {
        if (n%3 == 0)
        continue;
        printf("%d",n);
    }
}
```

为了让读者更快地掌握循环控制语句的用法，通过解决一个问题：计算从 1 到 100 的累加和，并输出结果，下面采用四种方法来实现。

第一种方法：goto 语句实现。

```
#include <stdio.h>
int    main()
{    int i, sum=0;
     i=1;
```

```
loop :
     if (i<=100)
    {
       sum=sum+i;
       i++;
       goto loop;
     }
     printf("%d",sum);
     return 0;
    }
```

第二种方法：while 语句实现。

```
    int main()
    {
        int i=1,sum=0;
        while (i<=100)
        {
            sum=sum+i;
             i++;
        }
            printf("%d",sum);
            return   0;
    }
```

第三种方法：do...while 语句实现。

```
    int main()
    {
        int i，sum=0;
        i=1;
        do
        {
            sum=sum+i;
            i++;
        }
            while(i<=100)；
            printf("%d",sum);
    }
```

第四种方法：for 语句实现。

```
    int main()
    {
        int i，sum=0;
```

```
for(i=1;i<=100;i++)
{
    sum=sum+i;
}
    printf("%d",sum);
}
```

3.4　C 语言数组和指针

3.4.1　数组

数组是具有一定顺序关系的若干个变量的集合,组成数组的各个变量称为数组的元素。数组中各元素的数据类型要求相同, 用数组名和下标确定。数组可以是一维的, 也可以是多维的。

1. 一维数组

(1) 一维数组定义。一维数组是指只有一个下标的数组, 它在计算机的内存中是连续存储的。C 语言中, 一维数组的一般说明形式如下:

<存储类型>　　　<数据类型 >　　　<数组名>[<表达式>]

例 3-27

```
int a[6]
```

注意: 数组必须先定义, 后使用; 只能逐个引用数组元素, 不能一次引用整个数组; 数组元素表示形式为: 数组名[下标], 其中下标可以是常量或整型表达式。

例 3-28

```
int a[6];    //定义一个一维数组; a++不可以, 因为 a 是地址常量
char *p;     //定义一个指针, p 是地址变量, p++可以
p=a;
```

其中: a=&a[0], *a=a[0], (a+1)=&a[1], *(&a[3])=a[3], *(a+3)=a[3], a[5]=*(p+5)=p[5]=*(&p[0]+5)=*(&(*p)+5)。

(2) 一维数组的初始化。一维数组的初始化要注意以下几个常见的问题:

① 数组不初始化, 其元素值为随机数;

② 对 static 数组元素不赋初值, 系统会自动赋以 0 值;

③ 只给部分数组元素赋初值, 则其未赋的元素值为 0 值;

④ 当全部数组元素赋初值时, 可不指定数组长度。

例 3-29

```
int a[5]={1,2,3,4,5}; 等价于 a[0]=1; a[1]=2; a[2]=3; a[3]=4; a[4]=5;

static int a[5]; 等价于 a[0]=0;   a[1]=0; a[2]=0; a[3]=0; a[4]=0;

int a[5]={6,2,3}; 等价于 a[0]=6; a[1]=2;a[2]=3; a[3]=0; a[4]=0;
```

再如: 计算 Fibonacci 数列的前 10 项并逆序给出结果。

```
int main()
{
    int i,   data[10];
    data[0]= data[1]=1;
    for(i=2;i<10;i++)
        data[i]= data[i-2]+ data[i-1];
    for(i=9;i>=0;i--)
        printf("%d\n",data[i]);
}
```

运行结果为：

55　34　21　13　8　5　3　2　1　1

2．二维数组及多维数组

(1) 二维数组的定义。二维数组即数组的数组。二维数组的一般定义形式如下：

数据类型　数组名[常量表达式][常量表达式];

例如：

```
int a[2][3];
    float b[2][5];
    int c[2][3][4];
```

在 int a[2][3]中，2 代表数组的个数，即有两个一维数组，其数组名分别是 a[0]和 a[1]；3 代表每个数组的成员数量。a[0]数组的成员是 a[0][0]、a[0][1]和 a[0][2]；a[1]数组的成员是 a[1][0]、a[1][1]和 a[1][2]。同时，a[0]和 a[1]又是一个数组，这个数组名为 a。

用图 3-1 表示上例的二维数组。

图 3-1　二维数组的表示

例 3-30

```
    int a[2][3]={{1,2,3},{4,5,6}};
```

其中，a[1][0]=*a[1]=*(*a+1)=*(a[0]+3)都表示 a[1][0]=4。

(2) 多维数组。依照上述二维数组的理解，三维数组 a[2][3][4]是由两个二维数组构成的，即 a[0]和 a[1]，其中 a[1][1][2]=*(a[1][1]+2)=*(*(a[1]+1)+2)=*(*(*(a+1)+1)+2)。

3.4.2　字符数组和字符串

1．字符数组

字符数组是指元素的数据类型为字符类型，它既具有普通数组的一般性质，又具有某些特殊性质。字符数组的初始化有两种方式：

(1) 逐个字符赋值；

(2) 用字符串常量赋值。

例 3-31

```
    char ch[6]={"Hello"};
```

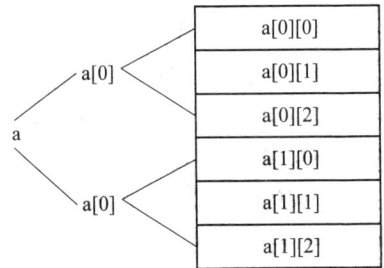

```
char ch[6]="Hello";
char ch[]="Hello";
```

则：

```
ch[0]=H   ch[1]=e   ch[2]=l   ch[3]=l   ch[4]=o   ch[5]=\0
```

2．字符串

C 语言无字符串变量，而是用字符数组处理字符串，字符串结束标志为 '\0'。

例如："hello" 共有 5 个字符，在内存占 6 个字节，字符串长度为 5。

字符串的输出有两种形式：

(1) 逐个字符：%c；

(2) 整个字符串：%s。

例 3-32　用%c 输出字符串。

```
int main()
{
char    str[5];
    int i;
    for(i=0;i<5;i++)
      scanf("%c", &str[i]);
    for(i=0;i<5;i++)
      printf("%c", str[i]);
}
```

例 3-33　用%s 输出字符串。

```
int main( )
{
    char a[ ]="Hello";
    printf("%s",a);
}
```

输出字符串举例：输入一个字符串，然后将其逆序输出。

```
int    main()
{
    char    instring[50] = "Please Input a String : ";
    outstring[50];
        int i=0,   len=0;
        printf("%s\n",instring) ;
        scanf("%s",instring);
        for(i=0;   instring[i] != '\0 '; i++)
        len++;
         for(i=0;   i< len; i++)
        outstring[i]=instring[len-i-1];
```

```
            outstring[len]= '\0 ';
            printf("%s\n",outstring);
        }
```

运行结果为：

Please Input a String : understand

The reversed String is dnatsrednu

3.4.3　指针

1. 指针变量的定义

在计算机的内部存储器(简称内存)中，每一个字节单元都有一个编号，称为地址。在 C 语言中，内存单元的地址称为指针，专门用来存放地址的变量，称为指针变量。

指针的定义形式如下：

[存储类型]　　数据类型　　*指针名；

指针的存储类型是指针变量本身的存储类型；指针说明时指定的数据类型不是指针变量本身的数据类型，而是指针目标的数据类型，简称为指针的数据类型。具有相同存储类型和数据类型的指针可以在一个说明语句中说明。

例 3-34

```
        int *pa;
```

指针在说明的同时，也可以被赋予初值，称为指针的初始化。

指针的初始化的一般形式如下：

<存储类型>　<数据类型>　*<指针变量名>=<地址量>；

例 3-35

```
        int  a,  *pa=&a ;
```

在上面的语句中，将变量 a 的地址作为初值赋给了刚说明的 int 类型指针 pa。

2. &与*

&含义：取变量的地址。

*含义：取指针所指向变量的内容。

例 3-36

```
        int *p;
```

其中，p 是指针变量，它的内容是地址量；*p 是指针的目标变量，它的内容是数据；而&p 是指针变量占用内存的地址。

3. 指针变量的运算

(1) 指针加减一个 n 的运算。px+n 表示的实际位置的地址量是：(px)+sizeof(px 的类型)*n；px−n 表示的实际位置的地址量是：(px)−sizeof(px 的类型)*n。

(2) 指针加一、减一运算，如 px++，++px，px−−，−−px。

(3) 两指针相减运算。px−py 运算的结果是两指针指向的地址位置之间相隔数据的个数。因此，两指针相减不是两指针持有的地址值相减的结果。

(4) 指针的赋值运算。指针的赋值运算是通过赋值运算符向指针变量送一个地址值。向一个指针变量赋值时，送的值必须是地址常量或指针变量，不能是普通的整数(除了赋零以外)。常见的指针赋值运算有以下几种形式：

① 把一个普通变量的地址赋给一个具有相同数据类型的指针。

例 3-37

```
double   x=15,   *px;
px=&x;
```

② 把一个已有地址值的指针变量赋给具有相同数据类型的另一个指针变量。

例 3-38

```
float   a , *px, *py ;
px = &a ;
py = px ;
```

③ 把一个数组的地址赋给具有相同数据类型的指针。

例 3-39

```
int   a[20],   *pa;
pa = a;    //等价  pa = &a[0]
```

④ 把零赋给一个指针。

例 3-40

```
int   *pa;
pa =0;        //表示指针的状态，什么也不指
```

3.4.4 指针与数组

1．指针数组

指针数组即指针的数组，数组中的每个成员都是指针变量。

例 3-41

```
int *a[5]:
```

则 a[0]～a[4]都代表指针变量。

例 3-42

```
int *A[5];
int a=1,b=2,c=3;
A[0]=&a;
A[1]=&b;
A[2]=&c;
printf("%d,%d,%d\n",*A[0],*A[1],*A[2]);
```

运行结果为：

```
1,2,3
```

2．数组指针

数组指针即数组的指针，占 4 个字节。

例 3-43

```
int (*a)[5];
```

这是一个指针，指针的名称是 a，它指向一个数组，这个数组的数据类型是 int，有 5 个成员。

例 3-44

```
#include "stdio.h"
int main()
{
    int A[2][3]={1,2,3,4,5,6};      //数组的数组      24byte
    int (*p)[3];        //数组的指针        4byte
    char *B[3];        // 指针的数组        12byte

    printf("%d,%d,%d\n",sizeof(A),sizeof(p),sizeof(B));
    return 0;
}
int main(void)
{
    int a[3][4] = {1,2,3,4,5,6,7,8,9,10,11,12};
    int (*p)[4];
    int i=1,j=2;
    p = a+1;
    scanf("%d,%d",&i,&j);
    printf("%d\n", *(*(p+i)+j));
    return 0;
}
```

运行结果为：

```
11
```

3. 指针的指针

指针的指针是指向指针(地址)的指针变量。

例 3-45

```
int  **p     //定义了一个指针变量，但这个指针变量指向的是一个 int *
```

例 3-46

```
#include "stdio.h"
int main()
{
    int a;
    int *p;
    int **pp;
```

```
        a=10;
        p=&a;
        pp=&p;
        printf("%p,%p,%p,%d,%d,%d\n",*pp,&a,p,**pp,*p,a);
        return 0;
    }
```

结果：前三个是指同一个地址随机量，后三个都为 10。

例 3-47

```
    #include "stdio.h"
    int main()
    {
        char *p[3]={"abcde","fijkl","mnopq"};
        char **pp;
        printf("%s\n",p[1]);
        pp=p+1;//pp=&p[1]
        printf("%s,%c\n",*pp,**pp);//*pp----p[1],**pp---*p[1]
        return 0;
    }
```

运行结果：

```
    fijkl
    fijkl,f
```

4．const 与指针

(1) int const *p 等价于 const int *p。

其中，const 修饰的是*p，表示所指向的空间中的内容，可以通过 p 间接去修改它。

例 3-48

```
    int a=10 ;
    p=&a ;
    *p=11 (不可以)
    p=&b ;(可以)
    a=11 ;(可以)
```

(2) int * const p

其中，const 修饰的是 p，p 这个存储空间中的内容不可改变，只能读。

例 3-49

```
    int a =10 ;
    int * const p ;
    p=&a ; (不可以)
    p=20 ;(可以)
```

如果要用 int * const p ，则必须在定义时就要初始化，即

```
int a =10 ;
int * const p =&a;
```

3.5　C 语言函数

3.5.1　函数定义

函数是一个完成特定功能的代码模块，其程序代码独立，通常要求有返回值，但也可以是空值。函数的一般形式如下：

```
<数据类型>   <函数名称>( <形式参数说明> )
{
    语句序列；
    return[(<表达式>)];
}
```

例 3-50　定义求 x^n 值的函数(x 是实数，n 为正整数)。

```
double   Power(double x,   int   n)
{
    if( n<0 )
      {
          printf("error\n");
          return(-111);     //如果是负整数，返回-111 作为出错的状态值
      }
    int i;
    double   r=1; //定义一个 double 型变量用于存放结果，并初始化为 1
    for( i=1; i<=n; i++)
    r *=   x;
    return( r ) ;            //要求返回 double 型结果值为 r
}
```

3.5.2　函数声明

函数声明是指函数原型，其中，<形式参数说明>可以缺省说明的变量名称，但类型不能缺省。

例 3-51

```
double   Power(double x, int n) ;
```

等价于：

```
double   Power(double, int);
```

3.5.3　函数使用

函数使用也叫做函数的调用，其一般形式如下：

函数名称(〈实际参数〉)

其中，函数名称是一个标识符，符合标识符的命名规则；

〈实际参数〉需要确切的数据，也可以是具有确定值的表达式。实参就是在使用函数时，调用函数传递给被调用函数的数据，用于完成所要求的任务。

注意：函数调用可以作为一个运算量出现在表达式中，也可以单独形成一个语句。对于无返回值的函数来说，只能形成一个函数调用语句。

例 3-52　编写一个函数显示"Hello, guy!"，然后编写主程序 main 调用它。

```
void   DisplayHello(void)
{
    printf("Hello,guy!\n");
}
    int     main(void)
{
    DisplayHello() ;          //一个函数调用语句
}
```

运行结果：Hello, guy!

3.5.4　函数的参数传递

函数的参数传递有复制传递、地址传递和全局变量三种方式。

1. 复制传递方式

复制传递方式是函数间传递数据常用的方式。调用函数将实参传递给被调用函数，被调用函数将创建同类型的形参并用实参初始化，即把实参赋给一个新的变量，把实参复制到新建形参的存储区域中。采用复制传递方式传递数据，被调用函数不能访问调用函数里的实参。被调用函数处理的数据是复制到其形参的数据，因此，即使改变形参的值也不会影响实参的值，一旦调用函数完成了其任务时，这些形参通常就释放其所占用的空间。

2. 地址传递方式

地址传递方式和复制传递方式正好相反，这种方式是将调用函数的参数本身传给被调用函数，因此，被调用函数中对形参的运算将直接改变实参的值。调用函数将实参的地址传送给被调用函数，被调用函数对该地址的目标进行运算，相当于对实参本身的运算。按地址传递，实参为变量的地址，而形参为同类型的指针。

例 3-53

```
void Swap(double *x, double *y) ; // Swap 函数声明
int main()
{
double x1, x2;
    x1=21.56;
    x2=65.12;
    Swap(&x1, &x2);//调用 Swap 函数，交换 x1 和 x2 的值
```

```
        printf("x1=%.2f,x2=%.2f\n",x1,x2);
    }
    void Swap(double *x, double *y)      //实现 x 和 y 指向的目标
    {
        double temp;
        temp= *x;   *x = *y; *y=temp;
    }
```

运行结果：

```
    x1=65.12   x2=21.56
```

3. 全局变量

全局变量是指在函数体外说明的变量，它们在程序中的每个函数里都是可见的。实际上，全局变量也是一种静态型的变量，将它初始化为 0。全局变量一经定义后就会在程序的任何地方可见。使用全局变量传递数据的先后顺序的不同会影响计算结果，应用顺序不当会导致错误，这种方式应尽量少用。

例 3-54

```
    int   n ;                     //定义一个全局变量 n
    double   factorial (void) ;      //说明了一个 double 型的函数 factorial
    int main()
    {   double   s=0;
        n=10 ;
        s = factorial(   );
        printf("%e\n",s);          //调用 factorial 函数
    }
    double   factorial (void)       //factorial 函数功能为计算 n!
    {
        double r = 1;
        int i;
        for(i=1; i<=n; i++)
        {
          r *= i;
        }
        return( r ) ;
    }
```

运行结果：

```
    10! =3.6288e+06
```

3.5.5　数组在函数与函数间的传递

数组在函数与函数间的传递常用两种方式：复制传递方式和地址传递方式。

1. 复制传递方式

　　函数与函数之间的数组传递，复制传递方式只是提供一种形式，被调用函数的形参数组的数组名实际上是一个指针变量，因此，复制传递方式与数组的指针传递方式完全相同，只是形参的说明形式不同而已。调用函数将实参数组传递给被调用函数的形参，形参接收的是实参的地址。复制传递方式与下节介绍的指针传递方式一样，被调用函数里对形参数组的运算会影响调用函数里的实参数组。形参数组的声明形式好像是实参的备份，其实则不然。

　　例 3-55

```
double TestArray(double b[],int Size);
int main()
{
    int i;
    double a[5]={1.1, 2.1, 3.1, 4.1, 5.1}, r=0;
    r=   TestArray(a,5);
    printf("%f\n",r);         //输出 r
    r=0;            //在主函数中求出 a 数组的元素之和
    for(i=0; i<5; i++)   { r += a[i]; }
     printf("%f\n",r);
}
double TestArray(double b[], int Size)
{
    double s=0;
    int i;
        for( i=0; i<Size; i++)
    s += b[i];
    b[4]=0;
    return(s);
}
```

运行结果：

```
Result = 15.5
r = 10.4
```

2. 地址传递方式

　　地址传递方式是将调用函数中的实参数组的起始地址传递给被调用函数的指针变量形参。因此，被调用函数中对形参地址的目标运算，相当于对实参本身的运算，将直接改变实参数组的值。地址传递方式的实参应该为数组的指针，而形参应为同类型的指针变量。另外，地址传递方式不仅要把实参数组的指针作为参数传递给函数，同时还需要传递数组的长度。

例 3-56

```
double TestArray(double *pa, int Size);   //函数说明
int main(void)
{
    double a[5]={1.1, 2.1, 3.1, 4.1, 5.1}, r=0;
    r=TestArray(a,5);                  //将数组传递给函数
    printf("%.2f\n",r);
}
double TestArray(double *pa, int Size)   //形参为一个指针
{   int i;
    double s=0;
    f or(i=0; i<Size; i++)            //注意：这里的 pa[i]就是 a[i]
    s += pa[i];
    return(s);
}
```

运行结果：

Sum=15.5

3.5.6　指针函数

指针函数是指一个函数的返回值为地址量的函数。通常函数都是有返回值的数据类型，如果函数没有返回值，则该函数是一个无值型函数。指针函数是一个函数的返回值，是某一数据类型变量地址的函数。

指针函数定义的一般形式如下：

```
<数据类型>　*<函数名称>(<参数说明>)
{
    语句序列；
}
```

例 3-57

```
int *myfun()
{
    return  地址；
}
```

3.5.7　函数指针

函数指针是用来存放函数的地址，这个地址是一个函数的入口地址，而且是函数调用时使用的起始地址。当一个函数指针指向一个函数时，就可以通过这个指针来调用该函数，函数指针可以将函数作为参数传递给其他函数调用。

函数指针变量声明的一般形式如下：

```
<数据类型> (*<函数指针名称>)(<参数说明列表>);
```

函数指针定义的形式和函数定义差不多。

例 3-58

```
void mystrcpy(char *d, char *s);
void (*pfun) (char *d, char *s);或 void (*pfun) (char *,  char *);
```

其中，pfun 是一个指针变量，如果没有初始化，它是一个不确定的值。

初始化：

```
pfun=mystrcpy;   (pfun 等于一个函数的地址)
```

例 3-59

```
#include <stdio.h>
int test(int a, int b, int (*pFunt)(int m,int n));
int Plus(int a,int b);              //函数说明
int Minus(int , int );              //函数说明，缺省形式参数名称

int    main()
{
    int x=5, y=8;
    int    (* pFunc)(int a, int b);     //说明一个名称为 pFunc 的函数指针
    pFunc=Plus;                         //把函数 Plus 的地址赋给函数指针 pFunc
    printf("%d\n", (*pFunc)(x,y) );
    pFunc=Minus;                        //把函数 Minus 的地址赋给函数指针 pFunc
    printf("%d\n", (*pFunc)(x,y) );
    printf("%d\n", test(15,5,Plus) );   //把函数 Plus 作为实参调用 test
    printf("%d\n", test(15,5,Minus) );  //把函数 Minus 作为实参调用 test
}
int Plus(int a,int b);                  //简单的加法函数
{
    return (a+b);
}
int Minus(int a,int b);                 //简单的减法函数
{
    return (a-b);
}
int test(int a,int b, int (*pFunt)(int m,int n));   //简单的测试函数指针的函数
{
    return ( (*pFunt)(a,b));
}
```

3.5.8　递归函数

递归函数是指一个函数的函数体中直接或间接调用了该函数自身的函数。这里的直接

调用是指一个函数的函数体中含有调用自身的语句，间接调用是指一个函数在函数体里调用了其他函数，而其他函数又反过来调用了该函数。

递归函数调用的执行过程分为两个阶段：

(1) 递推阶段：从原问题出发，按递归公式递推从未知到已知，最终达到递归终止条件。

(2) 回归阶段：按递归终止条件求出结果，逆向逐步代入递归公式，回归到原问题求解。

例 3-60

```
#include <stdio.h>
double Factorial(int n);          //递归函数说明
int main(void)
{
    double r=Factorial(5);        //调用函数 Factorial 并将返回值赋给 r
    printf("5!=%f\n",r);
    return 0;
}
double Factorial(int n);          //定义求 n!函数，要求 n 大于等于零
{
    if(n<=1)   return (1);        //递归函数终止条件
    return ( n*Factorial(n-1) );  // Factorial 函数的函数体中调用了 Factorial 函数
}
```

运行结果：

```
5!=120
```

3.6　C 语言自定义数据类型

3.6.1　结构体

1. 结构体

结构体是一种用户自定义的数据类型，它的内容是可变的；它不是一个变量，而是一个数据类型，其和简单的数据类型是同等的(如 int、float、double 等)。

2. 结构体的定义

结构体数据类型的定义如下：

```
struct A
{
    int a;
    float b;
    double c;
};
```

其中，结构体数据类型的名称是 struct A，而不是 A。

3. 结构体数据类型变量的定义

结构体数据类型变量的定义和普通变量一样，例如，

不正确的定义：A var;

正确的定义：struct A var;

常见的结构体数据类型变量的定义有以下三种。

(1) 先定义结构体数据类型，再定义变量，格式如下：

```
struct A
{
    int a;
    char name[16];
};
struct A  var;
```

(2) 在定义结构体数据类型时同时定义变量，格式如下：

```
struct A
{
    int a;
    char name[16];
}var1,var2,var3;
```

此时若再定义变量 struct A var4，也是可以的。

(3) 在定义结构体数据类型时同时定义变量(省去结构体类型名)，格式如下：

```
struct
{
    int a;
    char name[16];
}var,var1,var;
```

使用这种方式时，若再定义一个变量，如 struct var4，则是错误的。

4. 结构体数据类型变量的初始化

结构体数据类型变量的初始化有以下两种方式。

(1) 在定义变量时初始化。

例 3-61

```
struct A var={1, 2.0 , 3.0};
```

(2) 分别对它进行初始化。

例 3-62

```
#include "stdio.h"
int main()
{
    struct A
    {
```

```
        int a;
        float b;
        double c;
        char name[16];
    };
    struct A    var;
    var.a=10;
    var.b=2.0;
    var.c=3.0;
    scanf("%s",var.name);
    printf("%d,%f,%lf,%s\n",var.a,var.b,var.c,var.name);
    return 0;
}
```

5. 结构体数据类型变量的使用

结构体是一个新的数据类型，因此同一结构类型变量的使用与其他类型的变量一样运算，但不同的是结构体类型变量以结构体成员作为基本变量。结构成员的表示方式为：

　　　　结构变量·成员名

如果将"结构变量·成员名"看成一个整体，则这个整体的数据类型与结构中该成员的数据类型相同，这样就和普通变量一样使用。

例 3-63　结构体数据类型变量使用举例。

```
    struct A
    {
        int a;
        int b;
        char name[16];
    }
    struct A var[10];
    int var1,var2;
    var1=10;
    var2=11;
    var[0].a=var1;
    var[1].b=var2;
```

6. 结构体变量数组

结构体变量数组与前面所述的数组是一样的，此时数组中的每个成员是自定义的结构体类型。

例 3-64

```
    struct A
    {
```

```
        int a;
        char name[16];
    };
    struct A    var[10];
```

7. 结构体变量指针

结构体变量指针与前面所述的指针是一样的，此时的指针指向的是自定义的结构体类型的变量。

例 3-65

```
    struct A
    {
        int a;
        char name[16];
    };
    struct A    a, *p;
    p=&a;
```

此时，若通过指针 p 来引用结构体的成员时，使用方式如下：

```
    p->a;
```

例 3-66

```
    #include "stdio.h"
    int main()
    {
    struct A
    {
        int a;
        float b;
        double c;
        char name[16];
    };
        struct A    var;
        struct A *p;
        p=&var;
        var.a=10;
        var.b=2.0;
        var.c=3.0;
        scanf("%s",var.name);
        printf("%d,%d\n",var.a,p->a);
        printf("%d\n",(*p).a);
        return 0;
    }
```

注意：结构体变量虽不能整体引用，但可以整体赋值，因为它是变量。例如：

    struct A var1={10，2.0，3.0};

    struct A var2，*p;

    var2=var1;

    var2=*p;

8. 结构体变量所占存储空间的大小

结构体变量所占存储空间的大小是所有成员之和。

例 3-67

```
#include "stdio.h"
int main()
{
    struct A
    {
        int a;         //4byte
        float b;        //4byte
        double c;       //8byte
        char name[16]; //16byte
    };//32
    struct A a;
    printf("%d\n",sizeof(struct A),sizeof(a));    //32byte    32byte
    return 0;
}
```

但考虑字对齐方式时，结构体变量所占存储空间的大小不是所有成员之和。

例 3-68

```
#include "stdio.h"
int main()
{
    struct A
    {
        int a;     //4byte
        char b;    //4byte
        double c ;   //8byte
        char name[16];//16byte
    };
    struct A a;
    printf("%d\n",sizeof(struct A),sizeof(a));    //采用字对齐，结果仍然是 32byte
    return 0;
}
```

3.6.2　联合体

　　联合体类型的定义及变量等相关内容与结构体类似，但联合体所占存储空间的大小取决于联合体中最大的数据类型变量所占的空间大小。

　　例 3-69

```
union A
{
    int a;
    float b;
    double c;
};
```

则 sizeof(union A)=8。

本 章 小 结

　　本章首先介绍了嵌入式下 C 语言的基础知识，包括数据类型、常用 ASCII 字符、关键字和标识符、特殊字符、存储类型、内存空间及运算符；接着介绍了 C 语言开发中常用的输入/输出函数、控制语句、数组和指针、函数；最后介绍了自定义数据类型结构体和联合体。

第 4 章　嵌入式 Linux 系统编程

Linux 系统编程是 Linux 下的高级编程。这部分的知识涉及内核向用户空间提供的接口(函数)，为什么内核要提供这些接口？其主要原因有：内核要为应用程序服务，应用程序如果没有内核服务，则功能非常单一；内核是一个稳定的代码，同时也要为多个用户空间的程序服务，为了防止用户空间的某些用户程序使内核代码崩溃或产生其他问题，而不能为其他用户服务，所以内核向用户空间提供接口(函数)，并在这些接口函数中加上一些保护，这样将向符合接口函数的应用程序提供服务，同时也保护了内核。

本章学习的重点是系统调用接口(函数)，即这些接口的功能、参数和返回值，主要涉及三部分，分别是 I/O、进程和网络。其中，I/O 包括文件 I/O、标准 I/O；进程包括进程控制、线程(线程控制、线程的同步与互斥)、进程通信(无名管道、有名管道、信号、IPC(共享内存、消息队列、信号灯))；网络主要介绍基于 socket 的网络编程。

4.1　I/O

4.1.1　文件 I/O

I/O 是 Input 和 Output 的缩写。Linux 内核的一个重要功能是文件系统管理，从用户空间角度考虑，从内核文件中读取数据到用户空间称为 input，从用户空间写数据到内核文件中称为 Output，这二个功能由文件 I/O 的 read 和 write 函数负责；用户空间想从内核文件中的什么位置开始读写，该功能由 lseek 函数负责；内核中有很多文件，因此用户空间在读写内核文件之前应该指定某个文件，该功能由 open 函数负责；用户空间对文件操作后应该关闭这些文件，该功能由 close 函数负责。可见，文件 I/O 相关函数包括 open、write、read、lseek 和 close 函数。

1. open 函数

函数形式：int open(const char * pathname, int flags);
　　　　　　int open(const char *pathname, int f lags, mode_t mode);

功能：打开或创建文件。

参数：有两个或三个参数，若是打开文件只包含两个参数；若是创建文件则包含三个参数。pathname 是要打开或创建文件的名称及其路径；flags 是打开文件的方式，如表 4-1 所示；mode 是创建文件的权限，生成的文件的权限是经过 mode & (~umask)运算后的结果。例如，当第三个参数 mode=0777，且系统的 umask 是 0022 时，则权限为 0755。

返回值：正常为非负的正整数，也称为文件描述符，它是内核文件在用户空间进程中的 ID 号。它从 0 开始累加，用户空间的程序进行时(进程)，内核会为该进程打开文件描述符 0、1、2，它们分别对应标准输入、标准输出和标准出错，因此每打开一个文件，文件描述符的值从 3 开始累加。出错为 −1。

表 4-1　打开文件的方式

flags(定义在 fcntl.h 文件中)	功　　能
O_RDONLY	只读方式打开文件
O_WRONLY	只写方式打开文件
O_RDWR	读写方式打开文件
O_CREAT	创建文件
O_EXCL	如果使用 O_CREAT 时文件存在，则可返回错误消息，它可测试文件是否已经存在
O_TRUNC	打开文件时将文件已存在的内容删除
O_APPEND	打开文件时不将文件已存在的内容删除

例 4-1　open 函数使用示例。

```
#include "unistd.h"
#inlcude "stdio.h"
#include "fcntl.h"
int main()
{
    int fd;
    fd=open("./a.c",O-CREAT|O_RDWR,0777);
    if(fd<0)
    {
        printf("open file a.c failure,fd=%d\n",fd);
        return -1;
    }
    printf("open file a.c success,fd=%d\n",fd);
}
```

2. write 函数

函数形式：ssize_t　write(int handle,　void　* buf,　int　nbyte);

功能：从用户空间写数据到内核文件中。

参数：fd 是指写到内核的哪个文件中；buf 是指向文件 fd 中写什么内容；nbyte 是指想向文件 fd 中写的字节个数。

返回值：正常是实际向内核文件 fd 中写的字节数，出错为 −1。

例 4-2　write 函数使用示例。

```
#include "unistd.h"
```

```
#include "fcntl.h"
#include "stdio.h"
#define MAX 128
int main()
{
    int fd;
    char buf[]="abcdefg";
    int wr_len=0;
    fd=open("./a.c",O_CREAT|O_WRONLY|O_TRUNC,0777);
    if(fd<0)
    {
        printf("open file a.c failure\n");
        return -1;
    }
        printf("open file a.c sucess\n");
        fgets(buf,MAX,stdin);
        printf("start write...");
        wr_len=write(fd,(char *)buf,sizeof(buf));
        printf("wr_len=%d\n",wr_len);
        close(fd);
}
```

3. read 函数

函数形式：ssize_t　read(int handle, void　* buf,　size_t　count);

功能：从内核文件中读取数据到用户空间。

参数：fd 是指从内核中哪个文件读；buf 存放从文件 fd 中读到的内容；count 是指想从文件 fd 中读的字节个数。

返回值：正常是实际从内核文件 fd 中读取的字节数，出错为–1。

4. lseek 函数

函数形式：off_t lseek(int filedes, off_t offset, int whence);

功能：调整读写的位置指针。

参数：filedes 是要调整的文件的文件描述符。offset 是偏移量，以第三个参数 whence 为基准位置的读写位置指针移动的距离，单位是字节的数量，可正可负(向前移，向后移)。whence 为要调整读写位置指针的基准点，有三个宏(定义在 sys/types.h)，SEEK_SET 表示读写位置指针指向文件的开头，新位置为偏移量的大小；SEEK_CUR 表示当前位置为读写位置指针的位置，新位置为当前位置加上偏移量；SEEK_END 表示读写位置指针为文件的结尾，新位置为文件的大小加上偏移量。

返回值：成功为新的读写位置，出错为 –1。

例 4-3　lseek 函数使用示例。

```c
#include "unistd.h"
#include "fcntl.h"
#include "stdio.h"
#include "string.h"
#define MAX 128
int main()
{
    int fd;
    char buf[]="abcdefghijklm\n";
    char rd_buf[MAX]={0};
    int wr_len=0,rd_len=0;
    fd=open("./a.c",O_CREAT|O_RDWR|O_TRUNC,0777);
    if(fd <0)
    {
        printf("open file a.c failure\n");
        return -1;
    }
    printf("open file a.c sucess\n");
    wr_len=write(fd,(char *)buf,sizeof(buf));
    printf("wr_len=%d\n",wr_len);
//将位置指针调整到文件开头后两个字节处
    lseek(fd,2,SEEK_SET);
    rd_len=read(fd,(char *)rd_buf,2);
    printf("rd_len=%d\n",rd_len);
    printf("read data:%s",rd_buf);
    memset(rd_buf,0,sizeof(rd_buf));
//将位置指针调整至当前位置的前 3 个字节处
    lseek(fd,-3,SEEK_CUR);
    rd_len=read(fd,(char *)rd_buf,20);
    printf("rd_len=%d,readdata=%s\n",rd_len,rd_buf);
    close(fd);
    return 0;
}
```

5. close 函数

函数形式：int close(int fd);

功能：关闭文件。

参数：fd 是要关闭文件的文件描述符。

返回值：成功为 0，出错为 −1。

4.1.2　标准 I/O

1. 标准 I/O 与文件 I/O 的区别

文件 I/O 直接调用内核提供的系统调用函数，头文件是 unistd.h；标准 I/O 则间接调用系统调用函数，头文件是 stdio.h。标准 I/O 相关函数与文件 I/O 相关函数的比较如表 4-2 所示。

表 4-2　标准 IO 与文件 I/O 相关函数的比较

文件 I/O	标准 I/O		
open	fopen		
close	fclose		
lseek	fseek, rewind		
write /read	单字符读写函数	读	fgetc, getc, getchar
		写	fputc, putc, putchar
	行缓存读写函数	读	fgets, gets, printf, fprintf, sprintf
		写	fputs, puts, scanf
	全缓存读写函数	读	fread
		写	fwrite

从表 4-2 可看出，标准 I/O 中读写相关的函数分为三类。

(1) 第一类是每次一个字符的读写函数；

(2) 第二类是行缓存读写函数，遇到新行符(\n)或写满缓存时调用系统调用函数 write，行缓存大小是 1024 字节；

(3) 第三类是全缓存函数，只有写满缓存时才调用系统调用函数 write。

2. 标准 I/O 中三个缓存的理解

标准 I/O 中有三个缓存，分别是用户空间缓存、库函数缓存和内核空间缓存。用户自己写的程序中定义的缓存，即想从内核读写的缓存，就是用户空间缓存；标准 I/O 库函数中也有一个缓存，称为库函数缓存；每打开一个文件，内核在内核空间中就会开辟一块缓存，叫内核空间缓存。文件 I/O 中的写即是将用户空间中的缓存写到内核空间的缓存中，文件 I/O 中的读即是将内核空间的缓存写到用户空间的缓存中。下面通过一个实例来验证标准 I/O 中多了一个库函数缓存。

例 4-4　标准 I/O 库缓存大小计算示例。

```
#include "stdio.h"
#define MAX 93
int main()
{
    char buf[]="hello linux";
```

```
        int i=0;
        while(i<MAX)
        {
           printf("%s",buf);
           i++;
         }
        while(1);
        return 0;
    }
```

例 4-4 中不断修改 MAX 的值，当 MAX 等于 93 时，显示器上会显示输出值，当 MAX
小于 93 时，没有输出，因此 printf 行缓存大小可计算为：93*11+1=1024。

3. 标准 I/O 函数

(1) fopen 函数。

函数形式：FILE *fopen (const char *path, const char *mode)。

功能：打开或创建文件。

参数：path 是要打开或创建文件的名称及其路径；mode 是打开文件的方式，如表 4-3
所示；fopen 可以创建一个文件，但是它不能设置文件的权限，其默认设置权限为 0666，
最终新建的文件权限也与 umask 有关系，即为 0666 & (~umask)。

返回值：fopen 是一个指针函数，返回值指向结构体 FILE 的指针，该结构体的定义在
/usr/include/libio.h 中。FILE 称为文件流，类似于文件 I/O 中的文件描述符。在文件 I/O 中
标准的输入、输出及出错的文件描述符分别是 0、1 和 2，在标准 I/O 中标准的输入流、输
出流和出错流分别是 stdin、stdout 和 stderr。

表 4-3　fopen 的打开方式

mode	功　　能
r 或 rb	打开只读文件，该文件必须存在
r+或 r+b	打开可读写的文件，该文件必须存在
w 或 wb	打开只写文件，若文件存在则文件长度清零，即会擦除文件以前内容；若文件不存在则建立该文件
w+或 w+b 或 wb+	打开可读写文件，若文件存在则文件长度清零，即会擦除文件以前内容；若文件不存在则建立该文件
a 或 ab	以附加的方式打开只写文件。若文件不存在，则会建立该文件；如果文件存在，写入的数据会被加到文件尾，即文件原先的内容会被保留
a+或 a+b 或 ab+	以附加方式打开可读写的文件。若文件不存在，则会建立该文件；如果文件存在，写入的数据会被加到文件尾，即文件原先的内容会被保留

由表 4-3 总结可知：

- b：二进制文件；
- w 或 a：创建新文件；
- +：读写；
- w 和 a 的区别：w 相当于文件 I/O 中的 O_TRUNC(擦除写)，相当于文件 I/O 中的 O_APPEND(附加写)；
- r：只读，该文件必须存在。

例如：要求以读写方式打开一个文件，该文件必须存在，其 mode 为 "r+"；若要求以追加方式打开一个文件，若文件不存在，则可以创建文件，其 mode 为 "a" 或 "a+"。

例 4-5　fopen 函数使用示例。

```
#include "stdio.h"
int main()
{
    FILE *fp;
    fp=fopen("./a.c", "a+");    //以附加方式打开一个可读写的文件
    if(fp==NULL)
    {
        printf("open file a.c failure\n");
        return -1;
    }
    printf("open file a.c sucess\n");
    fclose(fp);
    return 0;
}
```

(2) fclose 函数。

函数形式：int fclose(FILE *stream)。

功能：关闭文件。

参数：stream 为要关闭的文件流指针。

返回值：成功返回 0，失败返回 EOF(-1)。

注意：

- 被关闭文件在关闭之前，会刷新缓存中的数据。如果标准 I/O 库已经为该 I/O 流自动分配了一个缓存，则释放此缓存。
- 当一个进程正常终止时(直接调用 exit 函数，或从 main 函数返回)，则所有带未写缓存数据的标准 I/O 流都被刷新，所有打开的标准 I/O 流都被关闭。
- 在调用 fclose()关闭流后对流所进行的任何操作，包括再次调用 fclose()，其结果都将是未知的。

(3) 行缓存读函数 fgets 和 gets。

函数形式：char *fgets (char *s, int size, FILE *stream)；

　　　　　char *gets (char *s)。

功能：从内核文件中读取数据到用户空间。

参数：s 为缓存，即读到哪里去；size 为读多少个字节；stream 为从什么地方读。

返回值：成功为 s(缓存的地址)，若已处文件尾端或出错则为 NULL。

fgets 函数和 get 函数的区别如下：

● gets 不指定缓存的长度，可能会导致缓存 s 越界(如若读入的行内容比缓存 s 大)，此时写到缓存 s 之后的存储空间中会出现不可预料的后果。

● gets 只能从标准输入中读；而 fgets 不仅可以从标准输入中读，也可以从普通文件中读。

● gets 与 fgets 的另一个区别是：gets 并不将换行符'\n'存入缓存中，fgets 将换行符'\n'存入缓存中。

例 4-6 gets 函数与 fgets 函数的区别示例。

①

```
#include "stdio.h"
#include    "string.h"
int main()
{
   char buf[128]={0};
   fgets(buf,128,stdin);
   printf("len=%d,%s",strlen(buf),buf);
   return 0;
}
```

运行结果：

```
abcdef
len=7,abcdef
```

②

```
#include "stdio.h"
#include    "string.h"
int main()
{
   char buf[128]={0};
   gets(buf);
   printf("len=%d,%s",strlen(buf),buf);
   return 0;
}
```

运行结果：

```
abcdef
len=6,abcdef
```

(4) 行缓存写函数 fputs 和 puts。

函数形式：int fputs(const char *s,FILE *stream);

　　　　　　int puts(const char *s)。

功能：从用户空间写数据到内核文件中。

参数：s 为缓存，即写什么内容；stream 为写到什么文件中去。

返回值：写入成功为 0，出错为 EOFa(-1)。

fputs 函数和 puts 函数的区别如下：

- puts 只能向标准输出中写；而 fputs 不仅可以向标准输出中写，也可以向普通文件中写。

- puts 输出时会添加一个新行符'\n'，fputs 不会添加'\n'。

例 4-7　fputs 函数使用示例。

```
#include "stdio.h"
#include "string.h"
int main()
{
    FILE *fp;
    char buf[128]={0};
    char write_buf[]="hello linux\n";
    fp=fopen("./a.c","a+");
    if(fp == NULL)
    {
        printf("open a.c failure\n");
        return -1;
    }
    printf("open a.c sucess\n");
    fputs(write_buf,fp);
    fseek(fp,0,SEEK_SET);
    fgets(buf,128,fp);
    printf("first,read data:%s",buf);
    memset(buf,0,sizeof(buf));
    fgets(buf,128,fp);
    printf("second read data:%s",buf);
    fclose(fp);
    return 0;
}
```

(5) fprintf 函数。

函数形式：int fprintf (FILE* stream, const char*format, [argument] …)。

功能：将格式化的数据写入文件中。

参数：stream 为文件指针，format 是指以什么样的格式输出，[argument] …为可选参数，可以是任何类型的数据。

返回值：正确为输出的字符数，错误返回一个负值。

fprintf 和 printf 函数的区别是：

- printf 只能向标准输出中写；
- 而 fprintf 不仅可以向标准输出中写，也可以向普通文件中写。

例 4-8　fprintf 函数使用示例。

```
#include "stdio.h"
int main()
{
    int i;
    FILE *fp;

    fp=fopen("./a.c","w+");
    if(fp == NULL)
    {
        printf("fopen a.c failure\n");
        return -1;
    }
    i=1;
    fprintf(fp,"hello linux,i=%d\n",i);
    fclose(fp);
    return 0;
}
```

(6)　sprintf 函数。

函数形式：int sprintf(char *buffer, const char *format, [argument] …)。

功能：将格式化的数据写入某个字符串中。

参数：buffer 为指向将要写入的字符串的缓冲区字符指针，format 为格式化字符串，[argument]...为可选参数，可以是任何类型的数据。

返回值：正确为输出的字符数，错误返回一个负值。

例 4-9　sprintf 函数使用示例。

```
#include "stdio.h"
int main()
{
    int i;
    i=1;
    char str[128]={0};
    sprintf(str,"hello linux i=%d\n",i);
    printf("%s",str);
    return 0;
}
```

（7）单字符读写函数 fgetc 和 fputc。

① fgetc 函数。

函数形式：int fgetc(FILE *fp)。

功能：从文件中读取一个字符。

参数：文件流。

返回值：正确为读取的字符，到文件结尾或出错时返回 EOF。

② fputc 函数。

函数形式：int fputc(int c, FILE *fp)。

功能：写一个字符到文件中。

参数：第一个参数为要写的字符，第二个参数为文件流。

返回值：成功返回输入的字符，出错返回 EOF。

fgetc 和 fputc 函数不是无缓存函数，也不是行缓存函数，下面通过一个示例证明。

例 4-10　fputc 不是无缓存函数，也不是行缓存函数示例证明。

```c
#include "stdio.h"
int main(int argc,char *argv[])
{
    FILE *fp;
    fp=fopen("./a.c","w+");
    if(fp==NULL)
    {
        printf("open file a.c failure\n");
        return -1;
    }
    printf("open file a.c sucess\n");
    fputc('a',fp);
    fputc('\n',fp);
    //fflush(fp);
    while(1);
    fclose(fp);//fflush
    return 0;
}
```

（8）全缓存读写函数 fread 和 fwrite。

① fread 函数。

函数形式：size_t fread (void *buffer, size_t size, size_t count, FILE *stream)。

功能：从一个文件流中读数据，最多读取 count 个元素，每个元素 size 字节。

参数：buffer 为接收数据的缓存首地址；size 为要读的每个数据项的字节数，单位是字节；count 为要读 count 个数据项；stream 为文件流指针，即从什么地方读。

返回值：成功为实际读取到的元素个数，如果不成功或读到文件末尾返回 0。

② fwrite 函数。

函数形式：size_t fwrite(const void* buffer, size_t size, size_t count, FILE* stream)。

功能：向文件写入一个数据块。

参数：buffer 为写入数据的缓存首地址；size 为要写的每个数据项的字节数，单位是字节；count 为要写 count 个数据项；stream 为文件流指针，即写到什么地方去。

返回值：成功为实际写入的数据块数目。

(9) 定位函数 fseek、rewind 和 ftell。

① fseek 函数。

函数形式：int fseek(FILE *stream, long offset, int fromwhere)。

功能：调整文件读写位置指针。

参数：stream 是要调整的文件流指针。offset 是偏移量，以第三个参数 fromwhere 为基准位置的读写位置指针移动的距离，单位是字节的数量，可正可负(向前移，向后移)。fromwhere 为要调整读写位置指针的基准点，有三个宏(定义在 sys/types.h)，SEEK_SET 表示读写位置指针指向文件的开头，新位置为偏移量的大小；SEEK_CUR 表示当前位置为读写位置指针的位置，新位置为当前位置加上偏移量；SEEK_END 表示读写位置指针为文件的结尾，新位置为文件的大小加上偏移量。

返回值：成功为 0，出错为 –1。

② ftell 函数。

函数形式：FILE *ftell(FILE *stream)。

功能：读当前文件的位置。

返回值：成功为当前文件读写位置指针，出错为 –1。

③ rewind 函数。

函数形式：void rewind(FILE *fp)。

功能：设定流的文件读写位置指针为文件开头，等价于 fseek(fp, 0, SEEK_SET)语句。

返回值：无。

(10) 缓存刷新函数 fflush。

函数形式：int fflush(FILE *fp)。

功能：把库函数中缓存的内容强制写到内核中。

参数：fp 为要刷新的文件流指针。

返回值：成功为实际读取到的元素个数，如果不成功或读到文件末尾返回 0。

例 4-11　fflush 函数示例。

```
#include "stdio.h"
int main()
{
    printf("hello linux");
    while(1);
    return 0;
}
```

运行结果：因为未写满行缓存大小，所以不会在显示器上输出"hello linux"。

```
#include "stdio.h"
```

```
    int main()
    {
        printf("hello linux\n");
        while(1);
        return 0;
    }
```
运行结果：因为遇到新行符，所以会在显示器上输出"hello linux"。
```
    #include "stdio.h"
    int main()
    {
        printf("hello linux");
        fflush(stdout);
        while(1);
        return 0;
    }
```
运行结果：因为 fflush 把库函数中的缓存的内容强制写到内核中，所以会在显示器上输出 "hello linux"。

4.2　进　　程

程序是程序员写的代码，一般包括代码段和数据段。进程是程序的一次执行过程，如果执行 2 次，则产生 2 个进程，以此类推。所以进程与程序之间的区别如下：

(1) 程序是静态的，它包括代码段、数据段(栈、普通数据区、堆区)。

(2) 进程是程序的一次运行过程，即运行一次产生一个进程，运行两次产生两个进程。

(3) 进程存在一些状态的变化，它是动态的。

(4) 进程不仅包含程序的代码段、数据段内容，还有其他资源(因为要运行这个程序)，如一些系统数据、PC 指针等。

4.2.1　进程相关的命令

1. ps

权限：所有用户。

命令格式：ps [选项]。

功能：查看系统中的进程状态。

常用选项：

- -a：显示一个终端的进程；
- -x：显示没有控制终端的进程，同时显示各个命令的具体路径；
- -j：作业格式。

例如：ps -axj，运行结果为系统中的进程，其相关属性信息如表 4-4 所示。

表 4-4　ps -axj 的运行结果

PPID	PID	PGID	SID	TTY	TPGID	STAT	START	TIME	COMMAND
0	1	1	1	?	−1	Ss	0	0:04	/sbin/init
0	2	0	0	?	−1	S	0	0:00	[kthreadd]
2	3	0	0	?	−1	S	0	0:01	[ksoftirq]
2	4	0	0	?	−1	S	0	0:00	[migratio]
2	5	0	0	?	−1	S	0	0:04	[watchdog]
2	6	0	0	?	−1	S	0	0:05	[events/0]
2	7	0	0	?	−1	S	0	0:00	[cpuset]
2	8	0	0	?	−1	S	0	0:00	[khelper]
2	9	0	0	?	−1	S	0	0:00	[netns]
2	10	0	0	?	−1	S	0	0:00	[async/mg]

其中，PPID 为父进程的 ID 号，PID 为本进程的 ID 号，TTY 为控制终端，如果是"？"则为不受终端控制的进程(守护进程)，STAT 为进程的状态。Linux 的进程状态有：

(1) R(TASK_RUNNING)，可执行状态。

(2) S(TASK_INTERRUPTIBLE)，可被信号中断的睡眠状态。

(3) D(TASK_UNINTERRUPTIBLE)，不可被信号中断的睡眠状态。

(4) T(TASK_STOPPED or TASK_TRACED)，暂停状态或跟踪状态。

(5) Z(TASK_DEAD - EXIT_ZOMBIE)，退出状态，进程成为僵尸进程。

(6) X(TASK_DEAD - EXIT_DEAD)，退出状态，进程即将被销毁。

2．top

权限：所有用户。

命令格式：top。

功能：动态显示系统中的进程，即不断刷新进程的状态。

3．kill

权限：所有用户。

命令格式：kill　[选项]　[进程号]。

功能：发送指定的信号给指定的进程或进程组。

常用选项：

- -l：查看有哪些信号，如 kill –l。
- -9：结束进程(包括后台进程)，如 kill -9 pid。

4．fg

权限：所有用户。

命令格式：fg　[作业号]。

功能：将后台执行的作业放到前台。

5. program + &

权限：所有用户。

命令格式：program　&。

功能：将 program 放到后台运行，等价于 Ctr+Z 快捷键。

4.2.2　进程控制相关的函数

1. 创建子进程函数 fork 和 vfork

(1) fork 函数。

函数形式：pid_t　fork()。头文件#include <sys/types.h> 提供类型 pid_t 的定义。

功能：创建一个子进程。

参数：没有参数。

返回值：成功返回两个值。子进程中为 0，父进程中为大于 0 的值(子进程的 PID 号)，出错则返回一个值 −1。

成功时，内核为何会返回两个值？因为用户空间的进程可以认为是一个封闭的房子(在用户空间)，内核通过 PID 对用户空间进程进行管理。fork()调用成功，内核则在用户空间创建一个进程(房子)，这个房子和之前的进程代码段、数据段等都一样(除了 PID 之外)。因此，当函数执行成功时，在父进程和子进程中返回两个不同的值。

例 4-12　fork 函数示例。

```
#include "stdio.h"
#include "unistd.h"
#include "sys/types.h"
int main()
{
   pid_t pid;
   pid=fork();
   printf("hello linux\n");
   usleep(200);      //睡眠 200 μs
   printf("11111111111\n");
   while(1);
   return 0;
}
```

程序运行结果：

hello linux	或者	hello linux
11111111		hello linux
hello linux		11111111
11111111		11111111

为何会出现两个不同的结果，其原因是 CPU 在微观上是串行执行，宏观上是并行执行。即 CPU 在一个时间片里运行一个进程，在另一个时间片里运行另一个进程，从而导致这两

个进程交替运行，且运行顺序随机未知。

解决办法：在父子进程中分别执行固定的功能。

```c
#include "stdio.h"
#include "unistd.h"
#include "sys/types.h"
int main()
{
    pid_t pid;
    pid=fork();
    if(pid >0)
    {
        printf("parent process run\n");        //在父进程中
    }
    if(pid ==0)
    {
        printf("child process run\n");        //在子进程中
    }
    while(1);
    return 0;
}
```

(2) vfork 函数。

vfork 函数形式和 fork 函数一样。vfork 函数执行成功，内核也在用户空间创建一个进程，但是不会重新建立一个房子，父子进程共享父进程这个房子，同时子进程先运行，父进程后运行。

2. 进程退出函数 exit 和_exit

(1) exit 函数。

函数形式：void exit(int status)。

功能：终止正在执行的进程。

参数：status 为进程退出时的返回值。

返回值：无返回值。

exit 属于库函数，所需头文件是 "#include "stdlib.h"。函数的参数传递给父进程，父进程根据这些状态判断子进程现在处于什么状态，父进程则通过 wait 或 waitpid 函数接收子进程状态。

注意：若子进程退出，父进程没有退出，此时子进程处于 Z(zobile)僵尸状态，处于此状态的子进程仍要耗费系统资源。子进程自己不能回收资源，只有父进程负责为子进程回收资源。父进程退出，子进程没有退出，此时子进程变为孤儿进程，会被 1 号进程收养，即 init 进程为其父进程。要求子进程退出，父进程没有退出，同时也不要子进程处于 Z 状态，而是完全结束，怎样处理？

(2) _exit 函数。

函数形式：void _exit(int status)。

功能：终止正在执行的进程。

参数：status 为进程退出时的返回值。

返回值：无返回值。

_exit 属于系统调用函数，所需头文件是#include "unistd.h"。

例 4-13　exit 和_exit 函数示例。

```
#include "stdio.h"
#include "unistd.h"
#include "stdlib.h"
int main()
{
    printf("hello linux");
    //fflush(stdout);
    //_exit(0);
    exit(0);
    printf("1111111111111");
    return 0;
}
```

exit()库函数首先清理 I/O 缓存(相当于 fllush)，再调用系统调用函数。

即

```
exit()
```

等价于

```
fllush(stdout);
_exit()
```

3. 等待子进程结束函数 wait 和 waitpid

(1) wait 函数。

函数形式：pid_t wait(int *status)。

功能：阻塞(睡眠)，等待子进程结束，负责为子进程回收资源。

参数：status 用来接收子进程的退出状态，它可由 Linux 中一些特定的宏来提取。若设为 NULL，则忽略子进程退出状态。

返回值：正常为子进程的 PID 号，出错则为 -1。

wait 函数使进程阻塞(睡眠)，直到任一个子进程结束或者是该进程接收到了一个信号为止。

例 4-14　wait 函数示例 1。

```
#include "sys/types.h"
#include "stdio.h"
#include "unistd.h"
```

```
int main()
{
    pid_t pid;
    pid=fork();
    if(pid ==0)      //child process
    {
     printf("this is child process\n") ;
     sleep(200);          //子进程睡眠
    }
    if(pid >0)     //parent process
    {
       printf("this is parent process\n");
       printf("parent process:wait before\n");
       wait(NULL);     //父进程阻塞，直到子进程睡眠结束子进程退出，则父进程结束阻塞，并为
子进程回收资源
       printf("parent process:wait after\n");
       while(1);
    }
    return 0;
}
//如果进程没有子进程或者其子进程已经结束，wait 函数会立即返回，即不会阻塞。
```

例 4-15　wait 函数示例 2。

```
#include "sys/wait.h"
#include "sys/types.h"
#include "stdio.h"
int main()
{
   printf("wait before\n");
   wait(NULL);
   printf("wait after\n");
   return 0;
}
```

例 4-16　wait 函数示例 3。

```
#include "sys/types.h"
#include "stdio.h"
#include "unistd.h"
int main()
{
   pid_t pid;
```

```
        pid=fork();
        if(pid <0 )
        {
          printf("creat process failure\n");
          return -1;
        }
        if(pid ==0)     //child process
        {
          printf("this is child process\n") ;
          while(1);
        }
        if(pid >0)     //parent process
        {
          printf("this is parent process\n");
          printf("parent process:wait before\n");
          wait(NULL);
          printf("parent process:wait after\n");
          while(1);
        }
        return 0; }
```

(2) waitpid 函数。

函数形式：pid_t waitpid(pid_t pid,int *status,int options)。

功能：阻塞(睡眠)，等待子进程结束，负责为子进程回收资源，waitpid 的功能比 wait 功能更强，所需头文件是"#include <sys/types.h>"和"#include <sys/wait.h>"。

参数：参数含义如表 4-5 所示。

返回值：正常时返回结束的子进程的进程号；使用选项 WNOHANG 且没有子进程结束时返回 0，出错返回 −1。

表 4-5　waitpid 参数含义

参　　数	含　　　义	
pid	pid > 0	等待进程 PID 等于 pid 的子进程退出
	pid = 0	等待进程组号为 pid 与目前进程相同的任何子进程退出
	pid = -1	等待任意一个子进程退出，此时 waitpid 与 wai 功能相同
	pid <-1	等待进程组号为 pid 绝对值的任何子进程退出
status	接收子进程的退出状态	
option	0	阻塞
	WNOHANG	非阻塞

例 4-17 waitpid 函数示例。

```c
#include "sys/types.h"
#include "sys/wait.h"
#include "unistd.h"
#include "stdio.h"
#include "stdlib.h"
int main()
{   pid_t pid;
    int ret;
    int status;
    pid = fork();
    if(pid <0)
    {
        printf("creat process failure\n");
        return -1;
    }
    if(pid == 0) //child process1
    {
        printf("this is a child process,pid=%d\n",getpid());
        sleep(10);
        exit(1);
    }
    if(pid >0)
    {   pid_t   pid1;
        pid1=fork();
        if(pid1<0)
        {
            printf("creat child process1 failure\n");
            exit(2);
        }
        if(pid1 ==0)
        {
            printf("this is a child process1 run,pid=%d\n",getpid());
            sleep(20);
            exit(3);
        }
        printf("this is a parent process\n");
        printf("wait before\n");
        ret=waitpid(pid1,&status,0);
```

```
        printf("wait after,first wait ret=%d,status=%d\n",ret,WEXITSTATUS(status));
        while(1);
        return 0;
    }
}
```

例 4-17 中，WEXITSTATUS(status)为取得子进程 exit()返回的结束代码。

4. exec 函数族

前面创建子进程时，子进程进行了代码的完全拷贝，虽然我们用返回值的不同使得父子进程执行了两个不同的代码区，但是很多情况下父子进程的代码完全不一样。比如 bash 是父进程，a.out 是子进程，这两段代码没有相似性；或父进程是 C 代码，子进程是一个 Shell 脚本等情况，应该怎么处理？当进程认为自己不能再为系统和用户做出任何贡献时就可以调用 exec 函数，让自己执行新的程序，这时又应该怎么处理？

其实，可以通过 exec 函数族来解决这些问题。

exec 函数族共包括 6 个函数，其函数形式为：

(1) int execl(const char *path, const char *arg, ...)。

(2) int execv(const char *path, char *const argv[])。

(3) int execle(const char *path, const char *arg, ..., char *const envp[])。

(4) int execve(const char *path, char *const argv[], char *const envp[])。

(5) int execlp(const char *file, const char *arg, ...)。

(6) int execvp(const char *file, char *const argv[])。

功能：可以调用另外一个程序运行，会把原来程序中的代码段、数据段等都替换掉，从这个调用程序的开始来执行，保留原进程的 PID，其他都不保留；当进程认为自己不能再为系统和用户做出任何贡献时就可以调用 exec 函数，让自己执行新的任务；如果某个进程想同时执行另一个程序，可以调用 fork 函数创建子进程，然后在子进程中调用任何一个 exec 函数。这样看起来就好像通过执行应用程序而产生了一个新进程一样。

返回值：成功为 0，出错为 –1。

参数：exec 函数族参数含义如表 4-6 所示。

表 4-6　exec 函数族参数含义

参　　数		含　　义
第一个参数	path	指定要执行程序的名称和路径
	file	指定要执行程序的名称，不用指定路径(指定路径也可以)，但是路径必须在环境变量 PATH 中能找到
第二个参数	arg...	以逐个列举的方式表示要执行程序的格式。例如，要执行程序"./a.out test"，则在传参数时为"./a.out"、"test"、NULL
	arg[]	以指针数组的方式表示要执行程序的格式。例如，要执行程序"./a.out test"，则要先定义指针数组 argv[]={"./a.out"，"test"，NULL}
第三个参数 envp[]		exec 函数族可以默认使用系统的环境变量，也可以传入指定的环境变量。这里 execle、execve 就可以在 envp[]中传递当前进程所使用的变量

例 4-18　exec 函数族的第一个参数和第二个参数使用示例。

```
/*文件 test.c，编译后的可执行文件为 test*/
#include "stdio.h"
int main()
{
    int i;
    for(i=0;i<5;i++)
    {
        printf("hello linux i=%d\n",i);
    }
    return 0;
}
/*使用 execl 函数执行 test 程序*/
#include "stdio.h"
#include "unistd.h"
int main()
{
    printf("exec before\n");
    execl("./test",”./test",NULL);
    printf("exec after\n");
    return 0;
}


/*使用 execv 函数执行 test 程序*/
#include "stdio.h"
#include "unistd.h"
int main()
{
    char *buf[]={"./test",NULL};
    printf("exec before\n");
    execv("./test",buf);
    printf("exec after\n");
    return 0;
}
/*使用 execlp 函数执行 test 程序*/
#include "stdio.h"
#include "unistd.h"
int main()
{
```

```
        char *buf[]={"test",NULL};
        printf("exec before\n");
        execlp("test","test", NULL);
        printf("exec after\n");
        return 0;
    }
    /*使用 execvp 函数执行 test 程序*/
    #include "stdio.h"
    #include "unistd.h"
    int main()
    {
        char *buf[]={"test",NULL};
        printf("exec before\n");
        execvp("test",buf);
        printf("exec after\n");
        return 0;
    }
```

例 4-19　exec 函数族第三个参数使用示例。

```
    #include "stdio.h"
    #include "unistd.h"
    int main()
    {
        int ret;
        char *envp[]={"PATH=/bin",NULL};
        printf("exec before\n");
        system("ls -l");          //在 C 语言里嵌入 shell 命令用 system
        ret=execle("/mnt/mytest","mytest",NULL,envp);
        if(ret<0)
        {
            printf("exec is failure\n");
            return -1;
        }
        printf("exec after\n");
        return 0;
    }
```

例 4-19 中新的运行进程 mytest 中的环境变量 PATH 将变为/bin。

4.2.3　线程

线程其实就是一个子函数，但它不是一个普通函数，它有独立的 PC，所以它既和函数很像，也和进程很像。因此它既有普通函数的优点，可通过全局变量通信；又有进程的优点，可并行处理。

1. 线程控制相关的函数

(1) pthreat_create 函数。

函数形式：int pthread_create(pthread_t *thread，const pthread_attr_t *attr，void * (* routine)(void *)，void *arg)。函数所需的头文件是 "#include <pthread.h>"。

功能：线程的创建。

参数：

- thread：创建的线程 ID。
- attr：指定线程的属性，NULL 表示使用缺省属性(父线程和子线程的优先级是一样的)。
- routine：线程执行的函数。
- arg：传递给线程执行的函数的参数。

返回值：成功返回 0，出错返回 –1。

例 4-20　pthread_create 函数使用示例。

```
#include "pthread.h"
#include "stdio.h"
#include "stdlib.h"
void * myfun(void *arg)
{
    int i;
    for(i=0;i<5;i++)
    {
        usleep(100);
        printf("this is child thread i=%d\n",i);
    }
    return NULL;
}

int main()
{
    pthread_t tid;
    int ret;
    int i;
    char *buf[]="hello linux\n";
    ret=pthread_create(&tid,NULL,myfun,(char *)buf);
    if(ret <0)
    {
        printf("creat thread failure\n");
```

```
            return -1;
        }
        printf("ret=%d\n",ret);
        for(i=0;i<5;i++)
        {
            usleep(100);
            printf("this is main thread run i=%d\n",i);//如果父线程结束了，则子线程不会执行
        }
        sleep(2);
        return 0;
    }
```

如果这个函数调用成功，则子线程函数立即运行。注意：多线程是由第三方库提供的，所以在编译时要加上：-lpthread。如：gcc phread_creat_test.c -lpthread。

运行结果：父线程与子线程并行运行。

(2) pthread_exit 函数。

函数形式：int　pthread_exit(void *value_ptr)。

功能：线程的退出。

参数：value_ptr 为线程退出时返回的值。

返回值：成功返回 0，出错返回 –1。

(3) pthread_join 函数。

函数形式：int　pthread_join(pthread_t thread,　void **value_ptr)。

功能：线程的等待。

参数：thread 为要等待的线程 ID，value_ptr 为指向线程返回的参数。

返回值：成功返回 0，出错返回 –1。

2. 线程的同步与互斥

线程的优点是可以通过全局变量来通信，但会存在程序处理的无序问题，可通过同步与互斥机制来解决。同步是指多任务之间存在先后；互斥是从共享资源访问的角度考虑的，指多个任务不能同时访问共享资源。信号量可以实现同步和互斥，互斥锁只能实现互斥。

(1) 信号量。信号量是个变量，但它是一个受保护的变量，用户不能直接操作它，只能通过接口(函数)去操作它。信号量有三个函数，头文件为 "#include<semaphore.h>"。

① sem_init 函数。

函数形式：int sem_init(sem_t *sem, int pshared, unsigned int value)。

功能：初始化信号量值。

参数：sem 为信号量变量指针；pshared 指定信号量是由进程内线程共享，还是由进程之间共享，若为 0 则为线程共享，若为非 0 则为进程共享；value 指定信号量 sem 的初始值。

返回值：成功返回 0，出错返回 –1。

② sem_wait 函数。

函数形式：int sem_wait(sem_t * sem)。

功能：sem_wait 以原子操作的方式将信号量的值减 1。原子操作是指如果两个线程企图同时给一个信号量加 1 或减 1，它们之间不会互相干扰。信号量为一个非 0 值时，信号量的值减去 "1"；若信号量值为 0，则线程阻塞。例如，如果对一个值为 2 的信号量调用 sem_wait 函数，线程将会继续执行，但信号量的值变为 1。如果对一个值为 0 的信号量调用 sem_wait 函数，线程就会阻塞，直到其他线程使信号量值不再是 0 为止。

参数：sem 为信号量变量指针。

返回值：成功返回 0，出错返回 −1。

③ sem_post 函数。

函数形式：int sem_post(sem_t * sem)。

功能：sem _post 以原子操作的方式将信号量的值加 1。

参数：sem 为信号量变量指针。

返回值：成功返回 0，出错返回 −1。

信号量使用的步骤如下：

① 定义一个信号量变量：sem_t a。

② 初始化信号量：sem_init(&a,0,value)。

③ P 操作，即申请资源：sem_wait(&a)。

④ V 操作，即释放资源：sem_post(&a)。

例 4-21 信号量使用示例。

```
/*下面的例子中，全局变量的值的结果是不确定的*/
#include "pthread.h"
#include "stdio.h"
#include "stdlib.h"
int j=1;          //全局变量(共享资源)
void * myfun(void *arg)
{
    int i;
    for(i=0;i<5;i++)
    {
        usleep(100);
        j++;
        printf("this is child thread j=%d\n",j);
    }
    return NULL;
}

int main()
{
    pthread_t tid;
    int ret;
```

```
        int i;
        ret=pthread_create(&tid,NULL,myfun,NULL);
        if(ret <0)
        {
            printf("creat thread failure\n");
            return -1;
        }
        printf("ret=%d\n",ret);
        for(i=0;i<5;i++)
        {
            usleep(100);
            j+=2;
            printf("this is main thread run j=%d\n",j);
        }
        sleep(2);
        return 0;
}
/*解决办法：通过标志 flag 实现同步与互斥*/
#include "pthread.h"
#include "stdio.h"
#include "stdlib.h"
int j=1;
int flag=0;
void * myfun(void *arg)
{
    int i;
    while(!flag);        //直到 flag=1 时，才执行 for 循环
    for(i=0;i<5;i++)
    {
        usleep(100);
        j++;
        printf("this is child thread j=%d\n",j);
    }
    return NULL;
}

int main()
{
    pthread_t tid;
```

```
        int ret;
        int i;
        ret=pthread_create(&tid,NULL,myfun,NULL);
        if(ret <0)
        {
            printf("creat thread failure\n");
            return -1;
        }
        printf("ret=%d\n",ret);
        for(i=0;i<5;i++)
        {
            usleep(100);
            j+=2;
            printf("this is main thread run j=%d\n",j);
        }
        flag=1;        //当主程序 for 循环结束后将标志设置为 1，进行子程序循环
        sleep(2);
        return 0;
}
/*通过信号量实现同步与互斥*/
#include "pthread.h"
#include "stdio.h"
#include "stdlib.h"
#include "semaphore.h"
int j=1;
sem_t mysem;        //定义信号量
void * myfun(void *arg)
{
        int i;
        int value;
        sem_getvalue(&mysem,&value);            //提取信号量的值
        sem_wait(&mysem);                //P 操作(阻塞子线程)
        for(i=0;i<5;i++)                //子线程循环开始运行
        {
            usleep(100);
            j++;
            printf("this is child thread j=%d\n",j);
        }
        return NULL;
```

```
        }

        int main()
        {
            pthread_t tid;
            int ret;
            int i;
            int value;
            sem_init(&mysem,0,0);        //初始化 value 值为 0
            ret=pthread_create(&tid,NULL,myfun,NULL); /   if(ret <0)
            {
                printf("creat thread failure\n");
                return -1;
            }
            printf("ret=%d\n",ret);
            for(i=0;i<5;i++)
            {
                usleep(100);
                j+=2;
                printf("this is main thread run j=%d\n",j);
            }
            sem_post(&mysem);        //V 操作(唤醒子线程)
            usleep(100);
            sem_getvalue(&mysem,&value);
            printf("value=%d\n",value);
            sleep(2);
            return 0;
        }
```

(2) 互斥锁。互斥锁主要是为了保护共享资源数据操作的完整性，它有三个函数。

① pthread_mutex_init 函数。

函数形式：int pthread_mutex_init (pthread_mutex_t *mutex, pthread_mutexatter_t *attr)。

功能：初始化互斥锁值。

参数：mutex 为互斥锁变量指针；attr 为互斥锁的属性，若设为 NULL，则为普通锁。

返回值：成功返回 0，出错返回 −1。

② pthread_mutex_lock 函数。

函数形式：int pthread_mutex_lock(pthread_mutex_t *mutex)。

功能：pthread_mutex_lock 让互斥锁上锁，如果互斥锁 mutex 已被另一个线程锁定和拥有，则调用该线程将会阻塞，直到该互斥锁变为可用为止。

参数：mutex 为互斥锁变量指针。

返回值：成功返回 0，出错返回 −1。

③ pthread_mutex_unlock 函数。

函数形式：int pthread_mutex_unlock(pthread_mutex_t *mutex)。

功能：释放锁。

参数：mutex 为互斥锁变量指针。

返回值：成功返回 0，出错返回 −1。

互斥锁的使用步骤如下：

① 定义锁变量：pthread_mutex_t mutex。

② 初始化锁：int pthread_mutex_init (pthread_mutex_t *mutex, pthread_mutexatter_t *attr)。

③ 上锁：int pthread_mutex_lock(pthread_mutex_t *mutex)。

④ 解锁：int pthread_mutex_unlock(pthread_mutex_t *mutex)。

例 4-22 互斥锁使用示例。

```c
#include <stdio.h>
#include <stdlib.h>
#include <pthread.h>
void *function(void *arg);
pthread_mutex_t mutex;
int counter = 0;
int main(int argc, char *argv[])
{
    int rc1,rc2;
    char *str1="wenhaoll";
    char *str2="linglong";
    pthread_t thread1,thread2;
    pthread_mutex_init(&mutex,NULL);
    if((rc1 = pthread_create(&thread1,NULL,function,str1)))
    {
        fprintf(stdout,"thread 1 create failed: %d\n",rc1);
    }
    if(rc2=pthread_create(&thread2,NULL,function,str2))
    {
        fprintf(stdout,"thread 2 create failed: %d\n",rc2);
    }
    pthread_join(thread1,NULL);
    pthread_join(thread2,NULL);
    return 0;
}
```

```
void *function(void *arg)
{
    char *m;
    m = (char *)arg;
    pthread_mutex_lock(&mutex);
    while(*m != '\0')
    {
        printf("%c",*m);
        fflush(stdout);
        m++;
        sleep(1);
    }
    printf("\n");
    pthread_mutex_unlock(&mutex);
}
```

4.2.4　进程通信

进程间的通信方式如表 4-7 所示。

表 4-7　进程间的通信方式

序号	进程间的通信方式	
1	管道通信	无名管道
		有名管道
2	信号通信	
3	IPC 通信	共享内存
		消息队列
		信号灯

1. 无名管道

无名管道实现进程之间通信的原理图如图 4-1 所示。

图 4-1　无名管道进程通信的原理图

无名管道文件是一个特殊的文件，它是由队列来实现的。在文件 I/O 中创建一个文件或打开一个文件是由 open 函数来实现的，但 open 函数不能创建无名管道文件，只能用 pipe 函数来创建。

函数形式：int pipe(int fd[2])。

功能：创建无名管道文件。

参数：fd[2]有两个成员 fd[0]和 fd[1]，它们都是文件描述符。

返回值：成功返回 0，出错返回 –1。

无名管道有固定的读端 fd[0]和固定的写端 fd[1]。

注意：

(1) 管道是创建在内存中的，进程结束，空间释放，管道就不存在了。

(2) 管道中的东西，读完了就删除了。

(3) 如果管道中没有东西可读，则会阻塞。

例 4-23 　验证 pipe 函数读阻塞示例。

```
#include "unistd.h"
#include "stdio.h"
int main()
{
    int fd[2];
    int ret;
    char read_buf[128]={0};
    char write_buf[]="hello linux\n";
    ret=pipe(fd);
    if(ret <0)
    {
        printf("creat pipe failure\n");
        return -1;
    }
    printf("fd[0]=%d,fd[1]=%d\n",fd[0],fd[1]);
    write(fd[1],write_buf,sizeof(write_buf));
    read(fd[0],read_buf,128);          //从管道读完之后，第二次读时，管道是空的，则会阻塞
    printf("read data from pipe %s",read_buf);

    printf("second read before\n");
    read(fd[0],read_buf,128);
    printf("second read after\n");
    close(fd[0]);
    close(fd[1]);
    return 0;
}
```

例 4-24　验证 pipe 函数写阻塞示例。

```
#include "unistd.h"
#include "stdio.h"
int main()
{
    int fd[2];
    int i;
    int ret;
    char read_buf[128]={0};
    char write_buf[]="hello linux\n";
    ret=pipe(fd);
    if(ret <0)
    {
        printf("creat pipe failure\n");
        return -1;
    }
    printf("fd[0]=%d,fd[1]=%d\n",fd[0],fd[1]);
    i=0;
    while(i<5041)
    {
        write(fd[1],write_buf,sizeof(write_buf));
        i++;
    }
    return 0;}
```

例 4-24 可以计算出内核开辟的管道有多大。

2．有名管道

无名管道的缺点是不能实现非父子进程(亲缘关系)之间的通信。正由于无名管道的这个缺点，对无名管道进行改进得到有名管道。所谓有名就是文件系统中存在这样一个文件节点，因为用户空间的两个进程都能访问文件系统中的这个节点，所以可以实现无亲缘关系进程之间的通信。文件系统中每一个文件节点都有一个 inode 号，因此有名管道(p)是一种特殊的文件类型，创建这个文件类型不能通过 open 函数，因为 open 函数只能创建普通文件，不能创建特殊文件，如有名管道文件(由 mkdifo 函数创建)、套接字文件(由 socket 函数创建)、字符设备文件(由 mknod 命令创建)、块设备文件(由 mknod 命令创建)、符号链接文件(由 ln -s 命令创建)、目录文件(由 mkdir 命令创建)。有名管道文件只有 inode 号，它和套接字、字符设备文件、块设备文件一样不占用磁盘块空间，普通文件、符号链接文件和目录文件不仅有 inode 号，还占用磁盘块空间。

函数形式：int mkfifo(const char *filename,mode_t mode)。

功能：创建有名管道文件。

参数：filename 是要创建的管道文件名；mode 是创建文件的权限，生成的文件的权限是经过 mode & (~umask)运算后的结果。

返回值：成功返回 0，出错返回-1。

注意：mkfifo 是用来创建管道文件的节点，没有在内核中创建管道。只有通过 open 函数打开这个文件时才会在内核空间创建管道。

例 4-25 有名管道示例，共三个文件，mkfifo.c 是创建管道文件，service.c 和 client.c 为两个通信进程。

```c
/*mkfifo.c*/
#include "stdio.h"
#include "unistd.h"
int main()
{
 int ret;
 ret=mkfifo("./a.c",0777);
 if(ret<0)
 {
    printf("creat fifo a.c failure\n");
return -1;
 }
 printf("creat mkfifo a.c sucess\n");
 return 0;
}

/*server.c*/
#include "unistd.h"
#include "fcntl.h"
#include "stdio.h"
#include "stdlib.h"
#include "string.h"
int main()
{
   int fd;
   char rdbuf[128]={0};
   fd=open("./a.c",O_RDONLY);
   if(fd<0)
   {
     printf("open fifo a.c failure\n");
     return -1;
   }
```

```
    while(1)
    {
       read(fd,rdbuf,128);
       printf("recv from fifo data:%s",rdbuf);
       if(!strcmp(rdbuf,"quit\n"))
       break;
       memset(rdbuf,0,128);
    }
    sleep(1);
    close(fd);
    return 0;
}

/*client.c*/
#include "unistd.h"
#include "fcntl.h"
#include "stdio.h"
#include "stdlib.h"
#include "string.h"
int main()
{
    int fd;
    char wrbuf[128];
    fd=open("./a.c",O_WRONLY);
    if(fd<0)
    {
       printf("open fifo a.c failure\n");
       return -1;
    }
    while(1)
    {
    memset(wrbuf,0,sizeof(wrbuf));
    fgets(wrbuf,128,stdin);
    write(fd,wrbuf,strlen(wrbuf));
    if(!strcmp(wrbuf,"quit\n"))
    {
       break;
    }
    }
```

```
        sleep(1);
        close(fd);
        return 0;
    }
```

3. 信号通信

信号实现进程通信的原理图如图 4-2 所示。

图 4-2　信号实现进程通信的原理图

由图 4-2 可看出，信号通信分为三块内容，分别是信号的发送、信号的接收和信号的处理。信号的发送由发送进程和内核完成，信号的接收和信号的处理由接收进程和内核完成。

(1) 信号的发送。信号是由内核发送的，内核可以发送很多信号(可以通过 kill -l 命令查看内核的信号)，但不知道发送什么信号和发给用户空间哪个进程，因此发送进程要告诉内核这些信息，这就涉及两个系统调用函数 kill 和 raise。

① kill 函数。

函数形式：int kill (pid_t pid , int sig)。

功能：告诉内核发送 sig 信号和发给用户空间 pid 进程，所需的头文件是 "#include <signal.h>" 和 "#include <sys/types.h>"。

参数：pid 是接收信号的进程；sig 是信号的 ID 值。

返回值：成功返回 0，出错返回 −1。

② raise 函数。

函数形式：int raise(int sig)。

功能：告诉内核发送信号 sig 给自己。

参数：sig 是信号的 ID 值。

返回值：成功返回 0，出错返回 −1。

(2) 信号的接收。接收信号的进程要想收到信号，这个进程就不能结束，可以有如下三种方式处理：第一种是睡眠函数 sleep；第二种是死循环 while(1)；第三种是使用 pause 函数。下面介绍 pause 函数。

函数形式：int pause(void)。

功能：pause 会使当前进程挂起(睡眠)，直到收到信号时，该进程继续运行。

参数：无。

返回值：成功返回 0，出错返回 −1。

例 4-26　pause 函数使用示例。

```
#include "unistd.h"
#include "stdio.h"
#include "stdlib.h"
#include "signal.h"
int main()
{
    printf("pause berore\n");
    pause();        //睡眠，当收到信号时，例如 kill -9 pid 终止进程
    printf("pause after\n");
}
```

(3) 信号的处理。接收信号进程收到信号之后的处理方式有两种，分别是默认处理方式和自己的处理方式。

① 默认处理方式。默认处理方式通常是终止进程或忽略该信号，常用信号的默认处理方式如表 4-8 所示。

表 4-8　常用信号的默认处理方式

信号	含　义	默认处理方式
SIGINT	该信号在用户键入 INTR 字符(通常是 Ctrl-C)时发出	终止进程
SIGQUIT	该信号和 SIGINT 类似，但由 QUIT 字符(通常是 Ctrl-\)来发出	终止进程
SIGKILL	该信号用来立即结束程序的运行，并且不能被阻塞、处理和忽略	终止进程
SIGALRM	该信号当一个定时器到时发出	终止进程
SIGSTOP	该信号用于暂停一个进程，且不能被阻塞、处理或忽略	暂停进程
SIGTSTP	该信号用于暂停交互进程，用户可键入 SUSP 字符(通常是 Ctrl-Z)发出这个信号	暂停进程
SIGCHLD	子进程改变状态时，父进程会收到这个信号	忽略
SIGABORT	该信号用于结束进程	终止

② 自己的处理方式。接收进程如果是自己处理接收到的信号，则要把处理信号的方法告诉内核，这涉及 signal 函数。

函数形式：void (*signal(int signum,void(*handler)(int))) (int)。

功能：告诉内核自己处理哪个信号和怎样处理这个信号。所包含的头文件为#include "signal.h"。

参数：signum 是信号 ID 值，即告诉内核自己处理哪个信号；handler 为收到信号后的处理方式，共有三种处理方式，分别是：

- SIG_IGN：忽略该信号。
- SIG_DFL：采用系统默认的方式处理信号。
- 自定义的信号处理函数。

返回值：函数指针。

例 4-27　signal 函数使用示例 1。

```
#include "stdio.h"
#include "signal.h"
#include "unistd.h"
#include "stdlib.h"
void myfun(int signum)     //自定义的信号处理函数
{
    printf("recv signal:%d\n",signum);
    return;
}


int main()
{
    signal(SIGINT,myfun);
    while(1)
    {
        printf("this is main fun exec\n");
        sleep(1);
    }
}
```

例 4-28　signal 函数使用示例 2。

```
#include "stdio.h"
#include "signal.h"
#include "unistd.h"
#include "stdlib.h"
void myfun(int signum)
{
    printf("recv signal:%d\n",signum);
    return;
}

int main()
{
    signal(SIGINT,myfun);
    printf("pause before\n");
    pause();
    printf("pause after\n");
    signal(SIGINT,SIG_DFL);
```

```
        pause();
        return 0;
    }
```

4．IPC 通信

IPC(Inter-Process Communication)实现进程通信的原理图如图 4-3 所示。

图 4-3　信号实现进程通信的原理图

图 4-3 中的 IPC 对象是在内核中的，共有三种，分别是消息队列、共享内存和信号灯。IPC 通信涉及的函数如图 4-4 所示。

图 4-4　IPC 通信涉及的函数

IPC 基于文件 I/O 原理，图 4-4 中的函数总结及其与文件 I/O 函数的比较如表 4-9 所示。

表 4-9　IPC 函数总结及其与文件 I/O 函数的比较

IPC 函数与文件 I/O 函数的比较		
文件 I/O	IPC	
open	msg_get	打开或创建消息队列
	shm_get	打开或创建共享内存
	sem_get	打开或创建信号灯
close	msgctrl	删除或查看消息队列
	shmctrl	删除或查看共享内存
	semctrl	删除或查看信号灯
write /read	msgsnd/msgrecv	消息队列发送和接收
IPC 其他函数		
shmat/shmdt		共享内存地址映射和取消
semctrl/semop		信号灯初始化、P 操作和 V 操作
ftok		用于无亲缘关系的进程通信
IPC_PRIVATE		用于有亲缘关系的进程通信

（1）共享内存。共享内存在内存中是一块缓存，类似于用户空间的数组或 malloc 函数分配的空间一样，相关函数介绍如下。

① shmget 函数。

函数形式：int shmget(key_t key, int size, int shmflg)。

功能：打开或创建一个共享内存对象，头文件有"#include <sys/ipc.h>"和"#include <sys/shm.h>"。

参数：key 为 IPC_PRIVATE 或 ftok 的返回值；size 是设置共享内存大小；shmflg 是权限位和打开方式。

返回值：成功返回共享内存段标识符，即 IPC 的 ID 号，出错返回 –1。

注意：

- 共享内存创建之后，一直存在于内核中，直到被删除或系统关闭。
- 共享内存和管道不一样，读取后，内容仍在其共享内存中。

例 4-29　shmget 函数示例。

```
#include "sys/ipc.h"
#include "sys/shm.h"
#include "stdio.h"
int main()
{
    int shmid;
    shmid=shmget(IPC_PRIVATE,128,0777);
    if(shmid <0)
    {
        printf("creat shm failure\n");
        return -1;
    }
    printf("creat shm sucess,shmid =%d\n",shmid);
    return 0;
}
```

共享内存查看命令是：ipcs　-m。

共享内存删除命令是：ipcrm　-m　shmid。

② shmat 函数。

函数形式：void *shmat (int shmid, const void *shmaddr, int shmflg)。

功能：将内核空间的共享内存对象的地址映射到用户空间。

参数：shmid 是共享内存的 ID 号；shmaddr 是指定映射到用户空间的首地址，如果 shmaddr 被设置为 NULL，则映射到用户空间的首地址由系统自动分配；shmflg 若是 SHM_RDONLY 则共享内存为只读，若是 0 则表示共享内存可读写。

返回值：成功返回映射后的地址，出错返回 NULL。

例 4-30　shmat 函数示例。

```
#include "sys/types.h"
#include "sys/ipc.h"
#include "sys/shm.h"
#include "stdio.h"
int main()
{
    int shmid;
    char *p;
    shmid=shmget(IPC_PRIVATE,128,0777);
    if(shmid <0)
    {
      printf("creat shm failure\n");
      return -1;
    }
    printf("creat shm sucess,shmid =%d\n",shmid);
    p=(char *)shmat(shmid,NULL,0);
    if(p==NULL)
    {
        printf("shmat failure\n");
        return -2;
    }
    fgets(p,128,stdin);
    while(1);
    return 0;
}
```

③　ftok 函数。

例 4-29 中，每次用 IPC_PRIVATE 操作时，共享内存的 key 值都一样为 0，而 ftok 可以让创建的共享内存的 key 不一样。通过相同的 key 可以实现无亲缘关系进程之间的通信。

函数形式：char　ftok(const char *path, char key)。

功能：创建非 0 的 key 值。

参数：path 为文件路径；key 为一个字符。

返回值：返回一个 key 值。

例 4-31　ftok 函数示例。

```
#include "sys/types.h"
#include "sys/ipc.h"
#include "sys/shm.h"
#include "stdio.h"
int main()
```

```
    {
        int shmid;
        char *p;
        key_t key;
        key=ftok("./b.c",'c');
        if(key <0)
        {
         printf("creat key failure\n");
         return -2;
        }
        printf("key=%x\n",key);
        shmid=shmget(key,128,IPC_CREAT|0777);
        if(shmid <0)
        {
            printf("creat shm failure\n");
            return -1;
        }
        printf("creat shm sucess,shmid =%d\n",shmid);
        p=(char *)shmat(shmid,NULL,0);
        if(p==NULL)
        {
            printf("shmat failure\n");
            return -2;
        }
        fgets(p,128,stdin);
        while(1);
        return 0;
    }
```

④ shmdt 函数。

函数形式：int shmdt(const void *shmaddr)。

功能：将用户空间的地址映射删除。

参数：shmadd 是共享内存映射到用户空间的首地址。

返回值：成功返回 0，出错返回 −1。

⑤ shmctl 函数。

函数形式：int shmctl(int shmid, int cmd, struct shmid_ds *buf)。

功能：删除或查看共享内存对象。

参数：shmid 是要操作的共享内存标识符。cmd 有三种形式，分别是：IPC_STAT 为获取共享内存属性，读取的内容放在参数 buf 中；IPC_SET 为设置共享内存属性，设置的内容放在参数 buf 中；IPC_RMID 为删除共享内存，此时参数 buf 可设置为 NULL。buf 是共享内存属性缓存。

　　例如，删除 IPC 共享内存为：shmctl(shmid,IPC_RMID,NULL)。

　　返回值：成功返回 0，出错返回 −1。

　　(2) 消息队列。内核中的消息队列为链式队列，其结构图如图 4-5 所示。

图 4-5　内核中消息队列的结构图

　　图 4-5 中，msgid_ds 是内核维护消息队列的结构体，msg_first 指向链式队列第一个消息，msg_last 指向链式队列最后一个消息。每一个消息中有一个 next 指向下一个消息；每一个消息中包含 data (数据)、length(消息正文长度)、type(消息类型)。消息队列可以根据消息的类型来接收。

　　① msgget 函数。

　　函数形式：int msgget(key_t key, int flag)。

　　功能：打开或创建消息队列，所需头文件为"#include <sys/types.h>"、"#include <sys/ipc.h>"和"#include <sys/msg.h>"。

　　参数：key 为 IPC_PRIVATE 或 ftok 的返回值；flag 是权限位和打开方式。

　　返回值：成功返回消息队列标识符，即 IPC 的 ID 号，出错返回 −1。

　　例 4-32　msgget 函数使用示例。

```
#include "sys/types.h"
#include "sys/ipc.h"
#include "sys/msg.h"
#include "stdio.h"
#include "stdlib.h"
#include "string.h"
#include "unistd.h"
int main()
{
    int msgid;
    msgid=msgget(IPC_PRIVATE,IPC_CREAT|0777);
```

```
    if(msgid <0)
    {
        printf("creat or open msgqueue failure\n");
        return -1;
    }
    printf("creat or open msgqueue sucess\n");
    system("ipcs -q");
    system("ipcs -q");
    return 0;
}
```

例 4-31 中，消息队列查看命令是：ipcs -q，消息队列删除命令是：ipcrm -q msgid。

② msgctl 函数。

函数形式：int msgctl (int msggid, int cmd, struct msgid_ds *buf)。

功能：删除或查看消息队列对象。

参数：msggid 是要操作的消息队列标识符。cmd 有三种形式，分别是：IPC_STAT 为获取消息队列属性，读取的内容放在参数 buf 中；IPC_SET 为设置消息队列属性，设置的内容放在参数 buf 中；IPC_RMID 为删除消息队列，此时参数 buf 可设置为 NULL。buf 是消息队列属性缓存。

例如，删除 IPC 消息队列为：shmctl(msggid,IPC_RMID,NULL)。

返回值：成功返回 0；出错返回 −1。

③ msgrcv 函数。

函数形式：int msgrcv(int msgid,void *msgp, size_t size, long msgtype, int flag)。

功能：读取消息队列内容。

参数：msgrcv 函数的参数及其含义如表 4-10 所示。

返回值：成功返回接收到的消息的长度，出错返回 −1。

表 4-10 msgrcv 函数的参数及其含义

参　　数	含　　义	
msgid	消息队列的 ID	
msgp	接收消息的缓存	
size	接收消息的字节数	
msgtype	0	接收消息队列中第一个消息
	大于 0	接收消息队列中第一个类型为 msgtyp 的消息
	小于 0	接收消息队列中类型值不大于 msgtyp 的绝对值，且类型值又最小的消息
flag	0	若无消息函数会一直阻塞
	IPC_NOWAIT	若无消息，进程会立即返回 ENOMSG(-1)

注意：消息队列中的数据读过后就不存在了。

④ msgsnd 函数。

函数形式：int msgsnd(int msgid, const void *msgp, size_t size, int flag)。

功能：按照类型把消息添加到已打开的消息队列的队尾。

参数：msgsnd 函数的参数及其含义如表 4-11 所示。消息结构 msgbuf 如下：

```
struct msgbuf
{
    long mtype;          //消息类型
    char mtext[N];       //消息正文
};
```

返回值：成功返回 0，出错返回 −1。

表 4-11　msgsnd 函数的参数及其含义

参数	含　　义	
msgid	消息队列的 ID	
msgp	指向消息的指针	
size	发送的消息正文的字节数	
flag	0	直到发送完成函数才返回
	IPC_NOWAIT	消息没有发送完成，函数也会立即返回

例 4-33　消息队列函数使用示例。

```
#include "sys/types.h"
#include "sys/ipc.h"
#include "sys/msg.h"
#include "stdio.h"
#include "stdlib.h"
#include "string.h"
#include "unistd.h"
struct mymessage
{
    long msgtype;
    char buf[128];
};
int main()
{
    int msgid;
    struct mymessage msgdata;
    key_t key;
    key=ftok("./ex1.c",'a');
    if(key <0)
```

```
        {
    printf("creat key failure\n");
    return -2;
        }
    printf("creat key sucess key=%x\n",key);
    msgid=msgget(key,IPC_CREAT|0777);
    if(msgid <0)
    {
        printf("creat or open msgqueue failure\n");
        return -1;
    }
    printf("creat or open msgqueue sucess\n");
    system("ipcs -q");

    msgdata.msgtype=100;                    //100 voltage
    printf("please input voltage data:\n");
    fgets(msgdata.buf,128,stdin);
    msgsnd(msgid,(struct mymessage *)&msgdata,strlen(msgdata.buf),0);；//写
    system("ipcs -q");
    msgctl(msgid,IPC_RMID,NULL);            //删除消息队列
    system("ipcs -q");
    return 0;
        }
```

(3) 信号灯。IPC 对象的信号灯是一个信号灯集合，即包含多个信号灯，因此信号灯中的函数都是对信号灯集合的操作。

① semget 函数。

函数形式：int semget(key_t key, int nsems, int semflg)。

功能：打开或创建信号灯集，所需头文件为"#include <sys/types.h>"、"#include <sys/ipc.h>"和"#include <sys/sem.h>"。

参数：key 是 IPC_PRIVATE 或 ftok 的返回值；nsems 是设置信号灯集中包含的信号灯数目；semflg 是权限位和打开方式。

返回值：成功返回信号灯集 ID，出错返回 −1。

② semop 函数。

函数形式：int semop (int semid, struct sembuf   *opsptr,   size_t   nops)。

功能：信号灯的操作函数，包括 P 操作和 V 操作。

参数：semid 是信号灯集 ID 值；nops 是要操作信号灯的个数。struct sembuf 结构体内容如下：

```
    struct sembuf
        {
```

```
    short    sem_num;        //要操作的信号灯的编号
    short    sem_op;         //0：等待，直到信号灯的值变成 0
                            //1：释放资源，V 操作
                            //−1：分配资源，P 操作
    short    sem_flg;        //0：IPC_NOWAIT，SEM_UNDO
};
```

struct sembuf 结构体参数及其含义如表 4-12 所示。

返回值：成功返回 0，出错返回 −1。

表 4-12　　struct sembuf 结构体参数及其含义

参数	含义	
sem_num	信号灯的编号	
sem_op	0	等待，直到信号灯的值变成 0
	1	V 操作
	−1	P 操作
sem_flg;	0	阻塞
	IPC_NOWAIT	非阻塞
	SEM_UNDO	撤销操作

③ semctl 函数。

函数形式：int semctl (int semid, int semnum, int cmd…/*union semun arg*/)。

功能：删除信号灯集对象，读取或修改信号灯值。

参数：semctl 函数的参数及含义如表 4-13 所示。

返回值：成功返回 0，出错返回 −1。

表 4-13　semctl 函数的参数及含义

参数	含　义	
semid	信号灯集 ID	
semnum	要修改的信号灯编号	
cmd	GETVAL	获取信号灯的值
	SETVAL	设置信号灯的值
	IPC_RMID	删除信号灯集合

例 4-34　信号灯函数示例，功能是实现父子进程之间的同步。

```
#include "unistd.h"
#include "sys/types.h"
#include "stdio.h"
#include "unistd.h"
#include "sys/ipc.h"
#include "sys/sem.h"
union semun
```

```c
{
    int val;
    struct semid_ds *buf;
    unsigned short *array;
};                                    //初始化信号灯
int main()
{
    pid_t pid;
    int i;
    key_t key;
    int semid;
    union semun myun;
    struct sembuf mysembuf;
    int ret;

    key=ftok("./a.c",'a');
    if(key<0)
        return -2;
     semid=semget(key,1,IPC_CREAT|0777);      //创建 IPC 对象
    if(semid <0)
        return -3;
    printf("semid=%d\n",semid);
    myun.val=0;
    ret=semctl(semid,0,SETVAL,myun);
    if(ret<0)
    {
        printf("sem init failure\n");
        return -4;
    }
    pid=fork();
    if(pid <0)
        return -1;
    if(pid ==0)//child process
    {
        //P 操作
        m ysembuf.sem_num=0;
        mysembuf.sem_op=-1;
        mysembuf.sem_flg=0;
        semop(semid,&mysembuf,1);
```

```
        for(i=0;i<5;i++)
        {
            printf("child process i=%d\n",i);
        }
    }
    if(pid >0)                       //parent process
    {
        sleep(5);
        for(i=0;i<5;i++)
        {
            printf("parent process,i=%d\n",i);
            sleep(1);
        }
        //V 操作
        mysembuf.sem_num=0;
        mysembuf.sem_op=1;
        mysembuf.sem_flg=0;
        semop(semid,&mysembuf,1);}
    return 0;
}
```

4.3　网　络　编　程

TCP/IP 协议结构分为 4 层，如图 4-6 所示。

图 4-6　TCP/IP 协议结构

由图 4-6 可知，Linux 内核实现了传输层和网络层的协议，网卡实现了网络接口层协议，Linux 内核向应用程序空间提供了一个接口 socket，所以网络编程也称为 socket 编程。程序员可以通过 socket 接口把应用层的数据传递给 Linux 内核，Linux 内核会将数据送给传输层和网络层，最后再通过网卡的驱动程序将数据通过网卡硬件传送到以太网中。

4.3.1　网络编程中的 C/S 模式

C/S 是 Client 和 Server 的缩写，网络编程存在 C/S 模式的原因有以下两点：

(1) 网络中客户端和服务器端存在资源不对等关系，服务器资源丰富，因此它可以服务多个客户端的请求任务。

(2) 网络编程也属于进程间通信，但前面讲述的进程通信是在一个 Linux 内核管理下的进程间通信，而网络的进程间通信有发送端和接收端两个 Linux 内核，因此要求有一个作为请求端，另一个作为服务端，这样才能使进程间正常通信。

4.3.2 socket 编程简介

socket 编程分三类，第一类是流式套接字，使用传输层的 TCP 协议；第二类为数据报套接字，使用传输层的 UDP 协议；第三类为原始套接字，不用传输层的协议，Linux 内核直接将应用程序的数据传送到网络层。

socket 编程也是基于文件 I/O 原理的，socket 编程函数和文件 I/O 函数的比较如表 4-14 所示。

表 4-14   socket 编程函数和文件 I/O 函数的比较

文件 I/O 函数	socket 编程	功　　能
open	(1) socket (2) bind (3) connect (4) listen (5) accept	打开或创建文件
close	close	关闭文件
write	write	写
read	read	读

由表 4-14 可知，read、write 和 close 函数在 socket 编程中仍然使用，不同的是打开或创建文件的函数不一样。在文件 I/O 函数中，open 函数只能打开或创建普通文件；而网络是动态变化的，同时网络中两个进程之间的通信也是动态变化的，所以这个特殊的文件也是变化的。在网络编程中可用"五元组"来描述这个特殊的文件，"五元组"由以下五部分构成。

(1) 发送端的 IP：源 IP。

(2) 接收端的 IP：目的 IP。

(3) 发送端的进程号：源端口号。

(4) 接收端的端口号；目的端口号。

(5) 在什么网络中传输数据：协议族。

这个"五元组"文件由如下五个函数创建。

(1) socket()函数：创建套接字，实现了用什么协议族。

(2) bind()函数：绑定本机地址和端口，实现了源 IP 和源端口号。

(3) connect()函数：建立连接，用于客户端向服务器的连接请求。

(4) listen()函数：设置监听套接字，用于服务器端监听客户端的连接请求。

(5) accept()函数：接收 TCP 连接，用于服务器端等待客户端的连接请求。

可见，connect()和 accept()函数实现了目的 IP 和目的端口号。

4.3.3 socket 编程相关函数介绍

1. socket 函数

函数形式：int socket (int domain, int type, int protocol)。

功能：创建套接字，所需头文件为"#include <sys/socket.h>"。

参数：socket 函数参数及其含义如表 4-15 所示。

返回值：成功返回一个文件描述符，出错返回−1。

表 4-15 socket 函数参数及其含义

参　数	含　义
domain	协议族，常见的协议族有： (1) PF_INET 或 AF_INET：internet 协议； (2) PF_UNIX：unix internet； (3) PF_NS：xerox NS 协议； (4) PF_IMDLINK：interface messege 协议
type	套接字类型，Linux 有三种套接字类型： (1) SOCK_STREAM：流式套接字 TCP； (2) SOCK_DGRAM：数据报套接字 UDP； (3) SOCK_RAW：原始套接字
protocol	默认是 0

2. bind 函数

函数形式：int bind(int sockfd, struct sockaddr *my_addr, int addrlen)。

功能：绑定本机 IP 和端口号，所需头文件为"#include <sys/socket.h>"和"#include <sys/types.h>"。

参数：bind 函数参数及其含义如表 4-16 所示。

返回值：成功返回 0，出错返回 −1。

表 4-16 bind 函数参数及其含义

参　数	含　义
sockfd	socket 函数的返回值(文件描述符)

my_addr	含有本机 IP 地址和端口号结构体成员的结构体，其结构体定义如下：
	 struct sockaddr
	 {
	 u_short sa_family;//协议族
	 char sa_data[14]; //14 字节协议地址，包含本机的 IP 地址和端口号
	 };

addrlen	my_addr 占用的空间大小

由于在 struct sockaddr 结构体中初始化 IP 地址和端口号不方便，便衍生了 Internet 协议

地址结构 struct sockaddr_in，其形式如下：

```
struct sockaddr_in
{
    u_short sin_family;          // 地址族, AF_INET, 2 bytes
    u_short sin_port;            // 端口, 2 bytes  0--65536
    struct in_addr sin_addr;     // IPV4 地址, 4 bytes
    char sin_zero[8];            // 8 bytes unused, 作为填充
};
```

在 struct sockaddr_in 结构体中，struct in_addr 为 IPv4 地址成员，其形式如下：

```
struct in_addr
{
    in_addr_t   s_addr;                  // in_addr_t 是无符号长整型类型
};
```

但是，IP 地址通常是字符串形式或点分形式，例如 192.168.1.100。由于 struct in_addr 的成员 s_addr 是无符号长整型的，因此要进行变量转换，相关函数如下。

(1) inet_addr 函数。

函数形式：unsigned long inet_addr(char *address)。

功能：将点分形式的 IP 地址转换为无符号长整型。

参数：address 是以 NULL 结尾的点分 IPv4 字符串。

返回值：成功返回无符号长整型的 IP 地址，出错返回 −1。

例如：addr=**inet_addr**("192.168.1.100")。

(2) inet_ntoa 函数。

函数形式：char* inet_ntoa(struct in_addr address)。

功能：将长整型的 IP 地址转换为点分形式。

参数：address 是 IPv4 地址结构。

返回值：成功返回一指向包含点分 IP 地址的字符指针，出错返回 NULL。

在 struct sockaddr_in 结构体中，sin_port 为端口号，端口号是为了区分一台主机接收到的数据包应该转交给哪个应用进程来进行处理，类似于一台主机中的进程号。

注意：

● TCP 端口号与 UDP 端口号是相互独立的。

● 端口号由 IANA (Internet Assigned Numbers Authority) 管理，IANA 将端口号分配如表 4-17 所示。

表 4-17　IANA 端口号分配

端口号	作　　用
1～255	众所周知端口
256～1023	UNIX 系统占用
1024～49151	已登记端口
49152～65535	动态或私有端口

网络中的字节序为大端模式，大端模式是高字节数据存放在低地址空间中，低字节数据存放在高地址空间中。不同的 CPU，字节序是不一样的，比如 ARM 默认的是大端模式，Intel 是小端模式，小端模式是高字节数据存放在高地址空间中，低字节数据存放在低地址空间中。因此，在网络编程中要有小端转大端或大端转小端的相关函数(头文件为#include <arpa/inet.h>)，如表 4-18 所示。

表 4-18　字节序转换函数

函　数	介　绍
uint32_t htonl(uint32_t hostlong)	功能：主机字节序到网络字节序。 参数：hostlong 为 32 位主机字节序变量。 返回值：32 位网络字节序变量
uint16_t htons(uint16_t hostshort)	功能：主机字节序到网络字节序。 参数：hostshort 为 16 位主机字节序变量。 返回值：16 位网络字节序变量
uint32_t ntohl(uint32_t netlong)	功能：网络字节序到主机字节序。 参数：netlong 为 32 位网络字节序变量。 返回值：32 位主机字节序变量
uint16_t ntohs(uint16_t netshort)	功能：网络字节序到主机字节序。 参数：netshort 为 16 位网络字节序变量。 返回值：16 位主机字节序变量

3. accept 函数

函数形式：int accept(int sockfd, struct sockaddr *addr, socklen_t *addrlen)。

功能：服务器端等待客户端连接请求，所需头文件为"#include <sys/socket.h>"和#include "<sys/types.h>"。

参数：accept 函数参数及其含义如表 4-19 所示。

返回值：成功返回一个文件描述符，这个文件描述符是用来为后面的 read、write 和 close 函数使用的，出错返回 −1。

表 4-19　accept 函数参数及其含义

参　数	含　义
sockfd	socket 函数的返回值(文件描述符)
addr	保存客户端地址(包括客户端 IP 和端口信息等)
addrlen	保存客户端地址长度

4. listen 函数

函数形式：int listen(int sockfd, int backlog)。

功能：服务器端监听函数，它监听是否有客户端请求数据。

参数：sockfd 是 socket 函数的返回值(文件描述符)；backlog 是设置等待客户端请求的队列长度。大多数系统的允许数目是 20，也可以设置为 5～10。

返回值：成功返回 0，出错返回 −1。

5. connect 函数

函数形式：int connect(int sockfd, struct sockaddr *serv_addr, int addrlen)。

功能：客户端向服务器端请求连接，所需头文件为"#include <sys/socket.h>"和"#include <sys/types.h>"。

参数：connect 函数参数及其含义如表 4-20 所示。

返回值：成功返回 0，出错返回 −1。

表 4-20　connect 函数参数及其含义

参　数	含　义
sockfd	socket 函数的返回值(文件描述符)
serv_addr	服务器端的地址信息
addrlen	serv_addr 占用的空间大小

4.3.4　socket 编程实例

基于 TCP 的客户端和服务器端通信的流程图如图 4-7 所示。

图 4-7　基于 TCP 的客户端和服务器端通信的流程图

例 4-35 socket 编程示例。

```
/*server.c*/
#include "sys/socket.h"
#include "stdio.h"
#include "fcntl.h"
#include "sys/types.h"
#include <arpa/inet.h>
int main()
{
    int fd,rw_fd;
    int ret;
    char buf[128]={0};
    struct sockaddr_in myaddr;
    fd=socket(PF_INET,SOCK_STREAM,0);
    if(fd<0)
    {
        printf("creat socket failure\n");
        return -1;
    }
    printf("fd=%d\n",fd);

    myaddr.sin_family=PF_INET;
    myaddr.sin_port=htons(8888);
    myaddr.sin_addr.s_addr=inet_addr("192.168.1.34");

    ret=bind(fd,(struct sockaddr *)&myaddr,sizeof(struct sockaddr));
    if(ret <0)
    {
        printf("bind failure\n");
        return -2;
    }

    listen(fd,5);
    printf("accept before\n");
    rw_fd=accept(fd,NULL,NULL);//sleep function
    printf("accept after\n");
    read(rw_fd,buf,128);
    printf("recv from %s",buf);
    return 0;
```

```
    }

    /*client.c*/
    #include "sys/socket.h"
    #include "stdio.h"
    #include "fcntl.h"
    #include "sys/types.h"
    #include <arpa/inet.h>
    int main()
    {
        int fd,rw_fd;
        int ret;
        char buf[]="hello linux\n";
        struct sockaddr_in server_addr;
        fd=socket(PF_INET,SOCK_STREAM,0);
        if(fd<0)
        {
            printf("creat socket failure\n");
            return -1;
        }
        printf("fd=%d\n",fd);
        server_addr.sin_family=PF_INET;
        server_addr.sin_port=htons(8888);
        server_addr.sin_addr.s_addr=inet_addr("192.168.1.34");
        connect(fd,(struct sockaddr *)&server_addr,sizeof(struct sockaddr));
        write(fd,buf,sizeof(buf));
        return 0;
    }
```

4.3.5　服务器功能扩展

在网络程序中，一般来说都是许多客户对应一个服务器，为了处理客户的请求，对服务器端的程序就提出了特殊的要求。目前常用的服务器模型有：

(1) 循环服务器：在同一时刻只能响应一个客户端的请求。

(2) 并发服务器：服务器在同一时刻可以响应多个客户端的请求。

1. 循环服务器

循环服务器是指一个一个地服务。例如：

```
    while(1)
    {
```

```
    rw_fd=accept(sockfd,(struct sockaddr *)&clientsockaddr,&len);
    ...
    close()
}
...
```

TCP 循环服务器接收一个客户端的连接，然后处理，完成了这个客户端的所有任务后，断开连接。TCP 循环服务器一次只能处理一个客户端的请求，只有在这个客户端的所有任务满足后，服务器才可以继续后面的请求。如果有一个客户端占住服务器不放时，其他客户端都不能工作了，因此，TCP 服务器一般很少用循环服务器模型。

TCP 循环服务器模型为

```
socket(...);
bind(...);
listen(...);
while(1)
{
accept(...);
 process(...);
 close(...);
}
```

2．并发服务器

一个好的服务器，一般都是并发服务器。并发服务器设计技术一般有多进程服务器、多线程服务器、I/O 复用服务器等。

(1) 多进程并发服务器。多进程服务器是当客户端有请求时，服务器用一个子进程来处理客户请求。父进程继续等待其他客户的请求。这种方法的优点是当客户端有请求时，服务器能及时处理，特别是在客户端服务器交互系统中，对于一个 TCP 服务器，客户端与服务器的连接可能并不会马上关闭，而是会等到客户端提交某些数据后再关闭，这段时间服务器端的进程会阻塞，所以这时操作系统可能调度其他客户端服务进程。并发服务器较循环服务器大大提高了服务性能。

TCP 多进程并发服务器模型为

```
socket(...);
bind(...);
listen(...);
while(1)
{
        accpet(...);
        if(fork(...) == 0)
        {
                process(...);
```

```
                close(...);
                exit(...);
            }
        close(...);
    }
```

例 4-36 TCP 多进程并发服务器使用示例。

```
    ...
    signal(17,myhandle);
    pid=fork();
    if(pid<0)
        return -3;
    if(pid ==0)
    {
        while(1)
        {
                read(rw_fd,readbuf,128);
                if(!strncmp(readbuf,"quit",4))
                    break;
                printf("recv from client data:%s",readbuf);
                memset(readbuf,0,128);
        }
        sleep(2);
        exit(0);
        }
        close(rw_fd);
    }
        return 0;
    }
```

(2) 多线程并发服务器。多线程服务器是对多进程服务器的改进，由于多进程服务器在创建进程时要消耗较大的系统资源，所以用线程来取代进程，这样服务处理程序可以较快地创建。

TCP 多线程并发服务器模型为

```
    socket(...);
    bind(...);
    listen(...);
    while(1)
    {
        accpet(...);
        if((pthread_create(...))!==-1)
```

```
        {
            process(...);
            close(...);
             pthread_exit(...);
        }
        close(...);

    }
```

(3) I/O 多路复用并发服务器。I/O 多路复用技术是为了解决进程或线程阻塞到某个 I/O 系统调用而出现的技术，使进程不阻塞于某个特定的 I/O 系统调用。它也可用于并发服务器的设计，常用函数 select 或 poll 来实现。

TCP I/O 多路复用并发服务器模型为

```
    socket(...);
    bind(...);
    listen(...);
    while(1)
    {
        if(select(...)>0)
         if(FD_ISSET(...)>0)
        {
        accpet(...);
            process(...);
        }
        close(...);

    }
```

TCP I/O 多路复用并发服务器示例可参看例 4-38。

以上都是 TCP 服务器端的程序，TCP 客户端的程序可以通用。

4.3.6　I/O 的处理方式

1. 阻塞 I/O 与非阻塞 I/O

阻塞 I/O 就是当进程没有收到 I/O 数据时，进程会睡眠在那里，不会去运行后面的代码。阻塞 I/O 的好处是节省 CPU，缺点是进程后面的任务不能被处理，进程的效率不高。例如，accept( )函数默认是阻塞函数，当没有客户请求时，则进程会阻塞在 accept 处。

非阻塞 I/O 就是当进程没有收到 I/O 数据时，进程不会睡眠在那里，直接返回继续运行后面的代码。例如，若 accept()是非阻塞函数，当没有客户请求时，则进程不会阻塞在 accept 处，而是继续运行 accept 后面的代码。

很多函数默认的都是阻塞方式，如果要使其成为非阻塞方式，就要通过系统调用函数告诉内核，这是因为用户空间的进程 I/O 的处理方式是由内核来决定(驱动程序来决定)的，这个系统调用函数就是 fcntl(" #include "fcntl.h"")。

(1) 函数 fcntl。

函数形式：int fcntl(int fd, int cmd, long arg)。

功能：设置 I/O 的处理方式。

参数：fcntl 函数参数及其含义如表 4-21 所示。

返回值：成功返回 0，出错返回 –1。

表 4-21 fcntl 函数参数及其含义

参　数	含　义	
fd	文件描述符，即要设置哪一个文件的 I/O 处理方式	
cmd	F_GETFL	读内核的文件描述符属性
	F_SETFL	设置内核的文件描述符属性
arg	当 cmd=F_GETFL 时，arg =0	
	当 cmd=F_SETFL 时，若设置为非阻塞 I/O 方式，则 arg= O_NONBLOCK	

(2) fcntl 函数设置非阻塞 I/O 使用的模板如下：

```
int flag;
flag = fcntl(sockfd, F_GETFL, 0);        //读内核的文件描述属性
flag |= O_NONBLOCK;                      //设置为非阻塞 I/O 方式
fcntl(sockfd, F_SETFL, flag);            //设置内核的文件描述属性
```

例 4-37 fcntl 设置 accept 函数为非阻塞 I/O 方式示例。

```
/*server.c*/
#include "stdio.h"
#include   "unistd.h"
#include "sys/socket.h"
#include "sys/types.h"
#include "arpa/inet.h"
#include "fcntl.h"
int main()
{
    int fd,ret,acc_fd;
    int Oflags;
    char buf[]="hello linux\n";
    struct sockaddr_in   my_sockaddr;
    fd=socket(PF_INET,SOCK_STREAM,0);
    if(fd <0)
    {
        printf("creat socket error\n");
        return -1;
    }
```

```
        printf("fd=%d\n",fd);
        my_sockaddr.sin_family=PF_INET;
        my_sockaddr.sin_port=htons(8888);
        my_sockaddr.sin_addr.s_addr=inet_addr("192.168.1.110");
        ret=bind(fd,(struct sockaddr *)&my_sockaddr,sizeof(struct sockaddr_in));
        if(ret <0)
            {
                printf("bind fialure\n");
            return -2;
            }
        printf("bind sucess\n");
        listen(fd, 5);
        Oflags = fcntl(fd,F_GETFL,0);
        fcntl(fd, F_SETFL,Oflags | O_NONBLOCK);
        printf("accep before\n");
        acc_fd=accept(fd,NULL, NULL);
        printf("accep after acc_fd=%d\n",acc_fd);
        write(acc_fd,buf,sizeof(buf));
        return 0;
}
/*client.c*/
#include "sys/socket.h"
#include "stdio.h"
#include "fcntl.h"
#include "sys/types.h"
#include <arpa/inet.h>
int main()
{
    int fd,fd1,rw_fd;
    int ret;
    char buf[]="hello linux\n";
    struct sockaddr_in server_addr;
    fd=socket(PF_INET,SOCK_STREAM,0);
    if(fd<0)
    {
        printf("creat socket failure\n");
        return -1;
    }
    printf("fd=%d\n",fd);
```

```
    server_addr.sin_family=PF_INET;
    server_addr.sin_port=htons(8888);
    server_addr.sin_addr.s_addr=inet_addr("192.168.1.110");
    connect(fd,(struct sockaddr *)&server_addr,sizeof(struct sockaddr));
    write(fd,buf,sizeof(buf));
    return 0;
}
```

2. 异步 I/O

异步 I/O 是指当无 I/O 数据时，进程运行正常代码；当有 I/O 数据到来时，进程会收一个 SIGIO 信号；若在进程中设置了 SIGIO 信号的处理函数，则进程会运行信号处理函数代码(处理 I/O 数据)；信号处理函数代码运行结束，则返回进程正常运行的代码处。异步 I/O 的工作原理如图 4-8 所示。

图 4-8　异步 I/O 的工作原理

当内核检测到有 I/O 数据时，并不向用户空间发送 SIGIO 信号，且用户进程正常状态下不支持异步 I/O，因此仍要用 fcntl 函数告诉内核以下一些事情：

(1) 当内核收到 I/O 数据时，发送 SIGIO 信号。

(2) 告诉内核将 SIGIO 信号发送给用户空间哪个进程。

(3) 用户空间支持异步 I/O 处理方式。

fcntl 函数使用设置异步 I/O 的模板如下：

```
fcntl(fd, F_SETOWN,getpid());        //告诉内核要发送 SIGIO 信号，而且要发给本进程
Oflags = fcntl(fd,F_GETFL, 0);       //获得文件描述符的属性
Oflags |= FASYNC                     //设置为异步 I/O 方式
fcntl(fd, F_SETFL,oflags);           //设置文件描述符的属性
```

例 4-38　fcntl 设置 accept 函数为异步 I/O 处理方式示例。

```
#include "stdio.h"
#include   "unistd.h"
```

```
#include "sys/socket.h"
#include "sys/types.h"
#include "arpa/inet.h"
#include "signal.h"
#include "fcntl.h"
int acc_fd;
void handle(int sig_num)
{
    printf("recv signal %d\n",sig_num);
    acc_fd=accept(fd,NULL, NULL); //处理 I/O 数据
}
int main()
{
    int fd,ret;
    int Oflags;
    char buf[]="hello linux\n";
    struct sockaddr_in    my_sockaddr;
    fd=socket(PF_INET,SOCK_STREAM,0);
    if(fd <0)
    {
        printf("creat socket error\n");
        return -1;
    }
    printf("fd=%d\n",fd);
    my_sockaddr.sin_family=PF_INET;
    my_sockaddr.sin_port=htons(8888);
    my_sockaddr.sin_addr.s_addr=inet_addr("192.168.1.110");
    ret=bind(fd,(struct sockaddr *)&my_sockaddr,sizeof(struct sockaddr_in));
    if(ret <0)
        {
            printf("bind fialure\n");
        return -2;
        }
    printf("bind sucess\n");
    listen(fd, 5);
    signal(SIGIO, handle);

    fcntl(fd,F_SETOWN,getpid());
```

```
Oflags = fcntl(fd,F_GETFL);
fcntl(fd, F_SETFL,Oflags | FASYNC);
while(1)
  {
     printf("process thing\n"); //正常运行代码
  sleep(1);
  }
return 0;
}
```

3，多路复用 I/O

前面的 I/O 处理方式都只是针对一个 I/O 数据的处理，若进程同时有两个 I/O 数据要处理时，例如键盘的数据和网络的客户请求数据同时到来时，进程如何处理这两个 I/O 数据呢？可以采用多路复用 I/O 处理方式。

多路复用 I/O 处理方式可以由 select 函数实现，select 函数负责管理文件描述符集变量。文件描述符集定义为 fd_set，它是一个变量类型。它同信号量及锁的变量一样，用户不能直接操作 fd_set 定义的变量，必须通过接口函数去操作它，相关的接口函数如表 4-22 所示。

表 4-22　fd_set 相关的接口函数

函　　数	介　　绍
void FD_ZERO(fd_set *fdset)	功能：清空文件描述符集。 参数：fdset 为文件描述符集变量指针。 返回值：无
void FD_SET(int fd,fd_set *fdset)	功能：添加某一个文件描述符到文件描述符集。 参数：fd 为文件描述符；fdset 为文件描述符集变量指针。 返回值：无
void FD_CLR(int fd,fd_set *fdset)	功能：在文件描述符集删除某一个文件描述符。 参数：fd 为文件描述符；fdset 为文件描述符集变量指针。 返回值：无
int FD_ISSET(int fd,fd_set *fdset)	功能：判断某一个文件描述符是否在文件描述符集中。 参数：fd 为文件描述符；fdset 为文件描述符集变量指针。 返回值：在文件描述符集中返回非 0，否则返回 0

select 函数即是通过 fd_set 来实现多路复用 I/O 功能。

函数形式：int select(int n, fd_set *read_fds, fd_set *write_fds, fd_set *except_fds, struct timeval *timeout);

功能：实现多路复用 I/O。

参数：select 函数参数及其含义如表 4-23 所示。

表 4-23　　select 函数参数及其含义

参　　数	含　　义	
n	监视的最大的文件描述符值+1	
read_fds	检测的可读文件描述符的集合	
write_fds	检测的可写文件描述符的集合	
except_fds	检测的异常文件描述符的集合	
timeout	NULL	select 将一直被阻塞，直到某个文件描述符上发生了事件
	特定的时间值	在指定的时间段里没有事件发生，select 将超时返回

struct timeval 的定义如下：

```
struct timeval
{
    long   tv_sec；    //秒
    long   tv_uset；   //微秒
}
```

返回值：成功返回 0，出错返回 −1。

使用 select 函数时应注意：

(1) select 管理的所有文件描述符都没有 I/O 数据时，select 会进入阻塞；如果有一个或多个文件描述符有 I/O 数据，则 select 从阻塞进入到运行。

(2) select 是通过 FD_ISSET 函数来判断有哪些 I/O 数据需要处理的。

例 4-39　select 函数使用示例。

```
/*server.c*/
    #include <sys/types.h>
#include <sys/socket.h>
#include <arpa/inet.h>
#include "unistd.h"
#include "stdlib.h"
#include "stdio.h"
#include "string.h"
#include "sys/select.h"
    int main()
{
    int sockfd,rw_fd;
    pid_t pid;
    char readbuf[128]={0};
    char writebuf[128]={0};
    int ret;
```

```c
        struct sockaddr_in mysockaddr,clientsockaddr;
        socklen_t len;
        fd_set readfd;
        sockfd=socket(PF_INET,SOCK_STREAM,0);
        if(sockfd<0)
        {
            printf("creat socket fd failure\n");
            return -1;
        }
        printf("sockfd=%d\n",sockfd);

        mysockaddr.sin_family=PF_INET;
        mysockaddr.sin_port= htons(8888);
        mysockaddr.sin_addr.s_addr= inet_addr("192.168.1.100");
        ret=bind(sockfd,(struct sockaddr *)&mysockaddr,sizeof(struct sockaddr));

        if(ret<0)
        {
            printf("bind failure\n");
            sleep(1);
            goto abc;
        }
        listen(sockfd,5);
            FD_ZERO(&readfd);
        FD_SET(sockfd,&readfd);
        printf("select before\n");
        select(sockfd+1,&readfd,NULL,NULL,NULL);
        printf("select after\n");
        return 0;
    }
/*client.c*/
#include "sys/socket.h"
#include "stdio.h"
#include "fcntl.h"
#include "sys/types.h"
#include <arpa/inet.h>
int main()
{
    int fd,rw_fd;
```

```
    int ret;
    char buf[]="hello linux\n";
    struct sockaddr_in server_addr;
    fd=socket(PF_INET,SOCK_STREAM,0);
    if(fd<0)
    {
        printf("creat socket failure\n");
        return -1;
    }
    printf("fd=%d\n",fd);
    server_addr.sin_family=PF_INET;
    server_addr.sin_port=htons(8888);
    server_addr.sin_addr.s_addr=inet_addr("192.168.1.110");
    connect(fd,(struct sockaddr *)&server_addr,sizeof(struct sockaddr));
    write(fd,buf,sizeof(buf));
    return 0;
}
```

例 4-40   select 函数实现并发服务器示例。

```
/*server.c*/
#include <stdio.h>
#include <stdlib.h>
#include <string.h>
#include <unistd.h>
#include <sys/types.h>
#include <sys/socket.h>
#include <netinet/in.h>
#include <arpa/inet.h>
#define MAXLINE 50
typedef struct sockaddr SA;
int main(int argc, char **argv)
{
    int listenfd, connfd, maxfd, i, nbyte;
    struct sockaddr_in   myaddr;
    char    buf[MAXLINE];
    fd_set global_rdfs, current_rdfs;

    if ((listenfd = socket(PF_INET, SOCK_STREAM, 0)) < 0)
    {
        perror("fail to socket");
```

```
                exit(-1);
        }
        bzero(&myaddr, sizeof(myaddr));
        myaddr.sin_family       = PF_INET;
        myaddr.sin_addr.s_addr = inet_addr("192.168.1.100");   //htonl(INADDR_ANY);
        myaddr.sin_port         = htons(8888);    /* port number */

        if (bind(listenfd, (SA *) &myaddr, sizeof(myaddr)) < 0)
        {
            perror("fail to bind");
            exit(-1);
        }
        listen(listenfd, 5);
        FD_ZERO(&global_rdfs);
        FD_SET(listenfd, &global_rdfs);
        maxfd = listenfd;
        while ( 1 )
        {
            current_rdfs = global_rdfs;
            if (select(maxfd+1, &current_rdfs, NULL, NULL, 0) < 0)
            {
                    perror("fail to select");
                exit(-1);
            }
            else
            {
                for (i=0; i<=maxfd; i++)
                {
                        if (FD_ISSET(i, &current_rdfs))    // fd i is ready
                        {
                            if (i == listenfd)    // new connection is coming
                            {
                                connfd = accept(listenfd, NULL, NULL);
                                FD_SET(connfd, &global_rdfs);
                                maxfd = maxfd > connfd ? maxfd : connfd;
                            }
                            else    // client send message
                            {
                                if ((nbyte = recv(i, buf, sizeof(buf), 0)) <= 0)
```

```
                    {
                        close(i);
                        FD_CLR(i, &global_rdfs);
                    }
                    else
                    {
                        send(i, buf, sizeof(buf), 0);
                    }
                }
            }
        }  // end for
    }
}
return 0;
}
/*client.c*/
#include "sys/socket.h"
#include "stdio.h"
#include "fcntl.h"
#include "sys/types.h"
#include <arpa/inet.h>
int main()
{
    int fd,rw_fd;
    int ret;
    char buf[]="hello linux\n";
    struct sockaddr_in server_addr;
    fd=socket(PF_INET,SOCK_STREAM,0);
    if(fd<0)
    {
        printf("creat socket failure\n");
        return -1;
    }
    printf("fd=%d\n",fd);
    server_addr.sin_family=PF_INET;
    server_addr.sin_port=htons(8888);
    server_addr.sin_addr.s_addr=inet_addr("192.168.1.110");
    connect(fd,(struct sockaddr *)&server_addr,sizeof(struct sockaddr));
    write(fd,buf,sizeof(buf));
```

```
        return 0;
    }
```

本 章 小 结

　　本章主要讲述系统编程的相关内容，主要包括三部分：I/O、进程和网络编程。其中，I/O 包含文件 I/O 和标准 I/O；进程包括进程相关的命令、进程控制、线程(线程的控制、线程的同步与互斥)、进程通信(无名管道、有名管道信号、IPC(共享内存、消息队列、信号灯))；网络编程包括 C/S 模式、socket 编程、socket 编程相关函数、TCP 实例、循环服务器、并发服务器及 I/O 的处理方式(阻塞 I/O、非阻塞 I/O、异步 I/O 和多路复用 I/O)。

第 5 章　ARM 基础知识

5.1　ARM 简介

5.1.1　ARM 公司简介

ARM 公司成立于 1990 年 11 月，其前身为 Acorn 计算机公司，主要设计 ARM 系列 RISC 处理器内核，授权 ARM 内核给生产和销售半导体的合作伙伴。ARM 公司不仅生产芯片，另外也提供基于 ARM 架构的开发设计技术，如软件工具、评估板、调试工具、应用软件、总线架构、外围设备单元等。

5.1.2　ARM 主流芯片系列

ARM 主流芯片系列有：ARM 公司的 ARM7 系列、ARM9 系列、ARM9E 系列、ARM10E 系列、SecurCore 系列、Intel 的 StrongARM、ARM11 系列、Intel 的 Xscale 等。其中，ARM7、ARM9、ARM9E 和 ARM10 为通用处理器系列，每一个系列提供一套相对独特的性能来满足不同应用领域的需求。SecurCore 系列专门为安全要求较高的应用而设计。ARM 公司在经典处理器 ARM11 以后的产品改用 Cortex 命名，并分成 A、R 和 M 三类，旨在为各种不同的市场提供服务。

5.1.3　ARM 芯片特点

ARM 芯片的三大特点是：耗电少、功能强、16 位/32 位双指令集及合作伙伴众多。具体特点为：

(1) 体积小、低功耗、低成本、高性能。

(2) 支持 Thumb(16 位)/ARM(32 位)双指令集，能很好地兼容 8 位/16 位器件。

(3) 大量使用寄存器，指令执行速度更快。

(4) 大多数数据操作都在寄存器中完成。

(5) 寻址方式灵活简单，执行效率高。

(6) 指令长度固定。

5.1.4　ARM 微处理器应用选型

1. ARM 微处理器内核的选择

从前面所介绍的内容可知，ARM 微处理器包含一系列的内核结构，以适应不同的应用领域。用户如果希望使用 WinCE 或标准 Linux 等操作系统以减少软件开发时间，就需要选择 ARM720T 以上带有 MMU(Memory Management Unit)功能的 ARM 芯片，如 ARM720T、ARM920T、ARM922T、ARM946T、Strong-ARM 都带有 MMU 功能。而 ARM7TDMI 则没有 MMU，它不支持 Windows CE 和标准 Linux，但 uCLinux 等不需要 MMU 支持的操作系统便可运行于 ARM7TDMI 硬件平台之上。

2. 工作频率的选择

系统的工作频率在很大程度上决定了 ARM 微处理器的处理能力。ARM7 系列微处理器的典型处理速度为 0.9MIPS/MHz，常见的 ARM7 芯片系统主时钟为 20 MHz～133 MHz。ARM9 系列微处理器的典型处理速度为 1.1 MIPS/MHz，常见的 ARM9 芯片系统主时钟频率为 100 MHz～233 MHz，ARM10 最高可以达到 700 MHz。不同芯片对时钟的处理不同，有的芯片只需要一个主时钟频率，有的芯片内部时钟控制器有可以分别为 ARM 核和 USB、UART、DSP、音频等功能部件提供不同频率的时钟。

3. 片内存储器容量的选择

大多数的 ARM 微处理器片内存储器的容量都不太大，需要用户在设计系统时外扩存储器。但也有部分芯片具有相对较大的片内存储空间，如 ATMEL 的 AT91F40162 就具有高达 2 MB 的片内程序存储空间，用户在设计时可考虑选用，以简化系统的设计。

4. 片内外围电路的选择

除 ARM 微处理器核以外，几乎所有的 ARM 芯片均根据各自不同的应用领域扩展了相关功能模块，并集成在芯片之中，称为片内外围电路，如 USB 接口，IIS 接口，LCD 控制器，键盘接口，RTC、ADC、DAC 和 DSP 协处理器等。设计者应分析系统的需求，尽可能采用片内外围电路完成所需的功能，这样既可简化系统的设计，同时又可提高系统的可靠性。

5.2 RealView 开发工具

5.2.1 RealView 开发工具简介

RealView 源自德国 Keil 公司，它被全球超过 10 万的嵌入式开发工程师验证和使用，同是它也是 ARM 公司最新推出的软件开发工具。RealView MDK 集成了业内最领先的技术，包括集成开发环境与 RealView 编译器，支持 ARM7、ARM9 和 Cortex-M 等系列核处理器，自动配置启动代码，集成 Flash 烧写模块，强大的 Simulation 设备模拟和性能分析等功能，其性能超过 ARM 之前的工具包 ADS。RealView MDK 的突出特性如下：

(1) 启动代码生成向导，自动引导。
(2) 软件模拟器，完全脱离硬件的软件开发过程。
(3) 性能分析器，能看得更远、更细、更清。
(4) RealView 编译器，代码更小，性能更高，配备 ULINK 仿真器且无需安装驱动。
(5) 轻松实现 Flash 烧写。
(6) 高性价比。

RealView 工具可从网络下载安装。

5.2.2　RealView 使用

1. 创建一个工程

uVision 是 Keil 软件一个标准的窗口应用程序，可以点击程序按钮开始运行。为了创建一个新的 uVision 工程必须要进行三步：选择工具集、创建工程文件和选择设备。

(1) 选择工具集。uVision 可以使用 ARM RealView 编译工具、ARM ADS 编译器、GNU GCC 编译器和 Keil C ARM 编译器。当使用 GNU GCC 编译器或 ARM ADS 编译器时必须另外安装它们的编译集。实际使用的工具集可以在 uVision IDE 的"Project"→"Manage"→"Components，Environment and Books"对话框中的"Folders/Extensions"选项卡(见图 5-1)中选择。

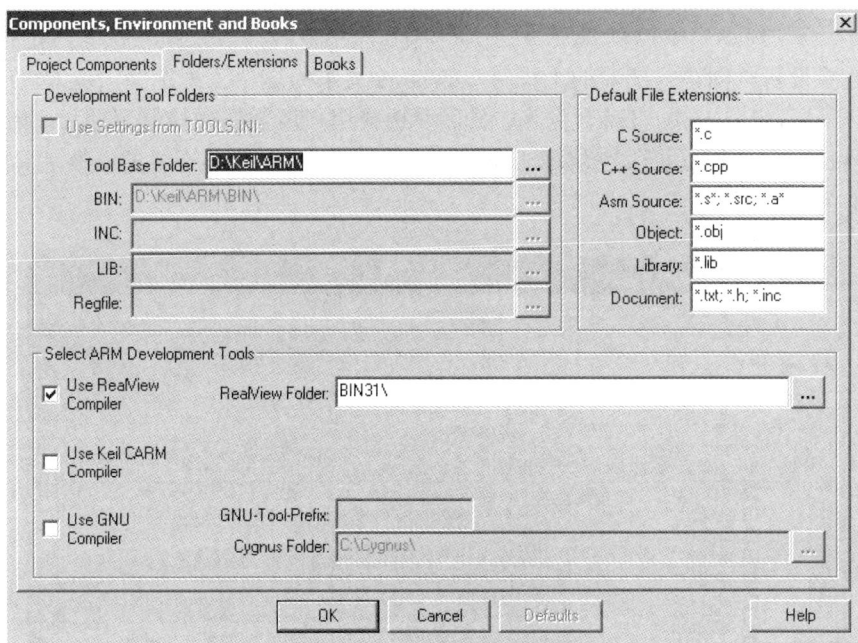

图 5-1　选择工具集

① Use RealView Compiler 复选框表示本工程使用 ARM 开发工具。RealView Folder 文本框指定开发工具的路径。下面的例子显示了各种版本的 ARM ADS/RealView 开发工具的路径：

- uVision 的 RealView 编译器: BIN31\
- ADS V1.2: C:\Program Files\ARM\ADSv1_2\Bin
- RealView 评估版 2.1:
  C:\Program Files\ARM\RVCT\Programs\2.1\350\eval2-sc\win_32-pentium

② Use Keil CARM Compiler 复选框表示本工程使用 Keil CARM 编译器、Keil AARM 汇编器和 Keil LARM 链接器/装载器。

③ Use GNU Compiler 复选框表示本工程使用 GNU 开发工具。Cygnus Folder 文本框

指定 GNU 的安装路径。GNU-Tool-Prefix 文本框指定不同的 GNU 工具链。下面是各种 GNU 版本的例子：

* 带 uclib 的 GNU V3.22: GNU-Tool-Prefix: arm-uclibc- Cygnus Folder: C:\Cygnus
* 带标准库的 GNUARM V4: GNU-Tool-Prefix: arm-elf- Cygnus Folder: C:\Program Files\GNUARM\

④ Keil 根目录的设置是基于 uVision/ARM 开发工具的安装目录的。对于 Keil ARM 工具来说，工具组件的路径是在开发工具目录中配置的。

(2) 创建工程文件。单击"Project" → "New..." → "uVision Project"菜单项，uVision 3 将打开一个标准对话框，输入希望新建工程的名字即可创建一个新的工程。建议对每个新建工程使用独立的文件夹。例如，这里先建立一个新的文件夹，然后选择这个文件夹作为新建工程的目录，输入新建工程的名字 Project1，uVision 将会创建一个以 Project1.UV2 为名字的新工程文件，它包含了一个缺省的目标(Target)和文件组名。这些内容在"Project Workspace" → "Files"中可以看到。

(3) 选择设备。创建一个新的工程时，uVision 要求为这个工程选择一款 CPU。选择设备对话框显示了 uVision 的设备数据库，只需要选择用户所需的微控制器即可。如图 5-2 所示，选择 Philips LPC2106 微控制器，这个选择设置了 LPC2106 设备的必要工具选项，简化了工具的配置。

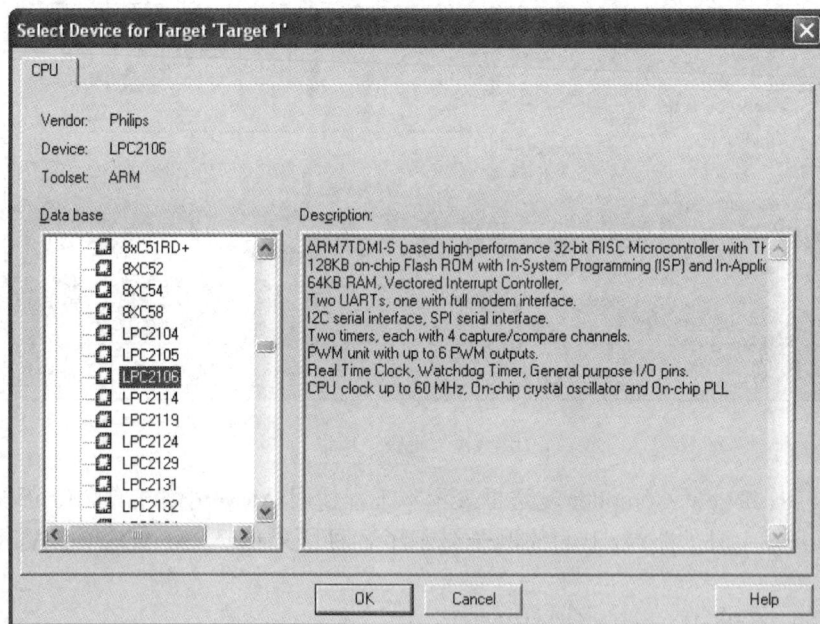

图 5-2　选择设备

注意：

① 当创建一个新的工程时，uVision 会自动为所选择的 CPU 添加合适的启动代码。

② 对于一些设备而言，uVision 需要用户手动输入额外的参数。请仔细阅读图 5-2 对话框右边的信息，因为它可能包含所选设备的额外配置要求。

创建源文件以后，就可以将这个文件添加到工程中。uVision 提供了几种方法将源文件添加到工程中。例如，在"Project Workspace"→"Files"页的文件组上点击鼠标右键，然后在弹出的菜单中选择"Add Files"菜单项，这时将打开标准的文件对话框，选择创建的Asm 或 C 文件即完成源文件的添加。

2. 编译、链接工程

(1) 设置目标硬件的工具选项。uVision 可以设置目标硬件的选项。通过工具栏按钮或"Project"→"Options for Target"菜单项打开 Options for Target 对话框，在 Target 页中设置目标硬件及所选 CPU 片上组件的参数。图 5-3 是 LPC2106 的一些参数设置。

图 5-3　设置目标硬件

图 5-3 中的选项及其含义如表 5-1 所示。

表 5-1　Target 对话框的选项及其含义

对话框选项	含　义
Xtal	设备的晶振(XTAL)频率。大多数基于 ARM 的微控制器都使用片上 PLL 来产生 CPU 时钟。所以，一般情况下 CPU 的时钟与 XTAL 的频率是不同的
Read/Only Memory Area	目标硬件片内、片外的 ROM 区地址以及大小
Read/Write Memory Areas	目标硬件片内、片外的 RAM 区地址以及大小
Code Generation	产生 ARM code 还是 Thumb code

(2) 增加链接控制文件。对于 GNU 和 ARM ADS/RealView 工具链来说，链接器的配置是通过链接器控制文件实现的。这个文件指定了 ARM 目标硬件的存储配置，预配置的链接器控制文件在文件夹..\ARM\GNU 或..\ARM\ADS 中。为了与目标硬件相匹配，用户可能会修改链接器控制文件，所以工程中的那个文件是预配置的连接控制文件的一个副本。这

个文件可以通过"Project"→"Options for Target"对话框的 Linker 页添加到工程中，如图 5-4 所示。

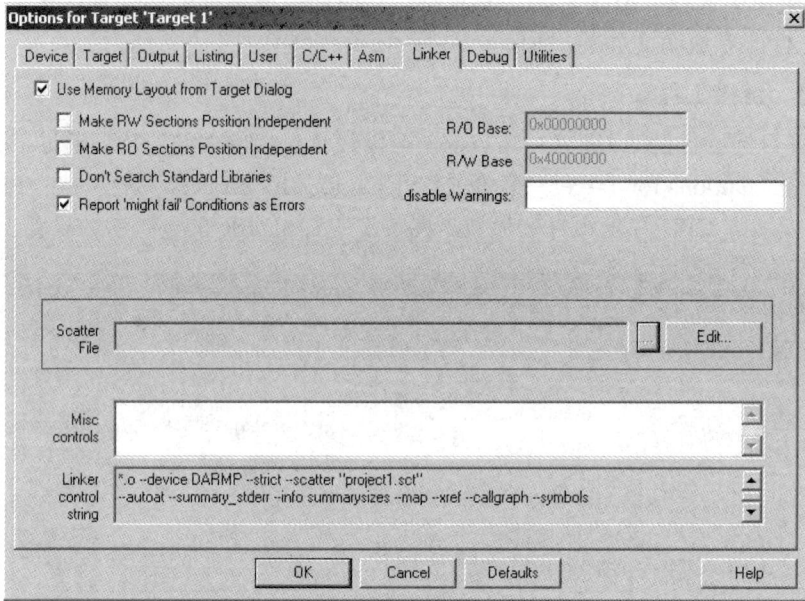

图 5-4 设置 Linker 选项

对于复杂的 Memory Layout 分配方式，应该采用 Scatter File，对于简单的工程，直接指定图 5-4 中 R/O 和 R/W 的基地址即可。

(3) 编译链接。一般来说，新建一个应用程序时，"Options"→"Target"页中所有的工具和属性都要配置。单击"Build Target"工具栏按钮将编译所有的源文件，链接应用程序。当编译有语法错误的应用程序时，uVision 将在"Output Window"→"Build"窗口中显示错误和警告信息，如图 5-5 所示。单击这些信息行，uVision 将会定位到相应的源代码处。

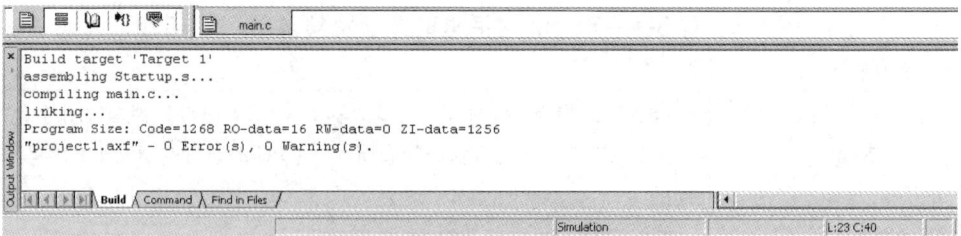

图 5-5 编译结果

源文件编译成功产生应用程序以后就可开始调试了，点击"Debug"→"Start/Stop debug session"(Ctrl+F5)即进入调试模式。

3. 程序调试

进入调试模式后，可以选择单步、全速运行，可以设置断点等常规的调试，所有有关调试的操作都可以在 Debug 菜单下找到。图 5-6 为进入调试模式时的界面。

图 5-6　Simulator 调试界面

常用的调试手段如下：

(1) 单步、全速运行程序。快捷键 F10 为单步运行，F5 为全速运行。

(2) 各种模式下的寄存器可以在图 5-6 左边的窗口中查看。

(3) 设置断点：选中需要设置断点的行，然后按下 F9 键即在该行设置断点，程序运行到此处就停止运行。

(4) 查看变量的实时值。打开"View"→"Watch&Call Stack Window"，在此 Window 中，选择 Locals tab 就可以查看所有的 local 变量；选择 Watch Window 中的 Watch #1，加入需要查看的变量就可以查看实时全局变量的值。

(5) 外设模块仿真。若选择的是 Simulator，可以通过 RealView MDK 强大的仿真功能来调试程序。打开"Peripheral"→"GPIO"可以看到每一个 GPIO 引脚的实时状态信息。全速运行程序后，GPIO 的状态就开始按照程序的控制开始变化。

4. 工程选项页概述

在"Project-Options"对话框页可以设置所有的工具选项，所有的选项都保存在 uVision 工程文件中。在"Project Workspace"→"Files"窗口点击鼠标右键，在弹出的菜单中可以设置文件夹或单个文件的不同选项。表 5-2 概述了各种选项对话框的功能。

表 5-2 各种选项对话框的功能

对话框页	描　述
Device	从 uVision 的设备数据库中选择设备
Target	为应用程序指定硬件环境
Output	定义工具链的输出文件，在编译完成后运行用户程序
Listing	指定工具链产生的所有列表文件
C	设置 C 编译器的工具选项，例如代码优化和变量分配
Asm	设置汇编器的工具选项，如宏处理
Linker	设置链接器的相关选项。一般来说，链接器的设置需要配置目标系统的存储分配、设置链接器定义存储器类型和段的位置
Debug	uVision 调试器的设置
Utilities	配置 Flash 编程实用工具

5.3　ARM 编程模型

5.3.1　ARM 数据和指令类型

1. 字节顺序

ARM 可以用小/大端(Little/Big Endian)格式存取数据。小端是指数据的低字节被存储在内存的低地址空间；大端是指数据的高字节被存储在内存的低地址空间，具体如图 5-7 所示。ARM 可以使用 BIGEND 信号或 CP15 两种方法来配置字节顺序。Intel 处理器使用小端，网络上使用大端。

图 5-7　字节顺序

2. 指令格式

ARM 采用的是 32 位架构，ARM 约定：Byte 为 8 bits，Halfword 为 16 bits (2 byte)，

Word 为 32 bits(4 byte)。大部分 ARM 芯片提供 ARM 指令集(32-bit)和 Thumb 指令集(16-bit)。Thumb 指令集是由 ARM 指令集的一个子集经过重新编码后产生的，它在性能和代码大小之间提供了出色的折中。嵌入式产品通常对代码的密度要求比较高，Thumb 代码可以在牺牲一点性能的情况下，减少程序占用的存储空间，最多可节省高达 35%的存储空间。通常，执行 ARM 指令集的状态称为 ARM 状态，执行 Thumb 指令集的状态称为 Thumb 状态。ARM 的 Jazelle 技术在硬件上提供了对 Java 字节码的支持，大大提高了系统的性能。Jazelle 芯片支持 Java 字节码、Java 字节码 8-bit 独立架构的指令集。Jazelle 用硬件执行大多数的字节码(另一些则使用高度优化了的 ARM 代码)。

3. 对齐方式

存储器访问必须始终适当地保持地址对齐，非对齐地址将产生不可预测的未定义结果。用"Data Abort"异常来检测无效的非对齐数据存取需要额外的扩展逻辑，或者用 MMU 来谨防指令读取时出现非对齐。非对齐数据存取能够完成，但不是用 LDR，而是使用 LDRB、STRB 传递字节，或使用 LDM 加移位/屏蔽。ARM 对齐方式如图 5-8 所示。

图 5-8　ARM 对齐方式

图 5-8 是针对每种数据宽度的有效存取方式。数字是最低位十六进制地址，注意地址取决于基址寄存器的值和偏移，所以需要检查基址寄存器的值。ARM 架构已被设计成快速而简单的 32 位存储器接口，每次存取只需一个存储周期，因此不能跨 4 字节边界存取，所有非对齐字和非对齐半字都是不允许的。编译器将保证变量和结构区域是对齐的，因此不必担心编译出的代码。编译器支持_packed，即允许非对齐存取，但这样做代码量将非常大且昂贵，检测不正确的非对齐对保证程序的正确是非常重要的。使用 lr_abt 在数据异常处理中，注意指令预取可能出现非对齐，由于 pc[1:0] 没有被有效的取指地址所驱动。存储器系统在取指时必须忽略这两位以避免对齐错误。

5.3.2　处理器工作模式

ARM 微处理器支持 7 种工作模式，也正因为这 7 种工作模式的不同，使得 ARM 微处理器嵌入操作系统成为可能。这 7 种工作模式分别介绍如下。

(1) 用户模式(usr)：ARM 处理器正常的程序执行状态。

(2) 快速中断模式(fiq)：用于高速数据传输或通道处理。

(3) 外部中断模式(irq)：用于一般的中断处理。

(4) 管理模式(svc)：操作系统使用的保护模式。

(5) 数据访问终止模式(abt)：当数据或指令预取终止时进入该模式，可用于虚拟存储及存储保护。

(6) 系统模式(sys)：运行具有特权的操作系统任务。

(7) 未定义指令终止模式(und)：当未定义的指令执行时进入该模式，可用于支持硬件协处理器的软件仿真。

ARM 微处理器的运行模式可以通过软件改变，也可以通过外部中断改变。当应用程序运行在用户模式下、处理器运行在用户模式下时，某些被保护的系统资源是不能被访问的。7 种工作模式中，除用户模式以外，其余 6 种模式称为非用户模式或特权模式；除去用户模式和系统模式以外，其余 5 种又称为异常模式。

5.3.3　寄存器组织

ARM 微处理器共有 37 个 32 位寄存器，其中 31 个为通用寄存器，6 个为状态寄存器，但是这些寄存器不能被同时访问。具体哪些寄存器是可编程访问的，取决于微处理器的工作状态(ARM 微处理器有两种工作状态，分别是 ARM 状态和 Thumb 状态)及具体的工作模式。

1. ARM 状态下的寄存器组织

(1) 通用寄存器。通用寄存器包括 R0～R14，可以分为 2 类。

① 未分组寄存器 R0～R7。在所有的工作模式下，未分组寄存器都是相同的，因此，在切换工作模式时，可能会破坏寄存器中的数据。这一点在进行程序设计时应引起注意。

② 分组寄存器 R8～R14。对于分组寄存器来说，工作模式不同，对应的寄存器是不同的。

对于 R8～R12 来说，每个寄存器对应两个不同的物理寄存器，当使用 fiq 模式时，访问寄存器 R8_fiq～R12_fiq；当使用除 fiq 模式以外的其他模式时，访问寄存器 R8_usr～R12_usr。

对于 R13 和 R14 来说，每个寄存器对应 6 个不同的物理寄存器，其中一个是用户模式与系统模式共用，另外 5 个物理寄存器对应其他 5 种不同的工作模式。采用以下的记号来区分不同的物理寄存器：

- R13_<mode>
- R14_<mode>

其中，mode 为以下几种模式之一：usr、fiq、irq、svc、abt、und。

寄存器 R13 在 ARM 指令中常用作堆栈指针。这只是一种习惯用法，用户也可使用其他寄存器作为堆栈指针。由于处理器的每种工作模式均有自己独立的物理寄存器 R13，在用户应用程序的初始化部分，一般都要初始化每种模式下的 R13，使其指向该运行模式的栈空间。这样当程序的运行进入异常模式时，可以将需要保护的寄存器放入 R13 所指向的堆栈，而当程序从异常模式返回时，则从对应的堆栈中恢复。采用这种方式可以保证异常发生后程序的正常执行。

R14 也称做链接寄存器 LR。当执行 BL 子程序调用指令时，R14 中得到 R15(程序计数器 PC)的备份。其他情况下，R14 用作通用寄存器。当发生异常时，对应的分组寄存器 R14_svc、R14_irq、R14_fiq、R14_abt 和 R14_und 用来保存 R15 的返回值。寄存器 R14 常用在如下的情况：

- 在每一种工作模式下，都可用 R14 保存子程序的返回地址。当用 BL 或 BLX 指令调用子程序时，将 PC 的当前值复制给 R14，执行完子程序后，又将 R14 的值复制回 PC，即可完成子程序的调用返回。代码如下：

  MOV PC, LR

  BX LR

- 在子程序入口处使用以下指令将 R14 存入堆栈：

  STMFD SP！,{<Regs>,LR}

- 使用以下指令可以完成子程序的返回：

  LDMFD SP！,{<Regs>,PC}

(2) 程序计数器 PC(R15)。寄存器 R15 用作程序计数器(PC)。在 ARM 状态下，位[1:0]为 0，位[31:2]用于保存 PC；在 Thumb 状态下，位[0]为 0，位[31:1]用于保存 PC。由于 ARM 体系结构采用了多级流水线技术，对于 ARM 指令集而言，PC 总是指向当前指令的下两条指令的地址，即 PC 的值为当前指令的地址值加 8 个字节。

(3) 寄存器 R16。寄存器 R16 用作 CPSR(Current Program Status Register，当前程序状态寄存器)。ARM 体系结构包含一个当前程序状态寄存器(CPSR)和 5 个备份的程序状态寄存器(SPSR)。备份的程序状态寄存器用来进行异常处理，当异常发生时，SPSR 用于保存 CPSR 的当前值，从异常退出时则可由 SPSR 来恢复 CPSR。用户模式和系统模式不属于异常模式，它们没有 SPSR。

  程序状态寄存器每一位的安排如图 5-9 所示。

图 5-9　程序状态寄存器格式

① 条件码标志位(Condition Code Flags)。N、Z、C、V 均为条件码标志位。它们的内容可被算术或逻辑运算的结果所改变，并且可以决定某条指令是否被执行。在 ARM 状态下，所有指令都是有条件执行的。条件码标志位各位的具体含义如表 5-3 所示。

表 5-3　条件码标志位各位的具体含义

标 志 位	含 义
N	当用两个补码表示的带符号数进行运算时，N=1 表示运算的结果为负数；N=0 表示运算的结果为正数或零
Z	Z=1 表示运算的结果为零；Z=0 表示运算的结果为非零
C	可以有 4 种方法设置 C 的值： (1) 加法运算(包括比较指令 CMN)：当运算结果产生了进位时(无符号数溢出)，C=1，否则 C=0。 (2) 减法运算(包括比较指令 CMP)：当运算时产生了借位(无符号数溢出)，C=0，否则 C=1。

标 志 位	含　　义
	(3) 对于包含移位操作的非加/减运算指令，C 为移出值的最后一位。
	(4) 对于其他的非加/减运算指令，C 的值通常不改变
V	可以有两种方法设置 V 的值： (1) 对于加/减法运算指令，当操作数和运算结果为二进制的补码表示的带符号数时，V=1 表示符号位溢出。 (2) 对于其他的非加/减运算指令，V 的值通常不改变
Q	(1) 在 ARMv5 及以上版本的 E 系列处理器中，用 Q 标志位指示增强的 DSP 运算指令是否发生了溢出。 (2) 在其他版本的处理器中，Q 标志位无定义

② 控制位。CPSR 的低 8 位(包括 I、F、T 和 M[4:0])称为控制位，当发生异常时这些位可以被改变。

中断禁止位 I、F：I=1，禁止 IRQ 中断；F=1，禁止 FIQ 中断。

T 标志位：该位反映处理器的运行状态。对于 ARM 体系结构 v5 及以上版本的 T 系列处理器，当该位为 1 时，程序运行于 Thumb 状态，否则运行于 ARM 状态。

工作模式位 M[4:0]：M0、M1、M2、M3、M4 是模式位。这些位决定了处理器的工作模式，具体含义如表 5-4 所示。

表 5-4　工作模式位 M[4:0]的具体含义

M[4:0]	处理器模式	可访问的寄存器
0b10000	用户模式	PC，CPSR，R0-R14
0b10001	快速中断模式	PC，CPSR，SPSR_fiq，R14_fiq-R8_fiq，R7~R0
0b10010	外部中断模式	PC，CPSR，SPSR_irq，R14_irq，R13_irq，R12~R0
0b10011	管理模式	PC，CPSR，SPSR_svc，R14_svc，R13_svc，R12~R0
0b10111	数据访问终止模式	PC，CPSR，SPSR_abt，R14_abt，R13_abt，R12~R0
0b11011	未定义指令中止模式	PC，CPSR，SPSR_und，R14_und，R13_und，R12~R0
0b11111	系统模式	PC，CPSR(ARMv4 及以上版本)，R14~R0

综上所述，ARM 状态下的寄存器组织如表 5-5 所示。

表 5-5　ARM 状态下的寄存器组织(斜体为分组寄存器)

用户/系统模式	管理模式	数据访问终止模式	未定义指令中止模式	外部中断模式	快速中断模式
R0	R0	R0	R0	R0	R0
R1	R1	R1	R1	R1	R1
R2	R2	R2	R2	R2	R2
R3	R3	R3	R3	R3	R3

续表

用户/系统模式	管理模式	数据访问终止模式	未定义指令中止模式	外部中断模式	快速中断模式
R4	R4	R4	R4	R4	R4
R5	R5	R5	R5	R5	R5
R6	R6	R6	R6	R6	R6
R7	R7	R7	R7	R7	R7
R8	R8	R8	R8	R8	*R8_FIQ*
R9	R9	R9	R9	R9	*R9_FIQ*
R10	R10	R10	R10	R10	*R10_FIQ*
R11	R11	R11	R11	R11	*R11_FIQ*
R12	R12	R12	R12	R12	*R12_FIQ*
R13	*R13_SVC*	*R13_ABT*	*R13_UND*	*R13_IRQ*	*R13_FIQ*
R14	*R14_SVC*	*R14_ABT*	*R14_UND*	*R14_IRQ*	*R14_FIQ*
PC	PC	PC	PC	PC	PC
CPSR	CPSR	CPSR	CPSR	CPSR	CPSR
	SPSR_SVC	*SPSR_ABT*	*SPSR_UND*	*SPSR_IRQ*	*SPSR_FIQ*

2．Thumb 状态下的寄存器组织

Thumb 状态下的寄存器集是 ARM 状态下寄存器集的一个子集，程序可以直接访问通用寄存器(R7～R0)、程序计数器(PC)、堆栈指针(SP)、连接寄存器(LR)和 CPSR。同时，在每一种特权模式下都有一组 SP、LR 和 SPSR。表 5-6 给出了 Thumb 状态下的寄存器组织。

表 5-6　Thumb 状态下的寄存器组织(斜体为分组寄存器)

用户/系统模式	管理模式	数据访问终止模式	未定义指令中止模式	外部中断模式	快速中断模式
R0	R0	R0	R0	R0	R0
R1	R1	R1	R1	R1	R1
R2	R2	R2	R2	R2	R2
R3	R3	R3	R3	R3	R3
R4	R4	R4	R4	R4	R4
R5	R5	R5	R5	R5	R5
R6	R6	R6	R6	R6	R6
R7	R7	R7	R7	R7	R7
SP	*SP_SVC*	*SP_ABT*	*SP_UND*	*SP_IRQ*	*SP_FIQ*
LR	*LR_SVC*	*LR_ABT*	*LR_UND*	*LR_IRQ*	*LR_FIQ*
PC	PC	PC	PC	PC	PC
CPSR	CPSR	CPSR	CPSR	CPSR	CPSR
	SPSR_SVC	*SPSR_ABT*	*SPSR_UND*	*SPSR_IRQ*	*SPSR_FIQ*

Thumb 状态下的寄存器组织与 ARM 状态下的寄存器组织的关系如下：

(1) Thumb 状态下和 ARM 状态下的 R0～R7 是相同的。

(2) Thumb 状态下和 ARM 状态下的 CPSR 和所有的 SPSR 是相同的。

(3) Thumb 状态下的 SP 对应于 ARM 状态下的 R13。

(4) Thumb 状态下的 LR 对应于 ARM 状态下的 R14。

(5) Thumb 状态下的程序计数器对应于 ARM 状态下的 R15。

以上的对应关系如图 5-10 所示。

图 5-10 Thumb 状态下的寄存器组织与 ARM 状态下的寄存器组织的关系

5.3.4 异常

当正常的程序执行流程发生暂时的停止时，称为异常(Exceptions)。例如处理一个外部的中断请求，在处理异常之前，当前处理器的状态必须保留，这样当异常处理完成之后，当前程序可以继续执行。处理器允许多个异常同时发生，它们将会按固定的优先级进行处理。ARM 体系结构中的异常，与 8 位/16 位体系结构的中断有很大的相似之处，但异常与中断的概念并不完全等同。

ARM 体系结构所支持的异常类型及含义如表 5-7 所示。

表 5-7 ARM 体系结构所支持的异常类型及含义

异常类型	含 义
复位	当 CPU 刚上电时或按下 reset 重启键之后进入该异常，该异常在管理模式下处理
未定义指令	该异常发生在流水线技术里的译码阶段，如果当前指令不能被识别为有效指令，则产生未定义指令异常，该异常在未定义异常模式下处理

续表

异常类型	含　　义
软件中断	该异常是应用程序自己调用时产生的，用于用户程序申请访问硬件资源时，例如：printf()打印函数，要将用户数据打印到显示器上，用户程序要想实现打印必须申请使用显示器，而用户程序又没有外设硬件的使用权，只能通过使用软件中断指令切换到内核状态，通过操作系统内核代码来访问外设硬件，内核状态是工作在特权模式下，操作系统在特权模式下将用户数据打印到显示器上。这样做的目的无非是为了保护操作系统的安全和硬件资源的合理使用，该异常在管理模式下处理
指令预取中止	该异常发生在 CPU 流水线取指阶段，如果目标指令地址是非法地址，进入该异常，该异常在中止异常模式下处理
数据中止	该异常发生在要访问的数据地址不存在或者为非法地址时，该异常在中止异常模式下处理
IRQ(一般中断请求)	CPU 和外部设备是分别独立的硬件执行单元。CPU 对全部设备进行管理和资源调度处理，CPU 要想知道外部设备的运行状态，要么定时去查看外部设备特定寄存器，要么让外部设备在出现需要 CPU 干涉处理时"打断"CPU，让它来处理外部设备的请求。毫无疑问第二种方式更合理，可以让 CPU"专心"工作，这里的"打断"操作就叫做中断请求。根据请求的紧急情况，中断请求分为一般中断和快速中断，IRQ 为一般中断请求。绝大部分外设使用一般中断请求
FIQ(快速中断请求)	快速中断具有最高中断优先级和最小的中断延迟，通常用于处理高速数据传输及通道中的数据恢复处理，如 DMA 等

当多个异常同时发生时，系统根据固定的优先级决定异常的处理次序。异常优先级(Exception Priorities)由高到低的排列次序如表 5-8 所示。

表 5-8　异常优先级

优先级	异　　常
1(最高)	复位
2	数据中止
3	FIQ
4	IRQ
5	预取指令中止
6(最低)	未定义指令、SWI

5.3.5　流水线技术

一段程序的执行时间可用下面的表达式来表示：

$$T_{\text{prog}} = \frac{N_{\text{inst}} \times CPI}{f_{\text{clk}}}$$

其中，T_{prog} 是执行程序所需的时间，N_{inst} 为程序的指令条数，CPI(Cycle Per Instruction)是一条指令的平均周期数，f_{clk} 是处理器的时钟频率。

对于 ARM 体系结构来说，增加时钟频率 f_{clk} 会增加处理器的功耗。N_{inst} 通常是一个变化不大的常数，在 ARM 体系结构的指令设计中，已使一条指令具有多种操作的功能。因此，最有效的办法是减少执行一条指令所需的平均周期数 *CPI*，而减少执行一条指令的平均周期数 *CPI* 的最有效办法是增加流水数的级数。

流水线技术是一种将每条指令分解为多步，并让各步操作重叠从而实现几条指令并行处理的技术。程序中的指令仍是一条条地顺序执行，但可以预先取若干条指令，并在当前指令尚未执行完时，提前启动后续指令的另一些操作步骤，这样可加速一段程序的运行过程。流水线技术是通过增加计算机硬件来实现的，例如要能预取指令，就需要增加取指令的硬件电路，并把取来的指令存放到指令队列缓存器中，使 CPU 能同时进行取指令、分析指令和执行指令的操作。因此，在 16 位/32 位微处理器中一般含有两个算术逻辑单元 ALU，一个主 ALU 用于执行指令，另一个 ALU 专用于地址生成，这样才可使地址计算与其他操作重叠进行。

ARM 7 采用 3 级流水线，分别为取指、译码和执行，如图 5-11 所示为一单周期指令 3 级流水线的操作示意图。

图 5-11　ARM 7 单周期指令 3 级流水线的操作示意图

在 3 级流水线中，取指的存储器访问和执行的数据通路占用都是不可同时共享的资源，对于多周期指令，会产生流水线阻塞。如图 5-12 所示为一个多周期 3 级流水线阻塞实例。

图 5-12　ARM 7 多周期指令 3 级流水线阻塞实例

图 5-12 中，画下划线部分的周期与存储器访问有关，因此不允许重叠。而数据传送周期不仅要存储器访问还要占用数据通路，因此第 3 条指令的执行周期不得不等待第 2 条指令的数据传送结束后才能执行。译码主要是为下一周期的执行产生相应的控制信号，原则

上与执行周期要连接在一起，故第 3 条指令取指后要延迟 1 个周期才能进入到译码周期。

上述的 3 级流水线阻塞主要产生在存储器访问和数据通路的占用上，因此 ARM7 采用了 5 级流水线，即取指→指令译码→执行→数据缓存→写回。

注意：5 级流水线中的取指和执行的相对位置没有变化，所以执行阶段代码的地址和 PC 的关系还是 PC-8。

本 章 小 结

本章主要介绍 ARM 的一些基础知识，包括 ARM 简介、ARM 开发环境 RealView 和 ARM 的编程模型。

第6章　ARM 开发基础

6.1　ARM 汇编

6.1.1　ARM 汇编指令格式

ARM 汇编指令的格式如下：

　　　<opcode>　{cond}　{S}　<Rd>　,<Rn> , {operand2}

其中各字段及含义如表 6-1 所示。

表 6-1　ARM 汇编指令字段及含义

字　段	含　　义
<>	<>号内的项是必须的
{}	{}号内的项是可选的
opcode	指令助记符
cond	执行条件
S	是否影响 CPSR 寄存器的值
Rd	目标寄存器
Rn	第 1 个操作数的寄存器
operand2	第 2 个操作数

1. operand2

operand2 有以下三种形式。

(1) 常数。该常数作为 operand2 只有 12 bit 大小。以 S3C2440 为例，S3C2440 为 32 bit 芯片，立即数应为 32 bit 大小，所以需使用 12 bit 的编码去表示 32 bit 的立即数，为此 ARM 将这 12 bit 的高 4 bit 的值作为 x，低 8 bit 的值作为 y，则这 12 bit 编码表示的立即数为

　　　op2=y ROR (x<<2)

虽然使用这个公式可以使 12 bit 表示 32 bit 的数，但是有些 32 bit 立即数无法满足这个公式的数，因此存在合法立即数和不合格立即数。

判断一个立即数是否合法可以用以下的办法：即对于这个立即数进行循环左移或右移操作，看看移动偶数位后，是否可以得到一个不大于 0xFF 的立即数(即不超过 8 位的立即数)，如果可以得到，这个立即数就是合法的，否则就是非法的。如 0x1010、0x1FA、0x1FF 都是不合法的。

(2) 寄存器(Rm)。寄存器的数值即为操作数，如

　　　SUB R1, R1, R2

(3) 寄存器移位方式(Rm,shif;)。将寄存器的移位结果作为操作数，但 Rm 值保持不变，如

ADD R1, R1, R1, LSL #3　　//R1=R1+R1*8=9R1

2．cond

ARM 指令可以通过添加适当的条件码 cond 前缀来实现条件执行，这样可以提高代码密度，减少分支跳转指令数目，从而提高性能。

CMP　　r3,#0

BEQ　　skip

ADD　　r0,r1,r2

skip

上述代码可用如下的条件指令实现：

CMP r3, #0

ADDNE　　r0, r1, r2

默认情况下，数据处理指令不影响条件码标志位，但可以选择通过添加"S"来影响标志位。而 CMP 不需要增加"S"就可改变相应的标志位。

loop

…

SUBS r1,r1,#1　　//R1 减 1，并设置标志位

BNE　　loop　　　　//如果 Z 标志清零则跳转

ARM 指令有一个与众不同且功能强大的特点，即所有 ARM 指令(V5T 以前的版本)都可以条件执行。一些新添加的 ARM 指令(如在 V5T 和 V5TE 体系中)是不能条件执行的，如 V5T 体系中的 BLX 偏移量。内核把指令中的条件代码区域与 NZCV 标志位进行比较，从而判断指令是否该执行。

表 6-2 为 ARM 指令条件码。注意：AL 即为 always(默认状态)，总是执行。

表 6-2　ARM 指令条件码

码	助记符	标志位	含　义
0000	EQ	Z 置位	相等
0001	NE	Z 清零	不相等
0010	CS	C 置位	无符号大于或等于
0011	CC	C 清零	无符号小于
0100	MI	N 置位	负数
0101	PL	N 清零	正数或零
0110	VS	V 置位	溢出
0111	VC	V 清零	未溢出
1000	HI	C 置位并且 Z 清零	无符号大于
1001	LS	C 清零或 Z 置位	无符号小于或等于
1010	GE	N 等于 V	大于或等于
1011	LT	N 不等于 V	小于
1100	GT	Z 清零和(N 等于 V)逻辑与	大于
1101	LE	Z 置位和(N 不等于 V)逻辑或	小于或等于
1110	AL	(忽略)始终	

例 6-1 条件执行示例 1。

> if (a==0)
>
> > func(1);

等价于下面的汇编代码：

> CMP　　r0,#0
>
> MOVEQ　r0,#1
>
> BLEQ　　func

例 6-2 条件执行示例 2。

先置标志位，再使用不同的条件码。

> if (a==0)
>
> > x=0;
>
> if (a>0)
>
> > x=1;

等价于下面的汇编代码：

> CMP　　r0,#0
>
> MOVEQ　r1,#0
>
> MOVGT　r1,#1

例 6-3 条件执行示例 3。

使用条件比较指令：

> if (a==4 ‖ a==10)
>
> > x=0;

等价于下面的汇编代码：

> CMP　　r0,#4
>
> CMPNE　r0,#10
>
> MOVEQ　r1,#0
>
> MOV　r0，#???

6.1.2　分支指令

在 ARM 中有两种方式可以实现程序的跳转，一种使用分支指令直接跳转，另一种则是直接向 PC 寄存器赋值实现跳转。

分支指令有以下三种：

(1) 分支指令 B。

(2) 带链接的分支指令 BL。

(3) 带状态切换的分支指令 BX。

1. 分支指令 B

B 指令跳转范围限制在当前指令 ±32M 字节的地址内(ARM 指令为字对齐，最低 2 位地址固定为 0)。

指令格式：B{cond} Label。

例 6-4　B 指令应用示例。

  B WAITA　　　　//跳转到 WAITA 标号处

  B 0x1234　　　　//跳转到绝对地址 0x1234 处

2．带链接的分支指令 BL

  BL 指令适用于子程序调用，使用该指令后，下一条指令的地址被拷贝到 R14(即 LR)链接寄存器中，然后跳转到指定地址运行程序。跳转范围限制在当前指令±32M 字节的地址内。

  指令格式：BL{cond} Label。

例 6-5　BL 指令应用示例。

  BL DELAY　　　　//调用子函数 DELAY

3．带状态切换的分支指令 BX

  BX 指令该可以根据跳转地址(Rm)的最低位来切换处理器状态，其跳转范围限制在当前指令±32M 字节的地址内(ARM 指令为字对齐，最低 2 位地址固定为 0)。

  指令格式：BX{cond} Rm

例 6-6　BL 指令应用示例。

  ADRL R0,ThumbFun+1　　　　//将 ThumbFun 程序的入口地址加 1 存入 R0

  BX　　　　//跳转到 R0 指定的地址，并根据 R0 的最低位来切换处理器状态

6.1.3　数据处理指令

  数据处理指令如表 6-3 所示。

表 6-3　数据处理指令

类　型	指　　令
算术指令	ADD、ADC、SUB、SBC、RSB、RSC
逻辑指令	AND、ORR、EOR、BIC
比较指令	CMP、CMN、TST、TEQ
数据搬移	MOV、MVN

1．算术指令

(1) ADD 指令。

指令格式：ADD {cond}{S}　Rd, Rn, operand2。

ADD 指令将 operand2 的值与 Rn 的值相加，结果保存到 Rd 寄存器。

例 6-7　ADD 指令应用示例。

  ADDS R1,R1,#1　　　//R1=R1+1，并影响标志位

  ADD R1,R1,R2　　　　//R1=R1+R2

(2) ADC 指令。

指令格式：ADC{cond}{S} Rd,Rn,operand2。

ADC 将 operand2 的值与 Rn 的值相加，再加上 CPSR 中的 C 条件标志位，结果保存到 Rd 寄存器。

例 6-8　ADC 指令应用示例(使用 ADC 实现 64 位加法，结果存于 R1、R0 中)。

```
ADDS R0,R0,R2        //R0 等于低 32 位相加，并影响标志位
ADC R1,R1,R3;        //R1 等于高 32 位相加，并加上低位进位
```

(3) SUB 指点。

指令格式：SUB{cond}{S} Rd,Rn,operand2。

SUB 指令用寄存器 Rn 减去 operand2，结果保存到 Rd 中。

例 6-9　SUB 指令应用示例。

```
SUBS R0,R0,#1;       //R0=R0-1，并影响标志位
SUBS R2,R1,R2        //R2=R1-R2，并影响标志位
```

(4) SBC 指令。

指令格式：SBC{cond}{S} Rd,Rn,operand2。

SBC 指令用寄存器 Rn 减去 operand2，再减去 CPSR 中的 C 条件标志位的非(即若 C 标志清零，则结果减去 1)，结果保存到 Rd 中。

例 6-10　SBC 指令应用示例(使用 SBC 实现 64 位减法，结果存于 R1、R0 中)。

```
SUBS R0,R0,R2        //低 32 位相减，并影响标志位
SBC R1,R1,R3         //高 32 位相减，并减去低位借位
```

(5) RSB 指令。

指令格式：RSB{cond}{S} Rd,Rn,operand2。

RSB 指令将 operand2 的值减去 Rn，结果保存到 Rd 中。

例 6-11　RSB 指令应用示例。

```
RSB R3, R1, #0xFF00      //R3=0xFF00-R1
RSBS R1, R2, R2, LSL #2  //R1=(R2<<2)-R2=R2×3
```

(6) RSC 指令。

指令格式：RSC{cond}{S} Rd,Rn,operand2。

RSC 指令用寄存器 operand2 减去 Rn，再减去 CPSR 中的 C 条件标志位的非，结果保存到 Rd 中。

例 6-12　RSB 指令应用示例(使用 RSC 指令实现求 64 位数值的负数)。

```
RSBS R2, R0, #0
RSC R3, R1, #0
```

2．逻辑指令

(1) AND 指令。

指令格式：AND{cond}{S} Rd,Rn,operand2。

AND 指令将 operand2 的值与寄存器 Rn 的值按位做逻辑"与"操作，结果保存到 Rd 中。

例 6-13　AND 指令应用示例。

```
ANDS R0, R0, #0x01       //R0=R0&0x01，取出最低位数据
AND R2, R1, R3           //R2=R1&R3
```

(2) ORR 指令。

指令格式：ORR{cond}{S} Rd, Rn, operand2。

例 6-14　ORR 指令应用示例。

ORR 指令将 operand2 的值与寄存器 Rn 的值按位做逻辑"或"操作，结果保存到 Rd 中。

```
ORR R0, R0, #0x0F        //将 R0 的低 4 位置 1
MOV R1, R2, LSR #24      //使用 ORR 指令将 R2 的高 8 位
ORR R3, R1, R3, LSL #8   //数据移入到 R3 低 8 位中
```

(3) EOR 指令。

指令格式：EOR{cond}{S} Rd, Rn, operand2。

EOR 指令将 operand2 的值与寄存器 Rn 的值按位做逻辑"异或"操作，结果保存到 Rd 中。

例 6-15　EOR 指令应用示例。

```
EOR R1,R1,#0x0F    //将 R1 的低 4 位取反
EOR R2,R1,R0       //R2=R1^R0
EORS R0,R5,#0x01   //将 R5 和 0x01 作逻辑"异或"操作，结果保存到 R0，并影响标志位
```

(4) BIC 指令。

指令格式：BIC{cond}{S} Rd,Rn, operand24。

BIC 指令将寄存器 Rn 的值与 operand2 的值的反码按位做逻辑"与"操作，结果保存到 Rd 中。

例 6-16　BIC 指令应用示例。

```
BIC R1,R1,#0x0F ;   //将 R1 的低 4 位清零，其他位不变
BIC R1,R2,R3        //将 R3 的反码和 R2 作逻辑"与"操作，结果保存到 R1 中
```

3．比较指令

比较指令只改变 cpsr 中的条件标志，不影响参与比较的寄存器的内容。

(1) CMP 指令。

指令格式：CMP{cond} Rn, operand2。

CMP 指令将寄存器 Rn 的值减去 operand2 的值，根据操作的结果更新 CPSR 中相应的条件标志位，以便后面的指令根据相应的条件标志来判断是否执行。

例 6-17　CMP 指令应用示例。

```
CMP R1,#10 ;    //R1 与 10 比较，设置相关标志位
CMP R1,R2       //R1 与 R2 比较，设置相关标志位
```

注意：CMP 指令与 SUBS 指令的区别在于 CMP 指令不保存运算结果。在进行两个数的大小判断时，常用 CMP 指令及相应的条件码来操作。

(2) CMN 指令。

指令格式：CMN{cond} Rn, operand2。

CMN 指令使用寄存器 Rn 的值加上 operand2 的值，根据操作的结果更新 CPSR 中相应的条件标志位，以便后面的指令根据相应的条件标志来判断是否执行。

例 6-18　CMN 指令应用示例。

```
CMN R0,#1    //R0+1，判断 R0 是否为 1 的补码，如果是，则设置 Z 标志位
```

注意：CMN 指令与 ADDS 指令的区别在于 CMN 指令不保存运算结果。CMN 指令可

用于负数比较，比如 CMN R0,#1 指令则表示 R0 与−1 比较，若 R0 为−1，则 Z 置位，否则 Z 复位。

(3) TST 指令。

指令格式：TST{cond} Rn, operand2。

TST 指令将寄存器 Rn 的值与 operand2 的值按位做逻辑"与"操作，根据操作的结果更新 CPSR 中相应的条件标志位，以便后面的指令根据相应的条件标志来判断是否执行。

例 6-19 TST 指令应用示例。

```
TST R0, #0x01          //判断 R0 的最低位是否为 0
TST R1, #0x0F          //判断 R1 的低 4 位是否为 0
```

注意：TST 指令与 ANDS 指令的区别在于 TST 指令不保存运算结果。TST 指令通常与 EQ、NE 条件码配合使用，当所有测试位均为 0 时，EQ 有效，而只要有一个测试位不为 0，则 NE 有效。

(4) TEQ 指令。

指令格式：TEQ{cond} Rn, operand2。

TEQ 指令将寄存器 Rn 的值与 operand2 的值按位做逻辑"异或"操作，根据操作的结果更新 CPSR 中相应的条件标志位，以便后面的指令根据相应的条件标志来判断是否执行。

例 6-20 TEQ 指令应用示例。

```
TEQ R0,R1          //比较 R0 与 R1 是否相等(不影响 V 位和 C 位)
```

注意：TEQ 指令与 EORS 指令的区别在于 TEQ 指令不保存运算结果。使用 TEQ 进行相等测试时，常与 EQ、NE 条件码配合使用。当两个数据相等时，EQ 有效；否则 NE 有效。

4．数据搬移指令

(1) MOV 指令。

指令格式：MOV{cond}{S} Rd,operand2。

MOV 指令将 operand2 传送到寄存器 Rd 中。

例 6-21 MOV 指令应用示例。

```
MOV R1, #0x10          //R1=0x10
MOV R0, R1             //R0=R1
MOVS R3, R1, LSL #2    //R3=R1<<2，并影响标志位
MOV PC, LR            //PC=LR，子程序返回
```

(2) MVN 指令。

指令格式：MVN{cond}{S} Rd,operand2。

MVN 指令将 operand2 取反后传送到寄存器 Rd 中。

例 6-22 MVN 指令应用示例。

```
MVN R1, #0xFF          //R1=0xFFFFFF00
MVN R1, R2             //将 R2 取反，结果存到 R1
```

6.1.4 存储/装载指令

存储/装载指令有单寄存器存储/加载和多寄存器存储/加载两种。

1. 单寄存器加载/存储

(1) LDR 加载指令格式：

　　LDR{cond} Rd,addressing

　　LDRB{cond} Rd,addressing

LDR 将内存地址 addressing 中的字数据加载到 Rd；LDRB 将内存地址 addressing 中的字节数据加载到 Rd。

STR 使用方法与 LDR 相同，只是意义上相反，STR 表示将寄存器内容存储至内存中。

(2) STR 存储指令格式：

　　STR{cond} Rd,addressing

　　STRB{cond} Rd,addressing

STR 存储字数据 Rd 到内存地址 addressing 中；LDRB 存储字节数据 Rd 到内存地址 addressing 中。

cond 类型及其含义如表 6-4 所示。

例 6-23　LDR 指令应用示例 1。

　　LDR R0，[R1，#4]

解释：R0←[R1 + 4]，将 R1 的内容加上 4 形成操作数的地址，取得的操作数存入寄存器 R0 中。

例 6-24　LDR 指令应用示例 2。

表 6-4　cond 类型及其含义

T	以用户模式加载/存储
BT	以用户模式加载/存储无符号字节数据
H	加载/存储无符号半字节数据
SB	加载/存储有符号字节数据
SH	加载/存储有符号半字节数据

　　LDR R0，[R1，#4]!

解释：R0←[R1+4]，R←R1+4，将 R1 的内容加上 4 形成操作数的地址，取得的操作数存入寄存器 R0 中，然后，R1 的内容自增 4 个字节。其中，! 表示指令执行完毕把最后的数据地址写到 R1 中。

例 6-25　LDR 指令应用示例 3。

　　LDR R0，[R1，R2]

解释：R0←[R1 + R2]，将寄存器 R1 的内容加上寄存器 R2 的内容形成操作数的地址，取得的操作数存入寄存器 R0 中。

　　LDR R0，[R1]，#4

解释：R0←[R1]、R1←R1+4

例 6-26　STR 指令应用示例 1。

　　STR R0，[R1，#-4]

解释：表示 R0→[R1 -4]，将 R1 中的数值减 4 作为地址，把 R0 中的数据存放到这个地址中。

2. 多寄存器加载/存储

多寄存器加载/存储指令可以实现在一组寄存器和一块连续的内存单元之间传输数据，允许一条指令传送 16 个寄存器的任何子集或所有寄存器，主要用于现场保护、数据复制、常数传递等。

指令格式：

LDM {cond} <模式> Rn{!}, reglist{^}

STM {cond} <模式> Rn{!}, reglist{^}

指令模式及其含义如表 6-5 所示。

表 6-5　多寄存器加载/存储指令模式及其含义

IA	每次传送后地址增加 4
IB	每次传送前的地址增加 4
DA	每次传送后地址减少 4
DB	每次传送前地址减少 4

例 6-27　LDMIA 指令应用示例 1。

LDMIA　R0, {R1, R2, R3, R4}

解释：R1←[R0]，R2←[R0+4]，R3←[R0+8]，R4←[R0+12]，该指令的后缀 IA 表示在每次执行完加载/存储操作后，R0 按字长度增加，因此，指令可将连续存储单元的值传送到 R1~R4。

例 6-28　LDMIA 指令应用示例 2。

LDMIA　R0, {R1-R4}

解释：功能同例 6-29。

使用多寄存器寻址指令时，寄存器子集如果按由小到大的顺序排列，可以使用 "-" 连接，否则，用 "," 分隔书写。

例 6-29　STMFD 指令应用示例。

STMFD　SP!, {R1-R7, LR}

解释：将 R1~R7, LR 压入堆栈，它是满递减堆栈。

例 6-30　LDMFD 指令应用示例。

LDMFD　SP！, {R1-R7, LR}

解释：将堆栈中的数据取回到 R1-R7, LR 寄存器，它是空递减堆栈。

例 6-31　STMIA 指令应用示例。

STMIA　R0!, {R1-R7}

解释：将 R1~R7 的数据保存到 R0 指向的存储器中，存储器指针在保存第一个值之后增加 4，向上增长。R0 作为基址寄存器。

例 6-32　STMIB 指令应用示例。

STMIB　R0!, {R1-R7}

解释：将 R1~R7 的数据保存到存储器中，存储器指针在保存第一个值之前增加 4，向上增长。R0 作为基址寄存器。

例 6-33　STMDA 指令应用示例。

STMDA　R0!, {R1-R7}

解释：将 R1~R7 的数据保存到 R0 指向的存储器中，存储器指针在保存第一个值之后减少 4，向下减少。R0 作为基址寄存器。

例 6-34　STMDB 指令应用示例。

STMDB　R0!, {R1-R7}

解释：将 R1~R7 的数据保存到存储器中，存储器指针在保存第一个值之前减少 4，向下减少。R0 作为基址寄存器。

ARM 指令中{!}为可选后缀，若选用该后缀，则当数据传送完毕之后，将最后的地址写入基址寄存器，否则基址寄存器的内容不改变。

注意：基址寄存器不允许为 R15，寄存器列表 reglist 可以为 R0~R15 的任意组合。{^}为可选后缀，当指令为 LDM 且寄存器列表中包含 R15，选用该后缀时表示除了正常的数据传送之外，还将 SPSR 复制到 CPSR。同时，该后缀还表示传入或传出的是用户模式下的寄存器，而不是当前模式下的寄存器。

例 6-35　LDMIA 指令应用示例。

```
LDMIA   R0, {R1, R2, R3, R4}
LDM IA  R0!, {R1, R2, R3, R4}
```

这两条指令的区别是：前一条指令执行完毕之后，R0 的值保持不变；后一条指令执行完毕之后，R0 的值发生了变化。

6.1.5　寄存器和存储器交换指令

SWP 指令用于将一个内存单元(该单元地址放在寄存器 Rn 中)的内容读取到一个寄存器 Rd 中，同时将另一个寄存器 Rm 的内容写入到该内存单元中。

指令格式如下：

```
SWP{cond}{B}   Rd, Rm, [Rn]
```

其中，B 为可选后缀，若有 B，则交换字节，否则交换 32 位字；Rd 用于保存从存储器中读入的数据；Rm 的数据用于存储到存储器中，若 Rm 与 Rn 相同，则为寄存器与存储器内容进行交换；Rn 为要进行数据交换的存储器地址。

例 6-36　SWP 指令应用示例。

```
SWP Rd,Rm,[Rn ]          //寄存器和存储器字数据交换
SWPB Rd,Rm,[Rn ]         //寄存器和存储器字节数据交换
```

6.1.6　PSR 传送指令

在 ARM 处理器中，只有 MSR 指令可以对状态寄存器 CPSR 和 SPSR 进行写操作。与 MRS 配合使用，可以实现对 CPSR 或 SPSR 寄存器的读、修改、写操作，可以切换处理器模式，或者允许/禁止 IRQ/FIQ 中断等。

MSR 指令格式 1：

```
MSR{cond} psr_fields, #immed_8r
```

MSR 指令格式 2：

```
MSR{cond} psr_fields, Rm
```

例 6-37　MSR 指令应用示例(子程序：使能 IRQ 中断)。

```
ENABLE_IRQ
    MRS     R0,   CPSR
    BIC     R0,   R0,   #0x80
```

```
        MSR       CPSR_c. R0
        MOV       PC, LR
```

例 6-38   MSR 指令应用示例(子程序：禁止 IRQ 中断)。

```
    ENABLE_IRQ
        MRS       R0,    CPSR
        ORR        R0,   R0,   #0x80
        MSR       CPSR_c. R0
        MOV       PC, LR
```

6.1.7   ARM 处理器的寻址方式

寻址方式就是处理器根据指令中给出的地址信息来寻找物理地址的方式。目前 ARM 处理器支持 9 种寻址方式，分别是立即数寻址、寄存器寻址、寄存器偏移寻址、寄存器间接寻址、基址变址寻址、多寄存器寻址、相对寻址、堆栈寻址和块拷贝寻址。

1. 立即数寻址

立即数寻址是一种特殊的寻址方式，操作数本身包含在指令中，只要取出指令就取到了操作数，这个操作数叫做立即数。

例 6-39   立即数寻址示例。

```
    MOV R0,#64              //R0= 64
    ADD R0, R0, #1          //R0=R0 + 1
    SUB R0, R0, #0X3D       //R0= R0 - 0X3D
```

在立即数寻址中，要求立即数以“#”为前缀，对于以十六进制表示的立即数，还要求在“#”后加上“0X”或“&”或“0x”。

2. 寄存器寻址

寄存器寻址就是利用寄存器中的数值作为操作数，也称为寄存器直接寻址。

例 6-40   寄存器寻址示例。

```
    ADD R0，R1， R2
```

该指令的执行效果是将寄存器 R1 和 R2 的内容相加，其结果存放在寄存器 R0 中。这种寻址方式是各类微处理器经常采用的一种方式，也是执行效率较高的寻址方式。

3. 寄存器间接寻址

寄存器间接寻址是把寄存器中的值作为地址，再通过这个地址去存储器取操作数，操作数本身存放在存储器中。

例 6-41   寄存器间接寻址示例。

```
    LDR R0，[R1]            //R0←R1]
    ADD R0，R1，[R2]        //R0←R1 + [R2]
```

4. 寄存器偏移寻址

寄存器偏移寻址是 ARM 指令集特有的寻址方式，它是指在寄存器寻址得到操作数后再进行移位操作，得到最终的操作数。

例 6-42　寄存器偏移寻址示例。

　　MOV R0，R2，LSL　#3　　　　//R2 的值左移 3 位，结果赋给 R0

　　MOV R0，R2，LSL　R1　　　　//R2 的值左移 R1 位，结果放入 R0

5. 寄存器基址变址寻址

寄存器基址变址寻址又称为基址变址寻址，它是在寄存器间接寻址的基础上扩展而来的。它将寄存器(该寄存器一般称做基址寄存器)中的值与指令中给出的地址偏移量相加，从而得到一个地址，通过这个地址取得操作数。

例 6-43　寄存器基址变址寻址示例。

　　LDR R0，[R1，#4]　　　　　//R0←[R1 + 4]

　　STR R0，[R1，#－4]　　　　//R0←[R1－4]

6. 多寄存器寻址

多寄存器寻址方式可以一次完成多个寄存器值的传送。

例 6-44　多寄存器寻址示例。

　　LDMIA　R0，{R1，R2，R3，R4}

解释：R1←[R0]，R2←[R0+4]，R3←[R0+8]，R4←[R0+12]

7. 相对寻址

相对寻址是一种特殊的基址寻址，其特殊性在于它把程序计数器 PC 中的当前值作为基地址，语句中的地址标号作为偏移量，将两者相加之后得到操作数的地址。

例 6-45　相对寻址示例。

　　　　BL　　NEXT；　　　　　　//相对寻址，跳转到 NEXT 处执行

　　　　……

　　NEXT：

　　　　……

8. 堆栈寻址

堆栈是一种数据结构，按先进后出(First In Last Out，FILO)的方式工作，使用堆栈指针(Stack Pointer, SP)指示当前的操作位置，堆栈指针总是指向栈顶。

(1) 根据堆栈的生成方式不同，可以把堆栈分为递增堆栈和递减堆栈两种类型。

* 递增堆栈：向堆栈写入数据时，堆栈由低地址向高地址生长。
* 递减堆栈：向堆栈写入数据时，堆栈由高地址向低地址生长。

(2) 根据堆栈指针指向的位置，又可以把堆栈分为两种类型。

* 满堆栈(Full Stack)：堆栈指针指向最后压入堆栈的数据。满堆栈在向堆栈存放数据时的操作是先移动 SP 指针，然后存放数据。在从堆栈取数据时是先取出数据，随后移动 SP 指针。这样保证了 SP 一直指向有效的数据。

* 空堆栈(Empty Stack)：堆栈指针 SP 指向下一个将要放入数据的空位置。空堆栈在向堆栈存放数据时的操作是先放数据，然后移动 SP 指针。在从堆栈取数据时先移动指针，再取数据。这种操作方式保证了堆栈指针一直指向一个空地址(没有有效数据的地址)。

(3) 上述堆栈类型的组合，可以得到四种基本的堆栈类型。

- 满递增堆栈(FA)：堆栈指针指向最后压入的数据，且由低地址向高地址生长。
- 满递减堆栈(FD)：堆栈指针指向最后压入的数据，且由高地址向低地址生长。
- 空递增堆栈(EA)：堆栈指针指向下一个将要压入数据的地址，且由低地址向高地址生长。
- 空递减堆栈(ED)：堆栈指针指向下一个将要压入数据的地址，且由高地址向低地址生长。

例 6-46　堆栈寻址示例 1。

```
STMFD   SP!，{R1-R7, LR}
```

解释：将 R1-R7, LR 压入堆栈，它是满递减堆栈。

例 6-47　堆栈寻址示例 2。

```
LDMED   SP!，{R1-R7, LR}
```

解释：将堆栈中的数据取回到 R1-R7, LR 寄存器，它是空递减堆栈。

9. 块拷贝寻址

块拷贝寻址用于寄存器数据的批量复制，它实现了从由基址寄存器所指示的一片连续存储器到寄存器列表所指示的多个寄存器传送数据。块拷贝寻址与堆栈寻址有所类似，两者的区别在于：堆栈寻址中数据的存取是面向堆栈的，块拷贝寻址中数据的存取是面向寄存器指向的存储单元的。对于 32 位的 ARM 指令，每次地址增加和减少的单位都是 4 个字节单位。

例 6-48　块拷贝寻址示例。

```
STMIA   R0!，{R1-R7}
```

解释：将 R1～R7 的数据保存到 R0 指向的存储器中，存储器指针在保存第一个值之后增加 4，向上增长。R0 作为基址寄存器。

6.2　基于 ARM 汇编的 GPIO 接口编程

本节以 S3C2440 芯片为例，介绍基于 ARM 汇编的 GPIO 接口编程。S3C2440 包含了 130 个多功能输入/输出口引脚，它们被分类成如下 9 种端口。

(1) 端口 A (GPA)：25 位输出端口；

(2) 端口 B (GPB)：11 位输入/输出端口；

(3) 端口 C (GPC)：16 位输入/输出端口；

(4) 端口 D (GPD)：16 位输入/输出端口；

(5) 端口 E (GPE)：16 位输入/输出端口；

(6) 端口 F (GPF)：8 位输入/输出端口；

(7) 端口 G(GPG)：16 位输入/输出端口；

(8) 端口 H (GPH)：9 位输入/输出端口；

(9) 端口 J(GPJ)：13 位输入/输出端口。

每个端口都可以由寄存器进行设置。

6.2.1 S3C2440 GPIO 寄存器介绍

1. 端口配置寄存器 GPnCON(GPACON 至 GPJCON)

S3C2440 中大多数端口为复用引脚。GPnCON 决定了每个引脚使用哪项功能。

2. 端口数据寄存器 GPnDAT(GPADAT 至 GPJDAT)

如果端口配置为输出端口，可以写数据到 GPnDAT 的相应位。如果端口配置为输入端口，可以从 GPnDAT 的相应位读取数据。

3. 端口上拉寄存器 GPnUP(GPBUP 至 GPJUP)

GPnUP 端口上拉寄存器控制每个端口组的使能/禁止上拉电阻。当相应位为 0 时使能引脚的上拉电阻，当相应位为 1 时禁止上拉电阻。

4. 外部中断控制寄存器

端口 F 和端口 G 可作为外部中断输入，对应的功能引脚分别是 EINT0～EINT23，其相应的寄存器如表 6-6 所示。

表 6-6 外部中断控制寄存器

外部中断控制寄存器	功 能
EXTINT0～EXTINT2	设定 EINT0～EINT2 的触发方式
EINTPEND	外部中断挂起寄存器，注意：清除时要写 1
EINTFLT0～EINTFLT3	控制滤波时钟和滤波宽度
EINTMASK	外部中断屏蔽寄存器

6.2.2 GPIO 使用举例

1. 硬件原理图

设 nLED0～nLED2 硬件连接 S3C2440 芯片的 GPF4～GPF6 三个端口，其硬件原理图如图 6-1 所示。

图 6-1 LED 硬件原理图

GPF 端口寄存器如表 6-7、表 6-8、表 6-9 和表 6-10 所示。

表 6-7　GPF 端口寄存器

寄存器	地址	读/写	描　　述	复位值
GPFCON	0x56000050	读/写	配置端口 F 的引脚	0x0
GPFDAT	0x56000054	读/写	端口 F 的数据寄存器	−
GPFUP	0x56000058	读/写	端口 F 的上拉使能寄存器	0x00
保留	0x5600005C	—	保留	−

表 6-8　GPF 端口配置寄存器

GPFCON	位	描　　述	初始状态
GPF7	[15:14]	00 = 输入　01 = 输出　10 = EINT[7]　11 = 保留	0
GPF6	[13:12]	00 = 输入　01 = 输出　10 = EINT[6]　11 = 保留	0
GPF5	[11:10]	00 = 输入　01 = 输出　10 = EINT[5]　11 = 保留	0
GPF4	[9:8]	00 = 输入　01 = 输出　10 = EINT[4]　11 = 保留	0
GPF3	[7:6]	00 = 输入　01 = 输出　10 = EINT[3]　11 = 保留	0
GPF2	[5:4]	00 = 输入　01 = 输出　10 = EINT[2]　11 = 保留	0
GPF1	[3:2]	00 = 输入　01 = 输出　10 = EINT[1]　11 = 保留	0
GPF0	[1:0]	00 = 输入　01 = 输出　10 = EINT[0]　11 = 保留	0

由表 6-3 和图 6-4 可知，GPF4～GPF6 三个端口应配置为输出，因此 GPFCON 应为 0x1500。

表 6-9　GPF 端口数据寄存器

GPFDAT	位	描　　述	初始状态
GPF[7:0]	[7:0]	当端口配置为输入端口时，相应位为引脚状态； 当端口配置为输出端口时,引脚状态将与相应位相同； 当端口配置为功能引脚，将读取到未定义值	—

表 6-10　GPF 端口上拉寄存器

GPFUP	位	描　　述	初始状态
GPF[7:0]	[7:0]	0：使能附加上拉功能到相应端口引脚； 1：禁止附加上拉功能到相应端口引脚	0x00

2. 代码设计

功能要求：LED1、LED2 和 LED4 同时交替亮灭。

代码设计如下：

```
GPFCON        EQU  0x56000050        ;Port F control
GPFDAT        EQU  0x56000054        ;Port F data
GPFUP         EQU  0x56000058        ;Pull-up control F
    AREA myarea, CODE,READONLY
    ENTRY
    CODE32
```

```
start
      mov r0,#0x1500
      LDR r1, = GPFCON
      STR r0,[r1]
start_while
      mov r0 ,#0x8f          //led on
      LDR r1, =GPFDAT
      STR r0,[r1]
      ldr   r2,=0xffff        //count =0xffff
led_on_while                 //while
      subs r2,r2,#0x1
      bne   led_on_while
      mov r0 ,#0xff ;     led off
      LDR r1, =GPFDAT
      STR r0,[r1]
      ldr   r2,=0xffff        //count =0xffff   led on
led_off_while
      subs r2,r2,#0x1
      bne   led_off_while
      b     start_while
      END
```

6.3　ARM C 语言编程

在项目开发中，若所有的编程任务均由汇编语言来完成，则工作量大且代码可移植性差，因此基于 C 语言的 ARM 编程是重点内容。需要读写 ARM 芯片中硬件寄存器的程序一般使用汇编语言来编写，比如 ARM 的启动代码、基于 ARM 的引导程序部分代码等，除此之外使用 C 语言来完成。

ARM 的开发环境 RealView 中嵌入了一个 C 语言的集成开发环境，因为它和 ARM 的硬件紧密相关，因此在使用 C 语言的集成开发环境时，会用到 C 语言和 ARM 汇编语言的混合编程。若汇编代码较为简单，则可使用内嵌汇编的方法，否则可以将汇编程序以文件的形式加入项目当中，通过 ATPCS(ARM/Thumb Procedure Call Standard)的规定与 C 语言程序相互调用与访问。ATPCS 规定了子程序间调用的基本规则，如寄存器的使用规则、堆栈的使用规则和参数的传递规则等。在 C 程序和 ARM 的汇编程序之间相互调用必须遵守ATPCS 的规则，

6.3.1　ATPCS 规则

ATPCS 规则包括以下 4 个方面。

1. 各寄存器的使用规则及其相应的名称

(1) 子程序间通过寄存器 R0~R3 来传递参数,被调用的子程序在返回前无需恢复寄存器 R0~R3 的内容。

(2) 在子程序中,使用寄存器 R4~R11 保存局部变量,这时寄存器可以记作 V1~V8。如果在子程序中用到了寄存器 V1~V8 中的某些寄存器,子程序进入时必须保存这些寄存器的值,在返回前必须恢复这些寄存器的值;对于子程序中没有用到的寄存器则不必进行这些操作。在 Thumb 程序中,通常只能使用寄存器 R4~R7 来保存局部变量。

(3) 寄存器 R12 用作子程序间的 Scratch 寄存器(用于保存 SP,在函数返回时使用该寄存器出栈),记作 IP。

(4) 寄存器 R13 用作数据栈指针,记作 SP。在子程序中寄存器 R13 不能用作其他用途,寄存器 SP 在进入子程序时的值和退出子程序的值必须相等。

(5) 寄存器 R14 称为连接寄存器,记作 LR。它用于保存子程序的返回地址,如果在子程序中保存了返回地址,寄存器 R14 则可以用作其他用途。

(6) 寄存器 R15 是程序计数器,记作 PC。它不能用作其他用途。

ATPCS 中的各寄存器在 ARM 编译器和汇编器中都是预定义的。

2. 数据栈的使用规则

栈指针是保存了栈顶地址的寄存器值,通常可以指向不同的位置。一般地,栈可以有以下 4 种数据栈。

(1) FD:满递减(Full Descending)。

(2) ED:空递减(Empty Descending)。

(3) FA:满递增(Full Ascending)。

(4) EA:空递增(Empty Ascending)。

当栈指针指向栈顶元素时,称为 Full 栈。当栈指针指向与栈顶元素相邻的一个元素时,称为 Empty 栈。数据栈的增长方向也可以不同,当数据栈向内存减少的地址方向增长时,称为 Descending 栈;反之称为 Ascending 栈。ARM 的 ATPCS 规则默认的数据栈为 Full Descending(FD)类型,并且对数据栈的操作是 8 字节对齐的。

3. 参数传递的规则

参数不超过 4 个时,可以使用寄存器 R0~R3 来传递参数,当参数超过 4 个时,可以使用数据栈来传递参数。在传递参数时,将所有参数看做存放在连续内存单元中的字数据。然后,依次将各字数据传送到寄存器 R0~R3 中。如果参数多于 4 个,则将剩余的字数据传送到数据栈中,入栈的顺序与参数顺序相反,即最后一个字数据先入栈。

4. 子程序结果的返回规则

(1) 如果结果为一个 32 位的整数,可以通过寄存器返回。

(2) 如果结果为一个 64 位的整数,可以通过寄存器 R0 和 R1 返回,以此类推。

(3) 对于位数更多的结果,需要通过内存来传递。

6.3.2 C 语言中内联汇编

内联汇编是指在 C 函数定义中使用 _asm 或者 asm 的方法,格式有以下两种。

1．格式一

```
_asm
{
    instruction[; instruction]
     … …
    [instruction]
}
```

2．格式二

```
asm("instruction[; instruction]")
```

例 6-49　内联汇编示例。

```
void my_fun(int a,int b) //
{
    int c;
    _asm
    {
        add    b,b,#0x01
        add    a,a,#0x01
    }
    c=a+b;
    temp(c);
    return ;
}
```

从例 6-49 可以看出，ARM 内联汇编的用法跟真实 ARM 汇编之间有很大的区别，且不支持 Thumb 汇编。

6.3.3　C 语言中内嵌汇编

与内联汇编不同，内嵌汇编具有真实汇编的所有特性，同时支持 ARM 和 Thumb，但是不能直接引用 C 语言的变量定义，数据交换必须通过 ATPCS 进行。嵌入式汇编在形式上表现为独立定义的函数体。

例 6-50　内嵌汇编示例。

```
_asm void temp(int t)        //内嵌汇编
{
    add r0,r0,#0x01
    add r1,r1,#0x01
}
void my_fun(int a,int b)
{
    int c;
```

```
        _asm                //内联汇编
        {
            add   b,b,#0x01
            add   a,a,#0x01
        }
        c=a+b;
        temp(c);
        return ;
    }
```

在例 6-50 中，r0 为第一个参数 t。

6.3.4　汇编调用 C 函数

汇编调用 C 函数的关键问题是函数参数传递、现场保护及返回。

1. 函数参数传递

如果传递的参数少于 4 个，则直接使用 R0～R3 来进行传递，如果参数多于 4 个，则必须使用栈来传递多余的参数。

下面举例说明函数参数传递的用法。

例 6-51　参数个数为 4 个的函数参数传递示例。

my_main.s 代码如下：

```
    AREA   MY_MAIN, CODE,  READONLY        //定义代码段 MY_MAIN，属性为只读
    ENTRY
    CODE32
    import my_fun ;//等价于 C 语言中的 include
    PRESERVE8
    str lr,   [sp,   #-4]!                      //保存当前 lr
    ldr r0，=0x01                              //第一个参数 r0
    ldr r1，=0x02                              //第二个参数 r1
    ldr r2，=0x03                              //第三个参数 r2
    ldr r3，=0x04                              //第四个参数 r3
    bl   my_fun                               //调用 C 函数
    LDR pc，  [sp]，  #4                       //将 lr 装进 pc，返回 main 函数
    END
    my_fun.c 代码如下：
    void my_fun(int a，int b，int c，int d)
    {
        d=a+b+c;
        return;
    }
```

例 6-52　参数个数多于 4 个的函数参数传递示例。

arm_test.s 代码如下：

```
IMPORT c_test ;
AREA ARM_TEST，　CODE，　READONLY
EXPORT arm_test    //使用 EXPORT 伪指令声明全局变量，等价于 C 语言中的 extern
str lr，　[sp，#-4]!    //保存当前 lr
ldr r0，=0x01            //第一个参数 r0
ldr r1，=0x02            //第二个参数 r1
ldr r2，=0x03            //第三个参数 r2
ldr r3，=0x04            //第四个参数 r3
ldr r4，=0x08
str r4，[sp，#-4]!        //第八个参数，压入堆栈
ldr r4，=0x07
str r4，[sp，#-4]!        //第七个参数，压入堆栈
ldr r4，=0x06
str r4，[sp，#-4]!        //第六个参数，压入堆栈
ldr r4，=0x05
str r4，[sp，#-4]!        //第五个参数，压入堆栈
bl c_test2              //调用 C 函数
add sp，　sp，　#4      //清除栈中第五个参数，执行完后 sp 指向第六个参数
add sp，　sp，　#4      //清除栈中第六个参数，执行完后 sp 指向第七个参数
add sp，　sp，　#4      //清除栈中第七个参数，执行完后 sp 指向第八个参数
add sp，　sp，　#4      //清除栈中第八个参数，执行完后 sp 指向 lr
ldr pc，　[sp]，#4      //将 lr 装进 pc，返回 main 函数
END
```

c_test.c 代码如下：

```
void c_test(int a，int b，int c，int d，int e，int f，int g，int h)
{
    h=a+b+c+d+e+f+g;
    return;
}
```

main.c 代码如下：

```
int main()
{
    arm_test();              //调用汇编程序
    for(;;);
}
```

例 6-52 中，参数个数大于 4 个，需要使用堆栈来进行参数传递。第 1 个到第 4 个参数还是通过 R0～R3 等 4 个寄存器进行传递的。第 5 个到第 8 个参数则是通过把其压入堆栈

的方式进行传递的。

注意：

(1) 第 5 个到第 8 个这 4 个入栈参数的入栈顺序是以第 8 个参数→第 7 个参数→第 6 个参数→第 5 个参数的顺序入栈，出栈的顺序正好相反。

(2) 调用汇编语言的开头保存好 lr，以便在最后恢复 pc 返回到 main 函数。

(3) import 等价于 C 语言中的 include。

(4) 使用 EXPORT 伪指令声明全局变量，等价于 C 语言中的 extern。

2．函数现场保护及返回

因为在编译 C 函数的时候，编译器会自动在函数入口的地方加上现场保护的代码(如部分寄存器入栈，返回地址入栈等)，在函数出口的地方加入现场恢复的代码(即出栈代码)。同时由于汇编代码是不经过编译器处理的代码，所以现场保护和返回都必须由程序员自己完成。现场保护代码就是将本函数内用到的 R4~R12 寄存器压栈保护，并且将 R14 寄存器压栈保护，汇编函数返回时将栈中保护的数据弹出。

下面举例说明函数的现场保护及返回。

例 6-53 函数的现场保护及返回示例。

假设要设计一汇编函数完成两整数相减(假设必须用 R7 和 R8 寄存器完成)，并在 C 函数中调用。设计代码如下：

汇编代码文件 myfun.s

```
    AREA Init，CODE，READONLY
    ENTRY
    EXPORT myfun                 //声明该函数
    myfun
    STMFD sp!，{r7-r8，lr}        //保存现场
    MOV R7，R0                    //通过 R0、R1 寄存器传送参数
    MOV R8，R1
    SUB R7，R8
    MOV R0，R7
    LDMFD sp!，{r7-r8，pc}        //返回
    END
    C 代码文件 main.c
    int sub1(int，int);          //函数声明
    int main(  )
    {
        int x=20，y=10;
        myfun(x，y)；
    }
```

注意：例 6-53 中，myfun.s 文件中可以不保存 LR 寄存器，但如果在此汇编函数中调用其他函数，就必须保存 LR 寄存器。

6.4　基于 ARM C 语言的 GPIO 接口编程

1. 硬件原理图

LED 的硬件原理图如图 6-1 所示，按键的硬件原理图如图 6-2 所示。

图 6-2　按键的硬件原理图

由图 6-2 可知，按键 EINT0、EINT2、EINT11 和 EINT19 分别接 S3C2440 芯片的 GPF0、GPF2、GPG3 和 GPG11。GPG 相关寄存器可参看 S3C2440 芯片文档。

2. 代码设计

功能要求：EINT0 按下时 LED1 灯亮，EINT2 按下时 LED2 灯亮，EINT11 按下时 LED4 灯亮，代码设计如下。

(1) 启动文件 key_led.s。

```
        AREA KEY_LED_S,CODE,READONLY
        ENTRY
        CODE32
        import main
        PRESERVE8
start
        ldr     r0, =0x53000000     //关闭看门狗
        mov     r1, #0x0
        str     r1, [r0]
        ldr     sp, =1024*4         //栈初始化
```

```
                bl      main              //运行 C 语言的 main 函数
halt_loop
                b       halt_loop


            end
```

(2) 主文件 key_led.c。

```c
#define GPFCON        (*(volatile unsigned long *)0x56000050)
#define GPFDAT        (*(volatile unsigned long *)0x56000054)
#define GPFUP         (*(volatile unsigned long *)0x56000058)


#define GPGCON        (*(volatile unsigned long *)0x56000060)
#define GPGDAT        (*(volatile unsigned long *)0x56000064)
#define GPGUP         (*(volatile unsigned long *)0x56000068)
/*
 * LED1、2、4 对应 GPF4、GPF5、GPB6
 */
#define GPF4_out        (1<<(4*2))
#define GPF5_out        (1<<(5*2))
#define GPF6_out        (1<<(6*2))
/*
 * K0、K2、K11 对应 GPF0、GPF2、GPG3
 */
#define GPG3_in        ~(3<<(3*2))
#define GPF2_in        ~(3<<(2*2))
#define GPF0_in        ~(3<<(0*2))
int main()
{
        unsigned long dwDat;
        GPFUP=0x0;
        GPGUP=0x0;
        // K0、K2、K11 对应的根引脚设为输入
        GPFCON = GPF2_in & GPF0_in ;
        GPGCON = GPG3_in;
        // LED1、2、4 对应的 3 根引脚设为输出
        GPFCON = GPF5_out | GPF6_out | GPF4_out;
        while(1)
        {
                //若 Kn 为 0(表示按下)，则令 LEDn 为 0(表示点亮)
                dwDat = GPFDAT;              // 读取 GPF 管脚电平状态
```

```
        if (dwDat & (1<<0))            // K0 没有按下
            GPFDAT |= (1<<4);          // LED1 熄灭
        else
            GPFDAT &= ~(1<<4);         // LED1 点亮


        if (dwDat & (1<<2))            // K2 没有按下
            GPFDAT |= (1<<5);          // LED2 熄灭
        else
            GPFDAT &= ~(1<<5);         // LED2 点亮


        dwDat = GPGDAT;                // 读取 GPG 管脚电平状态


        if (dwDat & (1<<3))            // K11 没有按下
            GPFDAT |= (1<<6);          // LED4 熄灭
        else
            GPFDAT &= ~(1<<6);         // LED4 点亮
    }
    return 0 ;
}
```

6.5　ARM 异常处理流程

1. ARM 核会自动做的工作

在异常发生后，ARM 核会自动做以下工作。

(1) 保存执行状态。当前程序的执行状态是保存在 CPSR 里面的，异常发生时，要保存当前 CPSR 中的执行状态到异常模式的 SPSR 中，目的是异常返回时恢复 CPSR。

(2) 模式切换。ARM 核自动根据当前的异常类型，将异常码写入 CPSR 中的 M[4:0]模式位，此时 CPU 进入异常模式。不管是在 ARM 状态下还是在 THUMB 状态下发生异常，都会自动切换到 ARM 状态下进行异常的处理，即将 CPSR[5]设置为 0。同时，CPU 会关闭中断 IRQ(设置 CPSR 寄存器 I 位)，防止中断进入，如果当前是快速中断 FIQ 异常，则关闭快速中断(设置 CPSR 寄存器 F 位)。

(3) 保存返回地址。当前程序被异常打断时，切换到异常处理程序里，异常处理完之后，返回当前被打断模式继续执行，因此必须要保存当前执行指令的下一条指令的地址到 LR_excep(异常模式下 LR，并不存在 LR_excep 寄存器，为方便读者理解加上_excep)中。由于异常模式的不同以及 ARM 内核采用流水线技术，异常处理程序中要根据异常模式计算返回地址。

(4) 跳入异常向量表。当异常发生时，CPU 强制将 PC 的值修改为一个固定的内存地址，这个固定地址叫做异常向量。

2. 异常向量表

异常向量表是一段特定内存地址空间，每种 ARM 异常对应一个字空间(4Bytes)，正好是一条 32 位的指令长度，当异常发生时，CPU 强制将 PC 的值设置为当前异常对应的固定内存地址。如表 6-11 所示是 S3C2440 的异常向量表。

表 6-11　异常向量表

地址	异　　常	进入模式
0x00000000	复位	管理模式
0x00000004	未定义指令	未定义模式
0x00000008	软件中断	管理模式
0x0000000C	中止(预取)	中止模式
0x00000010	中止(数据)	中止模式
0x00000014	保留	保留
0x00000018	中断 IRQ	中断模式
0x0000001C	快中断 FIQ	快中断模式

跳入异常向量表操作是异常发生时 ARM 核自动完成的，剩下的异常处理任务完全交给程序员。由表 6-11 可知，异常向量是一个固定的内存地址，程序员可以通过向该地址处写一条跳转指令，让它跳向自己定义的异常处理程序的入口，就可以完成异常处理。

正是由于异常向量表的存在，才让硬件异常处理和程序员自定义处理程序有机联系起来。异常向量表的 0x00000000 地址处是 reset 复位异常，之所以它为 0 地址，是因为 CPU 在上电时自动从 0 地址处加载指令，reset 复位异常后面是其余 7 种异常向量，每种异常向量都占有 4 个字节，正好是一条指令的大小，最后一个异常是快速中断异常，将其放在此处是由于在 0x0000001C 地址处可以直接存放快速中断的处理程序，不用再设置跳转指令，故可以节省一个时钟周期，加快快速中断处理时间。

可以简单地通过使用下面的指令来填充异常向量表。

```
b reset                    //跳入 reset 处理程序
b HandleUndef              //跳入未定义处理程序
b HandSWI                  //跳入软中断处理程序
b HandPrefetchAbt          //跳入预取指令处理程序
b HandDataAbt              //跳入数据访问中止处理程序
b HandNoUsed               //跳入未使用程序
b HandleIRQ                //跳入中断处理程序
b HandleFIQ                //跳入快速中断处理程序
```

通过异常向量表可跳转到程序员自己定义的异常处理程序入口。

3. 异常处理程序

异常处理程序最开始要保存被打断程序的执行现场，程序的执行现场就是保存当前操作寄存器里的数据，可以通过下面的栈操作指令保存现场：

   STMFD SP_excep!，{R0 - R12，LR_excep}

注意：在跳转到异常处理程序入口时，已经切换到异常模式了，因此这里的 SP 是异常模式下的 SP_excep 了，所以被打断程序现场(寄存器数据)保存在异常模式下的栈里。上述指令将 R0～R12 全部都保存到了异常模式栈，最后将修改完的被打断程序返回地址入栈保存。

异常处理完成之后，返回被打断程序继续执行，具体操作如下：

(1) 恢复被打断程序运行时的寄存器数据。

(2) 恢复程序运行时的状态 CPSR。

(3) 通过进入异常时保存的返回地址，返回到被打断程序继续执行。

例如，异常返回指令：

   LDMFD SP_excep!,{r0-r12，pc}

   MOV CPSR，SPSR_excep; //注意这条指令不正确，只是为说明问题而写的

但这会导致一个问题：虽然 LDMFD SP_excep!，{r0-r12，pc}可以恢复执行现场，但此时 pc 已经是被打断程序执行时的地址，因此 MOV CPSR，SPSR_excep 指令将不会执行。

如果异常返回指令为

   MOV CPSR，SPSR_excep; //注意这条指令不正确，只是为说明问题而写的

   LDMFD SP_excep!,{r0-r12，pc}

但这又会导致另外一个问题：MOV CPSR，SPSR_excep 可以将 CPU 的模式和状态从异常模式切换回被打断程序执行时的模式和状态。但此时 SP_excep 将不可见，因此 LDMFD SP_excep!,{r0-r12, pc}指令的执行将不正确。

可以通过一条指令实现上述两个操作同时执行：

   LDMFD SP_excp!,{r0-r12，pc}^

注意：SP_excep 为对应异常模式下的 SP，^符号表示恢复 SPSR_excep 到 CPSR。

一条指令的执行分为取指、译码和执行三个主要阶段，CPU 由于使用流水线技术，造成当前执行指令的地址应该是 PC-8(32 位机一条指令四个字节)，那么执行指令的下一条指令应该是 PC-4。在异常发生时，CPU 自动会将 PC-4 的值保存到 LR 里，但是该值是否正确还要看异常类型才能决定。

(1) IIQ 和 FIQ。快速中断请求和一般中断请求的返回处理是一样的。通常处理器执行完当前指令后，会查询 FIQ/IRQ 的中断引脚，并查看是否允许 FIQ/IRQ 中断，如果某个中断引脚有效，并且系统允许该中断产生，处理器将产生 FIQ/IRQ 异常中断，当 FIQ/IRQ 异常中断产生时，程序计数器 PC 的值已经更新，它指向当前指令后面第 3 条指令(对于 ARM 指令，它指向当前指令地址加 12 字节的位置；对于 Thumb 指令，它指向当前指令地址加 6 字节的位置)。当 FIQ/IRQ 异常中断产生时，处理器将值(PC-4)保存到 FIQ/IRQ 异常模式下的寄存器 LR_irq/LR_fiq 中，它指向当前指令后的第 2 条指令，因此正确返回地址可以通过下面的指令算出：

   SUBS PC，LR_irq，#4   //一般中断

```
    SUBS    PC，LR_fiq，#4        //快速中断
```

(2) Prefetch Abort。在预取指令时，如果目标地址是非法的，该指令被标记成有问题的指令，这时流水线上该指令之前的指令继续执行，当执行到该指令时，处理器产生指令预取中止异常。发生指令预取异常时，程序要返回到该指令处，重新读取并执行该指令，因此指令预取中止异常中断应该返回到产生该指令预取中止异常中断的指令处，而不是当前指令的下一条指令。

指令预取中止异常中断由当前执行的指令在 ALU 里执行时产生，当指令预取中止异常中断发生时，程序计数器 PC 的值还未更新，它指向当前指令后面第 2 条指令(对于 ARM 指令，它指向当前指令地址加 8 字节的位置；对于 Thumb 指令，它指向当前指令地址加 4 字节的位置)。此时处理器将值(PC-4)保存到 LR_abt 中，它指向当前指令的下一条指令，所以返回操作可以通过下面的指令实现：

```
    SUBS  PC，LR_abt，#4
```

(3) Undefine Abort。未定义指令异常中断由当前执行的指令在 ALU 里执行时产生，当未定义指令异常中断产生时，程序计数器 PC 的值还未更新，它指向当前指令后面第 2 条指令(对于 ARM 指令，它指向当前指令地址加 8 字节的位置；对于 Thumb 指令，它指向当前指令地址加 4 字节的位置)，当未定义指令异常中断发生时，处理器将值(PC-4)保存到 LR_und 中，此时(PC-4)指向当前指令的下一条指令，所以从未定义指令异常中断返回可以通过如下指令来实现：

```
    MOV   PC，LR_und
```

(4) SWI。SWI 异常中断和未定义异常中断指令一样，也是由当前执行的指令在 ALU 里执行时产生的，当 SWI 指令执行时，PC 的值还未更新，它指向当前指令后面第 2 条指令(对于 ARM 指令，它指向当前指令地址加 8 字节的位置；对于 Thumb 指令，它指向当前指令地址加 4 字节的位置)，当未定义指令异常中断发生时，处理器将值(PC-4)保存到 LR_svc 中，此时(PC-4)指向当前指令的下一条指令，所以从 SWI 异常中断处理返回的实现方法与从未定义指令异常中断处理返回一样：

```
    MOV   PC，LR_svc
```

(5) Data Abort。发生数据访问异常中断时，程序要返回到有问题的指令处重新访问该数据，因此数据访问异常中断应该返回到产生该数据访问中止异常中断的指令处，而不是当前指令的下一条指令。

数据访问异常中断由当前执行的指令在 ALU 里执行时产生，当数据访问异常中断发生时，程序计数器 PC 的值已经更新，它指向当前指令后面第 3 条指令(对于 ARM 指令，它指向当前指令地址加 12 字节的位置；对于 Thumb 指令，它指向当前指令地址加 6 字节的位置)。此时处理器将值(PC-4)保存到 lr_abt 中，它指向当前指令后面第 2 条指令，所以返回操作可以通过下面的指令实现：

```
    SUBS  PC，LR_abt，#8
```

4. ARM 的异常处理流程总结

ARM 的异常处理流程可以用图 6-3 描述和总结。

图 6-3　异常处理流程图

6.6　基于 ARM 软中断异常的编程

6.6.1　ARM 软中断指令 SWI

SWI 指令用于产生软中断，从用户模式变换到管理模式，将 CPSR 保存到管理模式的 SPSR 中，其指令格式如下：

  SWI{cond}　immed_24　　//immed_24 为软中断号(服务类型)

注意：若是 Thumb 指令，则软中断号为 8 位。

使用 SWI 指令时，通常使用以下两种方法将参数传递到 SWI 异常中断处理程序中，从而提供相关的服务。同时，SWI 异常处理程序要通过读取引起软中断的 SWI 指令，以取得 24 位或 8 位中断号。

(1) 指令中的 24 位立即数指定了用户请求的服务类型，参数通过通用寄存器传递 (APCS 规则)：

  mov　r0, #34　　//设置子功能号位 34

  SWI 12　　　　　//调用 12 号软中断

(2) 指令中的 24 位立即数被忽略，用户请求的服务类型由寄存器 R0 的值决定，参数通过其他的通用寄存器传递：

  mov r0, #12　　//调用 12 号软中断

  mov r1, #34　　//设置子功能号位 34

  SWI　0

在 SWI 异常中断处理程序中，取出 SWI 立即数的步骤如下：

(1) 首先确定引起软中断的 SWI 指令是 ARM 指令还是 Thunb 指令，这可通过对 SPSR 的访问得到。

(2) 然后取得该 SWI 指令的地址，这可通过访问 LR 寄存器得到。

(3) 最后读出指令，分解出立即数。

6.6.2　ARM 软中断编程框架

ARM 软中断编程框架如图 6-4 所示。

图 6-4　ARM 软中断编程框架

由图 6-4 可知：

(1) SWI 在用户程序(C/ASM)里被调用。在 SWI 之前，参数被装入寄存器，SWI 号被嵌入在 SWI 指令中。

(2) SWI 向量被提取(包括切换到 SVC 模式)。

(3) 异常向量指针指向汇编处理程序。

SWI 处理程序必须定位 SWI 指令，并提取 SWI 指令中的常数域，为此，SWI 处理程序必须确定 SWI 调用是在哪一种状态(ARM/Thumb)，通过检查 SPSR 的 T-bit 以确定在什么状态。在 ARM 状态下，SWI 指令中的常数域在 LR-4 位置，在 Thumb 状态下，SWI 指令中的常数域在 LR-2 位置。所以，SWI 处理框架代码如下：

```
      T_bit EQU 0X20
      SWI_Handler:
            STMFD SP!,{R0-R3,R12,LR}      //现场保护
            MOV r1,sp                     //若 SWI 调用带参，将 R1 指向第一个参数
            MRS R0,SPSR                   //读取 SPSR
            STMFD SP!,{R0}                //保存 SPSR
            TST R0,#T_bit
            LDRNEH R0,[LR,#-2]            //若是 Thunb 指令，读取指令码(13 位)
```

```
BICNE R0,#0XFF00            //取得 Thunb 指令的 8 位立即数
LDREQ R0,[LR,#-4]           //若是 ARM 指令，读取指令码(32 位)
BICEQ R0,#0XFF000000        //取得 ARM 指令的 24 位立即数
；// r0 now contains SWI number
；// r1 now contains pointer to stacked registers        BL
SWI_Exception_Function；     //调用 C 编写的 SWI 处理函数 LDMFD sp!, {r0}
MSR spsr_cf,r0；             // spsr 出栈
```

6.6.3　ARM 软中断异常实例

本实例以系统调用中 I/O 课程中的 open 函数实现在 ARM 中的软中断。通过本实例的介绍，读者可以进一步理解第 4 章系统编程中系统调用函数是如何实现的。

1. 启动文件 swi_start.s

启动文件代码如下：

```
T_bit EQU 0x20


        PRESERVE8
        AREA   RESET, CODE, READONLY
        CODE32
        ENTRY
        import c_swi_handle
        import mymain
        B      ResetHandle ;0x0    goto  ResetHandle
UndefineHandle
        B      UndefineHandle ;0x4        while(1)


        B      SwiHandle ;0x8      while(1)
PrefetchHandle
        B      PrefetchHandle ;0xC        while(1)
DataAbortHandle
        B      DataAbortHandle    ;0x10   while(1)
        nop                       ;0x14
IRQHandle
        B      IRQHandle   ;0x18   while(1)
FRQHandle
        B      FRQHandle     ;0x1C     while(1)



ResetHandle
```

```
        ldr    sp,=0x32000000      ; supervisor   stack


        //模式切换代码
        mov       r3,#0x10
        msr       cpsr_c,r3
        ldr   sp,=0x31000000       ; user   stack
        mov   r0,#1
        mov   r1,#2
        mov   r2,#3
        mov   r3,#4
        bl    mymain
        mov   r5,#0x30
stop
        b     stop



SwiHandle                      //异常处理代码
        //保护现场代码
        stmfd    sp!,{r0-r3,lr}
        mov r0,#0x10
        mov r1,#0x20
        mov r2,#0x30
        //提取软中断号
        mrs r0, spsr
        tst r0, #T_bit
        ldrneh r0,[lr,#-2]
        bicne    r0, r0, #0xff00
        ldreq    r0, [lr,#-4]
        biceq    r0, r0, #0xff000000
        bl   c_swi_handle
        ldmfd    sp!,{r0-r3,pc}^
        ;ldmfd    sp!,{pc}^
        END
```

2. 主函数文件 main.c

主函数文件代码如下：

```
    _swi(0x12) void open(void);
    void mymain()
```

```
{
    int i;
    i=0;
    open();//swi 0x12
    i=i+3;
    return ;
}
```

3. 软中断处理函数文件 swi_handle.c

软件中断处理函数文件代码如下：

```c
#include "swi_handle.h"
void open()
{
    int i;
    i=1;
}
void read()
{
    int i;
    i=2;
}
void close()
{
    int i;
    i=3;
}

void c_swi_handle(int id)
{
    switch(id)
    {
        case 0x12:
            open();
            break;
        case 0x13:
            read();
            break;
        case 0x14:
```

```
            close();
             break;
        default:
             break;
        }
    }
```

4. 软中断处理函数头文件 swi_handle.h

软件中断处理函数头文件代码如下：

```
void open(void);
void read(void);
void close(void);
void c_swi_handle(int id) ;
```

6.7 基于 ARM 中断异常的按键接口编程

本节以 S3C2440 芯片为例，介绍基于 ARM 中断异常的按键接口编程。

6.7.1 S3C2440 中断控制器

S3C2440 中的中断控制器接收来自 60 个中断源的请求。提供这些中断源的是内部外设和外部中断，如 DMA 控制器、UART、IIC 等。当从内部外设和外部中断请求引脚收到多个中断请求时，中断控制器经过仲裁后向 ARM920T 内核产生 FIQ 或 IRQ 异常。中断控制器原理图如图 6-5 所示。

图 6-5 S3C2440 中断控制器原理图

由图 6-5 可知，首先为中断请求，中断控制器支持 60 个中断请求，这 60 个中断又分为外部中断和内部中断，SOC(System On Chip)外部电路产生的中断是外部中断，如果是 SOC 内部模块产生的中断就是内部中断。ARM 有 60 个中断源，但 ARM 是 32 位处理器，怎样处理多于 32 个的中断源？可以使用级联方法来处理，这也是 S3C2440 中断寄存器中有次级寄存器存在的原因。ARM 支持的 60 个中断请求的内容如表 6-12 和表 6-13 所示。

表 6-12 源级中断请求

源	描 述	仲裁组
INT_ADC	ADC EOC 和触屏中断(INT_ADC_S/INT_TC)	ARB5
INT_RTC	RTC 闹钟中断	ARB5
INT_SPI1	SPI1 中断	ARB5
INT_UART0	UART0 中断(ERR、RXD 和 TXD)	ARB5
INT_IIC	IIC 中断	ARB4
INT_USBH	USB 主机中断	ARB4
INT_USBD	USB 设备中断	ARB4
INT_NFCON	Nand Flash 控制中断	ARB4
INT_UART1	UART1 中断(ERR、RXD 和 TXD)	ARB4
INT_SPI0	SPI0 中断	ARB4
INT_SDI	SDI 中断	ARB3
INT_DMA3	DMA 通道 3 中断	ARB3
INT_DMA2	DMA 通道 2 中断	ARB3
INT_DMA1	DMA 通道 1 中断	ARB3
INT_DMA0	DMA 通道 0 中断	ARB3
INT_LCD	LCD 中断(INT_FrSyn 和 INT_FiCnt)	ARB3
INT_UART2	UART2 中断(ERR、RXD 和 TXD)	ARB2
INT_TIMER4	定时器 4 中断	ARB2
INT_TIMER3	定时器 3 中断	ARB2
INT_TIMER2	定时器 2 中断	ARB2
INT_TIMER1	定时器 1 中断	ARB2
INT_TIMER0	定时器 0 中断	ARB2
INT_WDT_AC97	看门狗定时器中断(INT_WDT、INT_AC97)	ARB1
INT_TICK	RTC 时钟滴答中断	ARB1
nBATT_FLT	电池故障中断	ARB1
INT_CAM	摄像头接口(INT_CAM_C、INT_CAM_P)	ARB1
EINT8_23	外部中断 8 至 23	ARB1
EINT4_7	外部中断 4 至 7	ARB1
EINT3	外部中断 3	ARB0
EINT2	外部中断 2	ARB0
EINT1	外部中断 1	ARB0
EINT0	外部中断 0	ARB0

表 6-13　次级中断请求

次级源	描　述	源
INT_AC97	AC97 中断	INT_WDT_AC97
INT_WDT	看门狗中断	INT_WDT_AC97
INT_CAM_P	摄像头接口中 P 端口捕获中断	INT_CAM
INT_CAM_C	摄像头接口中 C 端口捕获中断	INT_CAM
INT_ADC_S	ADC 中断	INT_ADC
INT_TC	触摸屏中断(笔起/落)	INT_ADC
INT_ERR2	UART2 错误中断	INT_UART2
INT_TXD2	UART2 发送中断	INT_UART2
INT_RXD2	UART2 接收中断	INT_UART2
INT_ERR1	UART1 错误中断	INT_UART1
INT_TXD1	UART1 发送中断	INT_UART1
INT_RXD1	UART1 接收中断	INT_UART1
INT_ERR0	UART0 错误中断	INT_UART0
INT_TXD0	UART0 发送中断	INT_UART0
INT_RXD0	UART0 接收中断	INT_UART0

　　如果中断源产生了中断请求，中断挂起(SRCPND)寄存器或次级中断挂起(SUBSRCPND)寄存器相应的位被设置为 1。SRCPND 和 SUBSRCPND 的内容对应于表 6-12 和表 6-13 中的中断源，SRCPND 的部分内容如表 6-14 所示。

表 6-14　中断挂起寄存器

寄存器	地址	读/写	描　述	复位值
SRCPND	0X4A000000	读/写	指示中断请求状态： 0 = 中断未被请求； 1 = 中断源声明了中断请求	0x00000000

SRCPND	位	描　述		初始状态
INT_ADC	[31]	0 = 未请求	1 = 请求	0
INT_RTC	[30]	0 = 未请求	1 = 请求	0
INT_SPI1	[29]	0 = 未请求	1 = 请求	0
INT_UART0	[28]	0 = 未请求	1 = 请求	0
INT_IIC	[27]	0 = 未请求	1 = 请求	0
INT_USBH	[26]	0 = 未请求	1 = 请求	0
INT_USBD	[25]	0 = 未请求	1 = 请求	0
INT_NFCON	[24]	0 = 未请求	1 = 请求	0

SRCPND	位	描　　述		初始状态
INT_UART1	[23]	0 = 未请求	1 = 请求	0
INT_SPI0	[22]	0 = 未请求	1 = 请求	0
INT_SDI	[21]	0 = 未请求	1 = 请求	0
INT_DMA3	[20]	0 = 未请求	1 = 请求	0
INT_DMA2	[19]	0 = 未请求	1 = 请求	0
INT_DMA1	[18]	0 = 未请求	1 = 请求	0
INT_DMA0	[17]	0 = 未请求	1 = 请求	0
INT_LCD	[16]	0 = 未请求	1 = 请求	0
INT_UART2	[15]	0 = 未请求	1 = 请求	0
INT_TIMER4	[14]	0 = 未请求	1 = 请求	0
INT_TIMER3	[13]	0 = 未请求	1 = 请求	0
INT_TIMER2	[12]	0 = 未请求	1 = 请求	0
INT_TIMER1	[11]	0 = 未请求	1 = 请求	0
INT_TIMER0	[10]	0 = 未请求	1 = 请求	0
INT_WDT_AC97	[9]	0 = 未请求	1 = 请求	0
INT_TICK	[8]	0 = 未请求	1 = 请求	0
nBATT_FLT	[7]	0 = 未请求	1 = 请求	0
INT_CAM	[6]	0 = 未请求	1 = 请求	0
EINT8_23	[5]	0 = 未请求	1 = 请求	0
EINT4_7	[4]	0 = 未请求	1 = 请求	0
EINT3	[3]	0 = 未请求	1 = 请求	0
EINT2	[2]	0 = 未请求	1 = 请求	0
EINT1	[1]	0 = 未请求	1 = 请求	0
EINT0	[0]	0 = 未请求	1 = 请求	0

注意:

(1) 寄存器的每一位都是由中断源自动置位的。

(2) SRCPND 寄存器是通过在对应位写 1 来清位的,例如将 oft 位清零时使用如下代码:

SRCPND |= (1<<oft)

中断屏蔽(INTMSK)寄存器/中断次级屏蔽(INTSUBMSK)寄存器如表 6-15 所示,这两个寄存器类似。以 INTMSK 寄存器为例说明,INTMSK 寄存器由 32 位组成,其每一位都涉及一个中断源。如果某个指定位被设置为 1,则 CPU 不会去服务来自相应中断源的中断请求(注意,即使在这种情况中,SRCPND 寄存器的相应位也设置为 1),反之则可以服务中断请求。

表 6-15　中断屏蔽寄存器

寄存器	地址	读/写	描　　述	复位值
INTMSK	0X4A000008	读/写	决定屏蔽哪个中断源,被屏蔽的中断源将不会服务: 0 = 中断服务可用; 1 = 屏蔽中断服务	0xFFFFFFFF

中断优先级分组如图 6-6 所示,S3C2440 将中断源分为 6 组,分别为:ARBITER0、ARBITER1、ARBITER2、ARBITER3、ARBITER4、ARBITER5,而这 6 组中断源又由 ARBITER6 表示,由中断优先级寄存器(PRIORITY)对这 7 组中断进行优先级排序。

图 6-6　中断优先级分组

中断优先级寄存器(PRIORITY)如表 6-16 所示。

表 6-16　中断优先级寄存器

寄存器	地址	读/写	描　　述	复位值
PRIORITY	0X4A00000C	读/写	IRQ 优先级控制寄存器	0x7F

中断优先级寄存器(PRIORITY)的内容如表 6-17 所示。

表 6-17　中断优先级寄存器的内容

PRIORITY	位	描　　述	初始状态
ARB_SEL6	[20:19]	仲裁器组 6 优先级顺序设置 00 = REQ 0-1-2-3-4-5　　01 = REQ 0-2-3-4-1-5 10 = REQ 0-3-4-1-2-5　　11 = REQ 0-4-1-2-3-5	00
ARB_SEL5	[18:17]	仲裁器组 5 优先级顺序设置 00 = REQ 0-1-2-3-4-5　　01 = REQ 0-2-3-4-1-5 10 = REQ 0-3-4-1-2-5　　11 = REQ 0-4-1-2-3-5	00
ARB_SEL4	[16:15]	仲裁器组 4 优先级顺序设置 00 = REQ 0-1-2-3-4-5　　01 = REQ 0-2-3-4-1-5 10 = REQ 0-3-4-1-2-5　　11 = REQ 0-4-1-2-3-5	00
ARB_SEL3	[14:13]	仲裁器组 3 优先级顺序设置 00 = REQ 0-1-2-3-4-5　　01 = REQ 0-2-3-4-1-5 10 = REQ 0-3-4-1-2-5　　11 = REQ 0-4-1-2-3-5	00
ARB_SEL2	[12:11]	仲裁器组 2 优先级顺序设置 00 = REQ 0-1-2-3-4-5　　01 = REQ 0-2-3-4-1-5 10 = REQ 0-3-4-1-2-5　　11 = REQ 0-4-1-2-3-5	00
ARB_SEL1	[10:9]	仲裁器组 1 优先级顺序设置 00 = REQ 0-1-2-3-4-5　　01 = REQ 0-2-3-4-1-5 10 = REQ 0-3-4-1-2-5　　11 = REQ 0-4-1-2-3-5	00
ARB_SEL0	[8:7]	仲裁器组 0 优先级顺序设置 00 = REQ 0-1-2-3-4-5　　01 = REQ 0-2-3-4-1-5 10 = REQ 0-3-4-1-2-5　　11 = REQ 0-4-1-2-3-5	00
ARB_MODE6	[6]	仲裁器组 6 优先级轮换使能 0 = 优先级不轮换　　1 =优先级轮换使能	1
ARB_MODE5	[5]	仲裁器组 5 优先级轮换使能 0 = 优先级不轮换　　1 =优先级轮换使能	1
ARB_MODE4	[4]	仲裁器组 4 优先级轮换使能 0 = 优先级不轮换　　1 =优先级轮换使能	1
ARB_MODE3	[3]	仲裁器组 3 优先级轮换使能 0 = 优先级不轮换　　1 =优先级轮换使能	1
ARB_MODE2	[2]	仲裁器组 2 优先级轮换使能 0 = 优先级不轮换　　1 =优先级轮换使能	1
ARB_MODE1	[1]	仲裁器组 1 优先级轮换使能 0 = 优先级不轮换　　1 =优先级轮换使能	1
ARB_MODE0	[0]	仲裁器组 0 优先级轮换使能 0 = 优先级不轮换　　1 =优先级轮换使能	1

　　每个仲裁器可以处理基于 1 位仲裁器模式控制(ARB_MODE)和选择控制信号 (ARB_SEL)的 2 位的 6 个中断请求，选择控制信号及其对应的优先级如表 6-18 所示。

表 6-18　选择控制信号(ARB_SEL)及其对应的优先级

ARB_SEL	优先级顺序
00b	REQ0、REQ1、REQ2、REQ3、REQ4 和 REQ5
01b	REQ0、REQ2、REQ3、REQ4、REQ1 和 REQ5
10b	REQ0、REQ3、REQ4、REQ1、REQ2 和 REQ5
11b	REQ0、REQ4、REQ1、REQ2、REQ3 和 REQ5

注意:

仲裁器的 REQ0 的优先级总是最高,并且 REQ5 的优先级总是最低。此外,通过改变 ARB_SEL 位,可以轮换 REQ1 到 REQ4 的顺序。

如果 ARB_MODE 位被设置为 0,ARB_SEL 位不能自动改变,这使得仲裁器操作在固定优先级模式中。另一方面,如果 ARB_MODE 为 1,ARB_SEL 位会被轮换方式而改变,例如如果 REQ1 被服务,ARB_SEL 位被自动改为 01b 以便 REQ1 进入到最低的优先级。ARB_SEL 改变的详细结果如下:

(1) 如果 REQ0 或 REQ5 被服务,ARB_SEL 位不会改变;

(2) 如果 REQ1 被服务,ARB_SEL 位被改为 01b;

(3) 如果 REQ2 被服务,ARB_SEL 位被改为 10b;

(4) 如果 REQ3 被服务,ARB_SEL 位被改为 11b;

(5) 如果 REQ4 被服务,ARB_SEL 位被改为 00b。

中断挂起(INTPND)寄存器如表 6-19 所示。

表 6-19　中断挂起寄存器

寄存器	地址	读/写	描　述	复位值
INTPND	0X4A000010	读/写	指示中断请求状态: 0 = 未请求中断; 1 = 中断源已声明中断请求	0x7F

与源挂起(SRCPND)寄存器类似,只是 INTPND 寄存器表示(次)源挂起寄存器经过仲裁步骤后的结果。

中断源请求中断服务,SRCPND 寄存器的相应位被置为 1,并且同时在仲裁步骤后 INTPND 寄存器仅有 1 位自动置位为 1。如果屏蔽了中断,则 SRCPND 寄存器的相应位被置为 1,这并不会引起 INTPND 寄存器位的改变。当 INTPND 寄存器的挂起位为置位,若 CPSR 中 I 或 F 位被清除为 0,中断服务程序将开始,通过写 1 清除 INTPND 寄存器中的挂起状态。

中断模式(INTMOD)寄存器如表 6-20 所示。

表 6-20　中断模式寄存器

寄存器	地址	读/写	描　述	复位值
INTMOD	0X4A000004	读/写	中断模式寄存器: 0 = IRQ 模式,1 = FIQ 模式	0x00000000

此寄存器由 32 位组成,其每一位都涉及一个中断源。如果某个指定位被设置为 1,则在 FIQ(快中断)模式中处理相应中断,INTMOD 的默认值为 IRQ 模式。

中断偏移(INTOFFSET)寄存器如表 6-21 所示。

表 6-21 中断偏移寄存器

寄存器	地址	读/写	描　述	复位值
INTOFFSET	0x4A000014	读	指示 IRQ 中断请求源	0x00000000

中断偏移寄存器中的值表示哪个 IRQ 模式的中断请求在 INTPND 寄存器中，此位可以通过清除 SRCPND 和 INTPND 自动清除。

6.7.2 按键中断使用举例

1. 硬件原理图

LED 硬件原理图见图 6-1，按键硬件原理图见图 6-2。

2. 代码设计

1) 功能要求

(1) EINT0：下降沿触发；EINT2：上升沿触发；EINT11：双边触发(即上升沿和下降沿均触发)。

(2) EINT0 按下时只有 LED1 亮；EINT2 按下时只有 LED2 亮；EINT11 按下和松开时分别是 LED3 和 LED2 亮；

(3) 中断优先级：EINT0 > EINT2 > EINT11。

2) 代码设计

(1) 启动代码 start.s。

```
        AREA KEY_LED_S,CODE,READONLY
        ENTRY
        CODE32
        import main
        import EINT_Handle
        PRESERVE8
            B    ResetHandle
UndefineHandle
            B    UndefineHandle
SwiHandle
            B    SwiHandle
PrefetchHandle
            B    PrefetchHandle
DataAbortHandle
            B    DataAbortHandle
            nop
            B    IRQHandle
FRQHandle
            B    FRQHandle
```

```
ResetHandle
            ldr     r0, =0x53000000
            mov     r1, #0x0

            str     r1, [r0]

            ;点灯测试
            ;LDR r0, =0x56000050    ;GPFCON
            ;mov r1,#0x1500
            ;STR r1,[r0]

            ;LDR r0, =0x56000058     ;GPFUP
            ;mov r1,#0x0
            ;STR r1,[r0]

            ;LDR r0, =0x56000054      ;GPFDAT
            ;mov r1,#0xef
            ;STR r1,[r0]

            ldr sp, =1024*4
             msr cpsr_c, #0x52       ;01010010
            ldr sp, =3072
            msr cpsr_c, #0x53 ;01010011



            bl          main
halt_loop
            b           halt_loop


IRQHandle
            ;点灯测试
            ;LDR r0, =0x56000054      ;GPFDAT
            ;mov r1,#0xdf
            ;STR r1,[r0]

            sub lr, lr, #4
            stmfd     sp!, { r0-r12,lr }
            ldr lr, =int_return
            ldr pc, =EINT_Handle   ;该函数返回时，PC=LR，则 PC=int_return
```

```
int_return
                    ldmfd      sp!,      { r0-r12,pc }^
                    end
```

(2) main.c 文件。

```c
#include "s3c2440.h"
void gpio_init()
{
    GPFCON |= (GPF4_out | GPF5_out | GPF6_out);
    GPFCON |= (GPF0_eint | GPF2_eint);
    GPGCON |= GPG3_eint;
      GPFDAT=0xff;
}
void irq_init()
{
        //清除挂起位
        EINTPEND=0xffffff;
        SRCPND =(1<<0)|(1<<2)|(1<<5);
        INTPND =(1<<0)|(1<<2)|(1<<5);
        //设置触发方式
        EXTINT0 =(EXTINT0 &~(7<<0)) | (0x02<<0);         //下降沿 EINT0
        EXTINT0 =(EXTINT0 &~(7<<8)) | (0x04<<8);         //上升沿 EINT2
        EXTINT1 =(EXTINT1 &~(7<<12)) | (0x06<<12);       //双边沿 EINT11


      /*
       * 设定优先级:
       * ARB_SEL0 = 00b, ARB_MODE0 = 0: REQ1 > REQ3，即 EINT0 > EINT2
       * 仲裁器 1、6 无需设置
       * 最终：EINT0 > EINT2 > EINT11 即 K2 > K3 > K4
       */
        PRIORITY = (PRIORITY & ((~0x01) | (0x3<<7))) | (0x0 << 7) ;//11110000
        // PRIORITY =0x0;


        // EINT0、EINT2、EINT8_23 使能
        INTMSK    &= ((~(1<<0)) & (~(1<<2)) & (~(1<<5)));
        EINTMASK &= ~(1<<11);              //开外部中断 11
}
void sys_init()
{
    WTCON=0;                             //关闭看门狗
```

```
        gpio_init();                            //包含 LED 和按键
        irq_init();
}
void EINT_Handle()
{
        unsigned long oft = INTOFFSET;
        switch( oft )
        {
            // K2 被按下(EINT0)
            case 0:
            {
                GPFDAT |= (0x7<<4);         //所有 LED 熄灭
                GPFDAT &= ~(1<<4);          //LED1 点亮
                break;
            }

            // K3 被按下(EINT2)
            case 2:
            {
                GPFDAT |= (0x7<<4);         //所有 LED 熄灭
                GPFDAT &= ~(1<<5);          //LED2 点亮
                break;
            }

            // K4 被按下(EINT11)
            case 5:
            {
                flag=(++flag)%2;            //区分上升沿和下降沿
                if(flag==1)
                {
                GPFDAT |= (0x7<<4);         //所有 LED 熄灭
                GPFDAT &= ~(1<<6);          //LED3 点亮
                }
                else
                {
                  GPFDAT |= (0x7<<4);       //所有 LED 熄灭
                  GPFDAT &= ~(1<<5);        //LED2 点亮
                }
```

```
                    break;
                }

                default:
                    break;
        }
    //清中断
    if( oft == 5 )
            EINTPEND = (1<<11);
// EINT8_23 合用 IRQ5，EINTPND、SRCPND、INTPND 寄存器均是写 1 清零由于 EINT4-23
//在 EINTPND 寄存器中也挂起(请求)，所以 EINTPND 也要清零
    SRCPND = (1<<oft);//SRCPND 先清零
    INTPND = (1<<oft);
}


int main()
{

    int i=1;//设置 i 位并且使用 if，以避免 main 的 return 无接收
    flag=0;
    sys_init();
    //GPFDAT &= ~(1<<6);
    if(i)
    {
       while(1);
    }
    return 0;
}
```

6.8　串口接口编程

6.8.1　串行通信和并行通信

1．串行通信

　　串行通信是指使用一条数据线将数据一位一位地依次传输，每一位数据占据一个固定的时间长度。其只需要少数几条线就可以在系统间交换信息，特别适用于计算机与计算机、计算机与外设之间的远距离通信。串行通信又分为同步通信和异步通信。

(1) 同步通信。同步通信是一种连续串行传送数据的通信方式，一次通信只传送一帧信息。这里的信息帧与异步通信中的字符帧不同，它们通常含有若干个数据字符。它们均由同步字符、数据字符和校验字符(CRC)组成，其中，同步字符位于帧开头，用于确认数据字符的开始；数据字符在同步字符之后，个数没有限制，由所需传输的数据块长度来决定；校验字符有 1 到 2 个，用于接收端对接收到的字符序列进行正确性校验。同步通信的缺点是要求发送时钟和接收时钟保持严格的同步。

(2) 异步通信。异步通信中有两个比较重要的指标：字符帧格式和波特率。数据通常以字符或者字节为单位组成字符帧传送。字符帧由发送端逐帧发送，通过传输线被接收设备逐帧接收。发送端和接收端可以由各自的时钟来控制数据的发送和接收，这两个时钟源彼此独立，互不同步。接收端检测到传输线上发送过来的低电平逻辑"0"(即字符帧起始位)时，确定发送端已开始发送数据，每当接收端收到字符帧中的停止位时，就知道一帧字符已经发送完毕。

2．并行通信

并行通信时数据的各个位同时传送，可以字或字节为单位并行进行。并行通信速度快，但用的通信线路多、成本高，故不宜进行远距离通信。计算机内部总线就是以并行方式传送数据的，这种方法的优点是传输速度快，处理简单。

串口是串行通信，即一次只传输一个比特的数据，串行数据的传输速度用 bps(bit percent second)或波特率来描述。常用的串口协议有 RS485 与 RS232，下面主要说明 RS232 的使用。RS232 串口通信的标准电平是：电压在 −15 V～3 V 是 1，在 3 V～15 V 是 0。而 CMOS 电平是：3 V 是 1，0 V 是 0，因此要采用电平转换芯片进行电平转换。

6.8.2 S3C2440 的串口模块

S3C2440 配有 3 个独立异步串行端口 UART0、UART1、UART2，其原理图如图 6-7 所示，每个都可以是基于中断或基于 DMA 模式的操作，即 UART 可以通过产生中断或 DMA 请求来进行 CPU 和 UART 之间的数据传输。UART 通过使用系统时钟可以支持最高 115.2 kb/s 的比特率，如果是由外部器件提供 UEXTCLK 的 UART，则 UART 可以运行在更高的速度。每个 UART 通道包含两个 64 字节的 FIFO 用于发送和接收。

1．数据传输

(1) 数据发送帧：是可编程发送数据帧，它由 1 个起始位、5～8 个数据位、1 个可选奇偶校验位以及 1～2 个停止位组成。可编程发送数据帧是由行控制寄存器(ULCONn)指定的。

(2) 数据接收帧：与发送类似，接收数据帧也是可编程的，它由 1 个起始位、5～8 个数据位、1 个可选奇偶校验位以及 1～2 个停止位组成。可编程接收数据帧是由行控制寄存器(ULCONn)指定的。接收器能够检测出溢出(overrun)错误、奇偶校验错误、帧错误和断点状态，每个都可以设置一个错误标志。

① 溢出错误表明新数据在读出旧数据前覆盖了旧数据。

② 奇偶校验错误表明接收器检测出一个非预期奇偶校验字段。

③ 帧错误表明接收到的数据没有有效的结束位。

④ 断点状态表明 RxDn 的输入保持为逻辑 0 状态的时间长于单帧传输时间。

图 6-7　UART 模块原理图

(3) FIFO 为缓存，可提高传输效率。非 FIFO 为普通的串口采用这种方式，即只向发送移位寄存器发送数据。

2. S3C2440 串口寄存器

(1) 串行通信口复用选择。串行通信口复用选择 I/O 口是控制寄存器 GPHCON，其地址为 0x56000070。

当[15:14]=10 时，GPH7 为 RXD[2]；

当[13:12]=10 时，GPH6 为 TXD[2]；

当[11:10]=10 时，GPH5 为 RXD[1]；

当[9:8]=10 时，GPH4 为 TXD[1]；

当[7:6]=10 时，GPH3 为 RXD[0]；

当[5:4]=10 时，GPH2 为 TXD[0]。

如使用 UART0，则设置 GPHCON |= ((0x02<<(2*2)) | (0x02<<(3*2))); 即 GPH2、GPH3 用作 TXD0、RXD0。

(2) UART 行控制寄存器 ULCONn。UART 行控制寄存器 ULCONn 的地址表和位说明表如表 6-22 和表 6-23 所示。

表 6-22 ULCONn 地址表

寄存器	地址	读/写	描　述	复位值
ULCON0	0x50000004	读/写	UART 通道 0 控制寄存器	0x00
ULCON1	0x50004004	读/写	UART 通道 1 控制寄存器	0x00
ULCON2	0x50008004	读/写	UART 通道 2 控制寄存器	0x00

表 6-23 ULCONn 位说明表

ULCONn	位	描　述	初始状态
保留	[7]	—	0
红外模式	[6]	决定是否使用红外模式： 0 = 普通模式操作； 1 = 红外 Tx/Rx 模式	0
奇偶校验模式	[5:3]	指定在 UART 发送和接收操作期间奇偶校验产生和检查的类型： 0xx = 无奇偶校验； 100 = 奇校验； 101 = 偶校验； 110 = 固定/检查奇偶校验为 1； 111 = 固定/检查奇偶校验为 0	000
停止位数	[2]	指定用于结束帧信号的停止位的个数： 0 = 每帧 1 个停止位； 1 = 每帧 2 个停止位	0
字长度	[1:0]	指出每帧用于发送或接收的数据位的个数： 00 = 5 位； 01 = 6 位； 10 = 7 位； 11 = 8 位	00

其中，ULCONn 的[6]位为红外模式选择位，1 表示使用，0 表示不使用。

[5:3]为奇偶校验模式选择位。

[2]为停止位数选择位。

[1:0]为字长度位，表示每帧发送或接收的数据的个数。

当使用 8N1 即 8 个数据位、无校验位、1 个停止位模式时，进行如下设置：

ULCON0 = 0x03;

(3) UART 控制寄存器 UCONn。UART 控制寄存器 UCONn 的地址表如表 6-24 所示。

表 6-24 UCONn 地址表

寄存器	地址	读/写	描　述	复位值
UCON0	0x50000004	读/写	UART 通道 0 控制寄存器	0x00
UCON1	0x50004004	读/写	UART 通道 1 控制寄存器	0x00
UCON2	0x50008004	读/写	UART 通道 2 控制寄存器	0x00

该寄存器用来设置对应串口的时钟源的选择、中断触发方式、使能错误中断、使能超时、回环模式等功能。

如设置：UCON0 = 0x05，表示查询或中断方式，UART 时钟源为 PCLK。

(4) 波特率分频寄存器 UBRDIVn。波特率分频寄存器 UBRDIVn 的地址表如表 6-25 所示。

表 6-25　UBRDIVn 地址表

寄存器	地址	读/写	描　　述	复位值
UBRDIV0	0x50000028	读/写	波特率分频寄存器 0	—
UBRDIV1	0x50004028	读/写	波特率分频寄存器 1	—
UBRDIV2	0x50008028	读/写	波特率分频寄存器 2	—

其中，UBRDIVn 的[15:0]位存储的是用于决定如下的串行 Tx/Rx 时钟率(波特率)：

$$UBRDIV\ n = (int)(UART\ 时钟\ / (波特率\ \times 16)) - 1$$

UART 时钟：PCLK、FCLK/n 或 UEXTCLK，即通过所要设置的波特率和 UART 时钟来计算出 UBRDIV 寄存器的值。

(5) UART TX/RX 状态寄存器 UTRSTATn。UART TX/RX 状态寄存器 UTRSTATn 的地址表如表 6-26 所示。

表 6-26　UTRSTATn 地址表

寄存器	地址	读/写	描　　述	复位值
UTRSTAT0	0x50000010	读	UART 通道 0 Tx/Rx 状态寄存器	0x6
UTRSTAT1	0x50004010	读	UART 通道 1 Tx/Rx 状态寄存器	0x6
UTRSTAT2	0x50008010	读	UART 通道 2 Tx/Rx 状态寄存器	0x6

其中，UTRSTATn 的[0]位为接收缓冲器状态位，为 0 表示接收缓冲器为空，为 1 表示非空，每当通过 RXDn 端口接收数据，接收缓冲寄存器包含了有效数据时自动设置为 1。

UTRSTATn 的[1]位为发送缓冲器状态位，为 0 表示接收缓冲器非空，为 1 表示空，当发送缓冲寄存器为空时自动设置为 1。

UTRSTATn 的[2]位为发送器状态位，为 0 表示发送器非空，为 1 表示空，当发送缓冲寄存器无有效数据要发送并且发送移位寄存器为空时将自动设置为 1。

(6) UART 发送缓冲寄存器 UTXHn。UART 发送缓冲寄存器 UTXHn 的地址表如表 6-27 所示。

表 6-27　UTXHn 地址表

寄存器	地址	读/写	描述	复位值
UTXH0	0x50000020(L) 0x50000023(B)	W(字节)	UART 通道 0 发送缓冲寄存器	—
UTXH1	0x50004020(L) 0x50004023(B)	W(字节)	UART 通道 1 发送缓冲寄存器	—
UTXH2	0x50008020(L) 0x50008023(B)	W(字节)	UART 通道 2 发送缓冲寄存器	—

注意：(L)为小端模式；(B)为大端模式。该寄存器的[7:0]位表示 UARTn 要发送的数据。

(7) UART 接收缓冲寄存器 URXHn。UART 接收缓冲寄存器 URXHn 的地址表如表 6-28

所示。该寄存器的[7:0]位表示 UARTn 接收到的数据。

表 6-28　URXHn 地址表

寄存器	地址	读/写	描　　述	复位值
URXH0	0x50000024(L) 0x50000027(B)	W(字节)	UART 通道 0 接收缓冲寄存器	—
URXH1	0x50004024(L) 0x50004027(B)	W(字节)	UART 通道 1 接收缓冲寄存器	—
URXH2	0x50008024(L) 0x50008027(B)	W(字节)	UART 通道 2 接收缓冲寄存器	—

6.8.3　串口使用实例

```
#define GPHCON              (*(volatile unsigned long *)0x56000070)
#define GPHUP               (*(volatile unsigned long *)0x56000078)
#define ULCON0              (*(volatile unsigned long *)0x50000000)
#define UCON0               (*(volatile unsigned long *)0x50000004)
#define UBRDIV0             (*(volatile unsigned long *)0x50000028)
#define UART_CLK       PCLK                //UART0 的时钟源设为 PCLK
#define UART_BAUD_RATE  115200             //波特率
#define UART_BRD        ((UART_CLK   / (UART_BAUD_RATE * 16)) - 1)
#define UTRSTAT0            (*(volatile unsigned long *)0x50000010)
#define UTXH0               (*(volatile unsigned char *)0x50000020)
#define URXH0               (*(volatile unsigned char *)0x50000024)
#define TXD0READY    (1<<2)
#define RXD0READY    (1)


//使用 UART0 作为串行通信口
void uart_init()//串口初始化函数
{
    GPHCON   |= ((0x02<<(2*2)) | (0x02<<(3*2)));
    // GPH2,GPH3 用作 TXD0,RXD0
    GPHUP    = 0x0c;
//   CPU 向外设提供功率 1100        //使用串口功能时为下拉，即置 1
    ULCON0   = 0x03;
// 8N1(8 个数据位，无较验，1 个停止位)，串口工具的 com 口属性必须与此对应
    UCON0    = 0x05;                //查询或中断方式，UART 时钟源为 PCLK
    UBRDIV0 = UART_BRD;            //波特率为 115200
}
void putc_fun(unsigned char c)        //发送函数
{
```

```
    //等待，直到发送缓冲区中的数据已经全部发送出去
    while (!(UTRSTAT0 & TXD0READY));

    //向 UTXH0 寄存器中写入数据，UART 即自动将它发送出去
    UTXH0 = c;
}
unsigned char getc_fun(void)               //接收函数
{
    //等待，直到接收缓冲区中有数据
    while (!(UTRSTAT0 & RXD0READY));

    //直接读取 URXH0 寄存器，即可获得接收到的数据
    return URXH0;}
```

本 章 小 结

　　本章介绍了 ARM 汇编，首先针对 ARM 汇编、S3C2440 和硬件原理图设计了基于 ARM 汇编的 GPIO 接口编程；其次介绍了 ARM 的 C 语言编程中的 ATPCS 规则、C 语言内联汇编、C 语言内嵌汇编和汇编调用 C 函数，并针对 ARM 汇编、S3C2440 和硬件原理图设计了基于 ARMC 语言的 GPIO 接口编程；再次介绍了 ARM 的异常处理流程，针对 ARM 软中断异常讲述了软中断指令 SWI、软中断编程框架及软中断实例编程；然后介绍了中断异常以及 S3C2440 中断控制器的原理，针对按键中断原理图编写了按键中断程序；最后介绍了工程中常用的串口接口编程原理和使用实例。

第 7 章　嵌入式 Linux 系统构建

一个嵌入式 Linux 系统从软件的角度看通常可以分为四个层次：

(1) 嵌入式引导程序。即 Bootloader，主要的功能是加载 Linux 内核。

(2) 嵌入式 Linux 内核。特定于嵌入式板子的定制内核(包括驱动程序)。

(3) 嵌入式 Linux 根文件系统。建立于 Flash 设备之上的根文件系统。

(4) 用户应用程序。特定于用户的应用程序。

有时在用户应用程序和内核层之间可能还会包括一个嵌入式图形用户界面，如 Android 或 QT 等。本章主要介绍嵌入式 Linux 系统构建，包括嵌入式引导程序、嵌入式 Linux 内核和嵌入式 Linux 根文件系统三部分的详细构建过程。

7.1　嵌入式引导程序

7.1.1　嵌入式引导程序概述

嵌入式引导程序又称为 Bootloader，它可以对硬件设备，如 CPU、SDRAM、Flash、串口等进行初始化，也可以下载文件到开发板对 Flash 进行擦除和编程，起到引导和加载 Linux 内核镜像的作用。但随着嵌入式技术的发展，Bootloader 已经逐渐在基本功能的基础上进行了功能扩展，增加了一些硬件模块功能上的使用支持，如 USB、网络模块等，可以方便开发人员进行开发和调试。功能扩展后的 Bootloader 可以虚拟地看成是一个微小的、系统级的代码包。

但 Bootloader 是依赖于硬件而实现的，特别是在嵌入式系统中，不同的 CPU 需求的 Bootloader 也是不同的；除了 CPU，Bootloader 还依赖于具体的嵌入式开发板的硬件配置，即对于两块不同的嵌入式开发板而言，即使它们基于相同的 CPU 构建，运行在其中一块开发板上的 Bootloader 也不一定能够运行在另一块开发板上。

Bootloader 是系统复位或上电后首先运行的代码，一般应写在起始物理地址 0x0 处。Bootloader 的启动过程可以是单阶段的，也可以是多阶段的。通常多阶段的 Bootloader 能提供更为复杂的功能，以及更好的可移植性。从固态存储设备上启动的 Bootloader 大多数是两阶段的启动过程，即启动过程可以分为阶段 1 和阶段 2 两部分。

综上所述，Bootloader 就是在操作系统内核运行之前运行的一段小程序。通过这段小程序，可以初始化硬件设备、建立内存空间的映射图等，将系统的软硬件环境带到一个合适的状态，以便为最终调用内核准备好运行环境。

虽然 Bootloader 是依赖于硬件而实现的，但 Bootloader 一般有以下一些通用的功能。

1. Bootloader 所支持的 CPU 和嵌入式板

通常，每种不同的 CPU 体系结构都有不同的 Bootloader。有些 Bootloader 也支持多种体系结构的 CPU，比如 U-Boot 就同时支持 ARM 体系结构和 MIPS 等体系结构。

2. Bootloader 的安装媒介

系统加电或复位后，所有的处理器通常都从某个预先安排的地址上取指令。比如，ARM 在复位时从地址 0x0 取指。嵌入式系统中通常都有某种类型的固态存储设备(比如 ROM、EEPROM 或 FLASH 等)被映射到这个预先安排的地址上。通常 Bootloader 程序被固化在开发板上的地址是 0x00000000，因此在系统加电后，处理器将首先执行 Bootloader 程序，即 Bootloader 是最先被系统执行的程序。固态存储设备的典型空间分配结构如图 7-1 所示。

图 7-1　固态存储设备的典型空间分配结构

3. Bootloader 的控制方式

Bootloader 软件在执行时通常会通过串口与主机(PC)进行通信，这样主机可通过串口控制 Bootloader，也可以看到 Bootloader 的信息。比如：Bootloader 输出打印信息到串口，又从串口读取用户控制字符。

4. Bootloader 的操作模式

大多数 Bootloader 都包含启动加载模式(Boot Loading)和下载模式(Down Loading)两种不同的操作模式。

(1) 启动加载模式也称为自主(Autonomous)模式，即 Bootloader 从目标机上的某个固态存储设备上将操作系统加载到 RAM 中运行，整个过程并没有用户的介入。这种模式是 Bootloader 的正常工作模式，在嵌入式产品开发结束时，Bootloader 必须工作在这种模式下。

(2) 在下载模式下，目标机上的 Bootloader 将通过串口连接或网络连接等通信手段从宿主机上下载文件，比如下载编译好的内核映像等。从宿主机下载的文件通常首先被 Bootloader 保存到目标机的 RAM 中，然后再被 Bootloader 写到目标机上的固态存储设备中。Bootloader 的这种模式通常在第一次安装内核时被使用，此外，系统更新也会使用这种工作模式。工作于这种模式下的 Bootloader 通常都会向它的终端用户提供一个简单的命令行接口。

这两种模式的区别仅对于嵌入式开发人员有意义，从最终用户的角度看，Bootloader 的作用就是用来加载内核，并不存在启动加载模式与下载模式。

5．Bootloader 与主机通信

Bootloader 与主机通信通常有串口通信和网络通信两种方式。

(1) 串口通信。串口通信方式下，传输协议通常采用 xmodem、ymodem 和 zmodem，传输的速度一般采用 115 200 b/s。串口传输的速度比较慢，下载文件时间较长，但这种方式的 Bootloader 串口初始化较简单。

(2) 网络通信。网络通信方式下载文件速度较快，通信协议通常采用 TFTP 协议。

7.1.2　Bootloader 的主要任务与框架结构

Bootloader 的主要任务是正确地调用嵌入式 Linux 内核到 RAM 中运行，之后 Bootloader 退出历史舞台。另外，由于 Bootloader 的实现依赖于 CPU 的体系结构，因此大多数 Bootloader 都分为阶段一(stage1)和阶段二(stage2)两部分。把依赖于 CPU 体系结构的代码，比如设备初始化代码等，通常放在 stage1 中，用汇编语言来实现，以达到短小精悍的目的；而 stage2 则通常用 C 语言来实现，这样可以实现更复杂的功能，且代码会具有更好的可读性和可移植性。

1．Bootloader 的 stage1

(1) 基本的硬件初始化。

① 屏蔽所有的中断。为中断提供服务通常是内核设备驱动程序的责任，因此在 Bootloader 执行的全过程中可以不必响应任何中断。中断屏蔽可以通过写 CPU 的中断屏蔽寄存器或状态寄存器(比如 ARM 的 CPSR 寄存器)来完成。

② 设置 CPU 的速度和时钟频率。

③ RAM 初始化。包括正确地设置系统的内存控制器的功能寄存器以及各内存库控制寄存器等。

④ 初始化 LED(可根据具体的嵌入式板来选择)。典型地，通过 GPIO(General Purpose Input Output)来驱动 LED，其目的是表明系统的状态是 OK 还是 ERROR。如果板子上没有 LED，那么也可以通过初始化 UART(串口的初始化一般放在 Bootloader 的第二阶段)向串口打印 Bootloader 的 Logo 字符信息来完成这一点。

⑤ 关闭 CPU 内部指令/数据 cache。

(2) 为加载 stage2 准备 RAM 空间。为了获得更快的执行速度，通常把 stage2 加载到 RAM 空间中来执行，因此必须为加载 Bootloader 的 stage2 准备好一段可用的 RAM 空间范围。空间大小最好是页大小(通常是 4 KB)的倍数，一般 1 M 的 RAM 空间已经足够，具体的地址范围可以根据实际来安排。比如，blob 就将它的 stage2 可执行映像安排到从系统 RAM 起始地址 0xc0200000 开始的 1M 空间内执行。为了确保所安排的地址范围是可读写的 RAM 空间，必须对所安排的地址范围进行测试。具体的测试方法可以采用类似于 blob 的方法，即以页为测试单位，测试每个页开始的两个字的存储空间是否可读写，具体步骤如下：

① 先保存页开始的两个字空间的内容。

② 向这两个字空间中写入任意的数字。比如：向第一个字写入 0x55(01010101)，向第二个字写入 0xaa(10101010)。

③ 然后，立即将这两个字的内容读回。显然，读到的内容应该分别是 0x55 和 0xaa。如果不是，则说明这个 memory page 所占据的地址范围不是一段有效的 RAM 空间。

④ 恢复这两个字的原始内容。

(3) 拷贝 stage2 到 RAM 中。拷贝时要确定和注意两点：

① stage2 的可执行映像在固态存储设备的存放起始地址和终止地址。

② RAM 空间的起始地址。

(4) 设置堆栈指针 sp。堆栈指针 sp 的设置是为执行 C 语言代码做好准备。通常可以把 sp 的值设置为(stage2_end-4)，即安排 1MB 的 RAM 空间的最顶端(堆栈向下生长)。此外，在设置堆栈指针 sp 之前，也可以关闭 LED，以提示用户代码执行准备跳转到 stage2。

(5) 跳转到 stage2 的 C 入口点。在上述一切都就绪后，就可以跳转到 Bootloader 的 stage2 去执行了。比如，在 ARM 系统中，这可以通过修改 PC 寄存器为合适的地址来实现，例如：

```
ldr    pc    _start_armboot
```

2．Bootloader 的 stage2

Bootloader 的 stage2 的代码通常用 C 语言来实现，以便于实现更复杂的功能和取得更好的代码可读性和可移植性。但是与普通 C 语言应用程序不同的是，在编译和链接 Bootloader 的程序时，不能使用 glibc 库中的任何支持函数。其原因是 Bootloader 是对嵌入式开发板硬件进行一些基本的初始化工作，此时没有 Linux 内核的支持。但这也带来一个问题：从哪里跳转进 main()函数呢？直接把 main()函数的起始地址作为整个 stage2 执行映像的入口点是最好的，但是这样做有两个缺点：

- 无法通过 main()函数传递函数参数。
- 无法处理 main()函数返回的情况。

一种巧妙的方法是，用汇编语言写一段小程序，并将这段小程序作为 stage2 可执行映像执行的入口点，然后在这段汇编程序中用 CPU 跳转指令跳入 main()函数中去执行，当 main()函数返回时，CPU 会再次回到这段汇编程序中。

本阶段的主要任务如下。

(1) 初始化本阶段要使用到的硬件设备。这通常包括：

① 初始化至少一个串口，以便和开发主机进行通信。

② 初始化定时器等。

在初始化这些设备之前，也可以重新把 LED 灯点亮，以表明程序已经进入 main()函数执行。设备初始化完成后，可以输出一些打印信息，如程序名字符串、版本号等。

(2) 检测系统的内存映射(memory map)。内存映射是指在整个 4GB 物理地址空间中有哪些地址范围被用来分配给寻址系统的 RAM 单元。虽然 CPU 通常会预留出一大段足够的地址空间给系统 RAM，但是在搭建具体的嵌入式系统时却不一定会实现 CPU 预留的全部 RAM 地址空间。也就是说，具体的嵌入式系统往往只把 CPU 预留的全部 RAM 地址空间中的一部分映射到 RAM 单元上，而让剩下的那部分预留 RAM 地址空间处于未使用状态。因此，Bootloader 的 stage2 必须在主要任务操作(比如，将存储在 Flash 上的内核映像读到

RAM 空间中)之前检测整个系统的内存映射情况,即 stage2 必须知道 CPU 预留的全部 RAM 地址空间中哪些被真正映射到 RAM 地址单元,哪些处于"unused"状态。

(3) 加载内核映像和根文件系统映像。

① 规划内存占用的布局。这里包括两个方面:内核映像所占用的内存范围;根文件系统所占用的内存范围。

② 从 Flash 上拷贝映像。

(4) 设置内核的启动参数。设置 Linux 内核的启动参数就是调用内核之前的准备工作,起单向通信的作用(向内核传送一些重要信息),因为转入内核之后,Bootloader 将不再起作用。启动参数一般包括核心参数、内存参数、命令行参数、文件系统相关参数等。

Linux2.4.x 之后的内核都采用标记列表(tagged list)的形式来传递启动参数。启动参数标记列表以标记 ATAG_CORE 开始,以标记 ATAG_NONE 结束,数据结构 tag 以及 tag_header 在 Linux 的源码在 include/asm/setup.h 中定义。

(5) 调用内核。Bootloader 调用内核的方法是直接跳转到内核的第一条指令处。

下面以嵌入式 Linux 系统常用的引导程序 u-boot-2014.01 源码为例分析 u-boot 阶段 1 和阶段 2 的主要功能,以使读者进一步理解 Bootloader 的主要任务和框架。

7.1.3 u-boot 代码分析

本节以 uboot 运行在 s3c2440 芯片上为例,进行代码分析。

1. u-boot 第一阶段分析

start.S 为 u-boot 上电后运行的第一个文件,格式如下:

```
.globl _start
_start:      b      start_code
```

首先定义一个全局变量标号_start,从这个标号开始运行,然后跳到 start_code 函数执行。其中,start_code 的主要功能如下。

(1) 设置 CPU 为管理模式。

```
mrs    r0, cpsr
bic    r0, r0, #0x1f
orr    r0, r0, #0xd3
msr    cpsr, r0
```

(2) 关闭看门狗。

```
ldr    r0, =pWTCON
mov    r1, #0x0
str    r1, [r0]
```

(3) 屏蔽中断。

```
mov    r1, #0xffffffff
ldr    r0, =INTMSK
str    r1, [r0]
ldr    r1, =0x3ff
```

```
        ldr    r0, =INTSUBMSK
        str    r1, [r0]
```

(4) 改变时钟频率。

```
        /* FCLK:HCLK:PCLK = 1:2:4 , default FCLK is 120 MHz */
        ldr    r0, =CLKDIVN
        mov  r1, #3
        str    r1, [r0]
```

(5) CPU 初始化。

```
        bl     cpu_init_crit
```

cpu_init_crit 函数代码如下：

```
        /*清除 cache */
        mov  r0, #0
        mcr   p15, 0, r0, c7, c7, 0      /* flush v3/v4 cache */
        mcr   p15, 0, r0, c8, c7, 0      /* flush v4 TLB */
        /*关闭 mmu*/
        mrc   p15, 0, r0, c1, c0, 0
        bic    r0, r0, #0x00002300   @ clear bits 13, 9:8 (--V- --RS)
        bic    r0, r0, #0x00000087   @ clear bits 7, 2:0 (B--- -CAM)
        orr    r0, r0, #0x00000002   @ set bit 2 (A) Align
        orr    r0, r0, #0x00001000   @ set bit 12 (I) I-Cache
        mcr   p15, 0, r0, c1, c0, 0
```

注意：

MMU 必须关闭；数据 cache 必须关闭；指令 cache 可以关闭也可以开启。Bootloader 中所有对地址的操作使用的都是物理地址，不是虚拟地址，因此 MMU 必须关闭。Bootloader 主要用于装载内核镜像，镜像数据必须真实写回 SDRAM 中，所以数据 cache 必须关闭；而对于指令 cache，不存在强制性的规定，但是一般情况下，推荐关闭指令 cache。

(6) 初始化内存控制器。

```
        mov  ip, lr
        bl     lowlevel_init      //lowlevel_init 函数为初始化内存控制器
        mov  lr, ip
        mov  pc, lr


        .globl lowlevel_init
        lowlevel_init:
            ldr    r0, =SMRDATA
            ldr    r1, _TEXT_BASE
            sub   r0, r0, r1
            ldr    r1, =BWSCON   //总路线宽度状态寄存器
            add      r2, r0, #13*4
```

```
0:
        ldr     r3, [r0], #4
        str     r3, [r1], #4
        cmp     r2, r0
        bne     0b
        /* everything is fine now */
        mov   pc, lr
        .ltorg
    SMRDATA:
        .word
(0+(B1_BWSCON<<4)+(B2_BWSCON<<8)+(B3_BWSCON<<12)+(B4_BWSCON<<16)+(B5_BWSCO
N<<20)+(B6_BWSCON<<24)+(B7_BWSCON<<28))
        .word     ((B0_Tacs<<13)+(B0_Tcos<<11)+(B0_Tacc<<8)+(B0_Tcoh<<6)+(B0_Tah<<4)+(B0_
Tacp<<2)+(B0_PMC))
        .word     ((B1_Tacs<<13)+(B1_Tcos<<11)+(B1_Tacc<<8)+(B1_Tcoh<<6)+(B1_Tah<<4)+(B1_
Tacp<<2)+(B1_PMC))
        .word     ((B2_Tacs<<13)+(B2_Tcos<<11)+(B2_Tacc<<8)+(B2_Tcoh<<6)+(B2_Tah<<4)+(B2_
Tacp<<2)+(B2_PMC))
        .word     ((B3_Tacs<<13)+(B3_Tcos<<11)+(B3_Tacc<<8)+(B3_Tcoh<<6)+(B3_Tah<<4)+(B3_
Tacp<<2)+(B3_PMC))
        .word     ((B4_Tacs<<13)+(B4_Tcos<<11)+(B4_Tacc<<8)+(B4_Tcoh<<6)+(B4_Tah<<4)+(B4_
Tacp<<2)+(B4_PMC))
        .word     ((B5_Tacs<<13)+(B5_Tcos<<11)+(B5_Tacc<<8)+(B5_Tcoh<<6)+(B5_Tah<<4)+(B5_
Tacp<<2)+(B5_PMC))
        .word ((B6_MT<<15)+(B6_Trcd<<2)+(B6_SCAN))
        .word ((B7_MT<<15)+(B7_Trcd<<2)+(B7_SCAN))
        .word ((REFEN<<23)+(TREFMD<<22)+(Trp<<20)+(Trc<<18)+(Tchr<<16)+REFCNT)
        .word 0x32
        .word 0x30
        .word 0x30
```

注意：

Bootloader 必须能够初始化 RAM，因为 Linux 内核要通过它保存一些数据，具体实现
要依赖具体的 CPU 及硬件系统。

(7) 进入_main 函数。

```
    ENTRY(_main)
```

_main 函数首先运行板子的初始化工作函数 board_init_f，其代码分为两部分，一部分
是初始化相关模块，如定时器、串口等，代码如下：

```
    for (init_fnc_ptr = init_sequence; *init_fnc_ptr; ++init_fnc_ptr)
    {
```

```
//init_sequence 中含有一系列的初始化函数
 init_fnc_t *init_sequence[] =
 {
  arch_cpu_init,              /* basic arch cpu dependent setup */
  mark_bootstage,
  #ifdef CONFIG_OF_CONTROL
      fdtdec_check_fdt,
  #endif
  #if defined(CONFIG_BOARD_EARLY_INIT_F)
      board_early_init_f,
  #endif
  timer_init,          //定时器初始化
  #ifdef CONFIG_BOARD_POSTCLK_INIT
      board_postclk_init,
  #endif
  #ifdef CONFIG_FSL_ESDHC
      get_clocks,
  #endif
  env_init,            //环境变量初始化
  init_baudrate,       //初始化波特率
  serial_init,         //串口初始化
  console_init_f,      //阶段 1 控制台初始化
  display_banner,      //代码运行到此处的标识
  #if defined(CONFIG_DISPLAY_CPUINFO)
      print_cpuinfo,    //显示 CPU 的信息
  #endif
  #if defined(CONFIG_DISPLAY_BOARDINFO)
      checkboard,       //显示开发板的信息
  #endif
  #if defined(CONFIG_HARD_I2C) || defined(CONFIG_SYS_I2C)
      init_func_i2c,
  #endif
  dram_init,                // 配置可用的 RAM 块
  NULL,
 };
```

　　执行完 board_init_f 函数这部分初始化模块后，进行代码重定位，其函数为 relocate_code，执行 relocate_code 后，跳入第二阶段。

　　board_init_f 函数的另外一部分是进行存储空间的分布，代码如下。

　　(1) 内存空间分布。在函数 board_init_f 中，内存空间分布的代码如下。

addr = CONFIG_SYS_SDRAM_BASE + gd->ram_size;

这个 CONFIG_SYS_SDRAM_BASE 的宏定义如下：

#define CONFIG_SYS_SDRAM_BASE PHYS_SDRAM_1

#define PHYS_SDRAM_1   0x30000000   /* SDRAM Bank #1 */

可见，0x30000000 为 SDRAM 的基地址。gd->ram_size 为 SDRAM 的大小。假如为 64M，则 gd->ram_size 为 0x4000000，所以 addr=0x34000000，整个内存大小如图 7-2 所示。

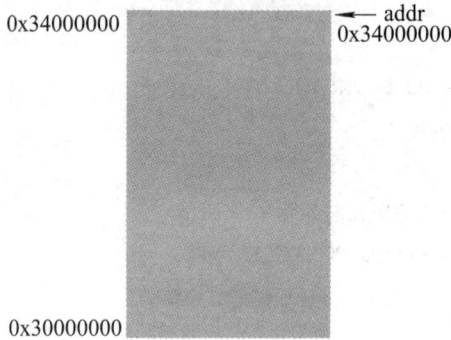

图 7-2 整个内存大小

(2) TLB(Translation Lookaside Buffer)空间分布。在函数 board_init_f 中，TLB 的空间分配代码如下：

gd->arch.tlb_size = PGTABLE_SIZE;

addr -= gd->arch.tlb_size;

其中，#define PGTABLE_SIZE   (0x10000)，所以 addr=addr-0x10000=33ff0000。

addr &= ~(0x10000-1); //表示清除掉后 16 位，64k 对齐，即 addr=addr&0xffff=33ff0000

gd->arch.tlb_addr = addr; addr &= ~(4096 - 1); //表示 4k 对齐

因此，TLB 分布如图 7-3 所示。

图 7-3 TLB 分布

(3) u-boot 代码空间分布。u-boot 代码的空间分布代码如下：

addr -= gd->mon_len;

addr &= ~(4096 - 1);

其中，gd->mon_len = _bss_end_ofs，_bss_end_ofs 在 start.S 中的定义如下：

```
_bss_end_ofs:
    .word __bss_end - _start
```

其中，__bss_end-_start 即为 u-boot 代码的大小，包括 bss 段，其空间分布如图 7-4 所示。

图 7-4　u-boot 代码的空间分布

(4) 堆空间分布。堆空间分布代码如下：

```
addr_sp = addr - TOTAL_MALLOC_LEN;
```

当使用 malloc 动态分配内存的时候，就会从这个空间里申请大小。addr_sp 是栈的地址，堆空间分布如图 7-5 所示。

图 7-5　堆空间分布

(5) bd_t 空间分布。bd_t 空间分布代码如下：

```
addr_sp -= sizeof (bd_t);
```

其中，bd_t 结构体格式如下：

```
typedef struct bd_info
{
    unsigned int bi_baudrate;          //serial console baudrate
    ulong          bi_arch_number;     //unique id for this board
    ulong          bi_boot_params;     //where this board expects params
    unsigned long    bi_arm_freq;      //arm frequency
    unsigned long    bi_dsp_freq;      //dsp core frequency
    unsigned long    bi_ddr_freq;      //ddr frequency
```

```
struct                                    //RAM configuration
{
    ulong start;
    ulong size;
}bi_dram[CONFIG_NR_DRAM_BANKS];
} bd_t;
```

这个结构体用于存放一些全局变量，bd_t 空间分布如图 7-6 所示。

图 7-6　bd_t 空间分布

(6) gd_t 空间分布。gd_t 空间分布代码如下：

```
bd = (bd_t *) addr_sp;
gd->bd = bd;
addr_sp -= sizeof (gd_t);
id = (gd_t *) addr_sp;
```

gd_t 空间分布如图 7-7 所示。

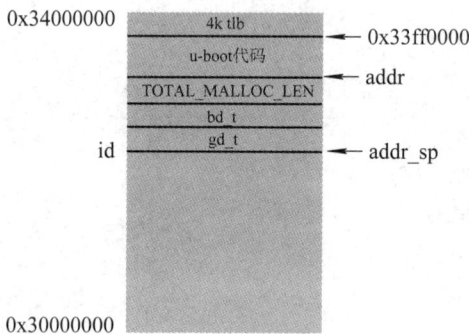

图 7-7　gd_t 空间分布

(7) 异常栈空间分布。异常栈空间分布代码如下：

```
addr_sp -= 12;
    addr_sp &= ~0x07; //8 字节对齐
```

此时，addr_sp 即为异常栈的地址，其空间分布如图 7-8 所示。

图 7-8　异常栈空间分布

最后，把 addr 赋给重定位的目的地址，代码如下：

> gd->relocaddr = addr;

把 addr_sp 赋给栈地址，代码如下：

> gd->start_addr_sp = addr_sp;

如果程序运行在 norflash 上，norflash 只可以读不可以写，如果程序中有写操作，那么写操作不会有效，即程序无法运行，因此对于 norflash 来说也需要重定位。但是在 norflash 上运行的时候链接地址为 0，复制过去后必须修改里面变量、函数的新地址。

如果程序烧写在 nandflash 上，上电的时候，nandflash 前 4K 的代码会被复制到片内 4K 的 RAM 上，从零地址开始运行。如果程序比较大，就需要把 nandflash 上的代码复制到 SDRAM 上去执行，即复制到链接地址上，链接地址就是程序运行时候的地址。如果不运行在链接地址上，那么访问全局变量的时候就会出错，故前 4K 的代码必须是位置无关码，即无论放到哪里都可以执行。在编译 u-boot 的时候加上 -pie 选项，地址信息会自动生成，存储在链接脚本 u-boot.lds 里的(.rel*)段中。

2. u-boot 第二阶段分析

第二阶段代码从 board_init_r 函数开始。

(1) board_init_r 函数。这个函数首先进行一些单板的初始化，其函数为 board_init()，它是与开发板相关的操作。源码在 board/samsung/fs2410/fs2410.c 文件中，代码如下：

> gd->bd->bi_arch_number = MACH_TYPE_SMDK2410; /*设置开发板的机器 id*/
>
> gd->bd->bi_boot_params = 0x30000100;
>
> /*设置启动参数的存放位置，当内核启动的时候，u-boot 把这些参数传到内核中，内核要从这个地址读取这些参数*/
>
> icache_enable();
>
> dcache_enable();
>
> /*启动 icache 和 dcache*/

(2) serial_initialize 函数。

> serial_initialize();
>
> /*初始化 s3c2440 的串口*/

(3) 堆的初始化。u-boot 中如果遇到动态申请内存，需要在堆上进行，这里需要对申请空间做一些初始化工作，初始化代码如下：

```
mem_malloc_init (malloc_start, TOTAL_MALLOC_LEN);
```

(4) norflash 的初始化。

```
flash_size = flash_init();
/*在 flash_init 中会设置 flash 的寄存器：
cfi_flash_set_config_reg(cfi_flash_bank_addr(i),cfi_flash_config_reg(i));
然后识别是否支持这款 norflash：
if (!flash_detect_legacy(cfi_flash_bank_addr(i), i))
识别成功之后就可以使用 norflash。 */
```

(5) 初始化 nandflash。

```
nand_init();
/*设置 nandflash 相关的寄存器和识别*/
```

(6) 环境变量的初始化。

```
if (should_load_env())
        env_relocate();
else
        set_default_env(NULL);
```

环境变量有两种，一种是默认的，即使用 et_default_env 函数，另一种是存储在 flash 上的，即使用 env_relocate 函数。u-boot 启动后会先检查 Flash 是否有环境变量，如果有则使用，如果没有，则使用默认的环境变量。

(7) 网卡的初始化。

```
eth_initialize(gd->bd);
```

如果是 cs8900 网卡，eth_initialize 会对网卡做一些初始化工作。u-boot 里面已经支持了 cs8900 网卡。

(8) u-boot 进入了死循环。代码如下：

```
for (;;)
{
        main_loop();
}
```

在这个 for 死循环中，u-boot 等待用户输入 u-boot 命令来操作。在 main_loop 函数中，如果在配置文件 smdk2440.h 中定义了 CONFIG_BOOTDELAY，则会执行函数 process_boot_delay()。

例如，配置文件 smdk2440.h 中定义了#define CONFIG_BOOTDELAY 3，则 process_boot_delay()执行代码如下：

```
if (bootdelay != -1 && s && !abortboot(bootdelay))
{
#if   defined(CONFIG_AUTOBOOT_KEYED)
     &&   !defined(CONFIG_AUTOBOOT_KEYED_CTRLC)
     int prev = disable_ctrlc(1);  /* disable Control C checking */
#endif
```

```
        run_command_list(s, -1, 0);
    }
```

上述代码的功能是判断在 3s 内是否按下空格键。

① 若没有按下空格键，则程序就会执行 run_command_list(s, -1, 0)，run_command_list 会调用 builtin_run_command(line, 0) 来执行命令 bootcmd (s = getenv ("bootcmd"))，bootcmd 在环境变量中定义。例如在配置文件 smdk2440.h 中，bootcmd 的定义如下：

```
        #define CONFIG_BOOTCOMMAND "nand read 30008000 kernel;bootm 30008000"
```

那么，run_command_list 就会执行这个命令来启动内核。

② 若按下空格键，则中断倒数计时，继续 main_loop 循环，等待用户输入命令：

```
        len = readline (CONFIG_SYS_PROMPT);
```

然后运行这个命令：

```
        rc = run_command(lastcommand, flag);
```

在 run_command 中执行 builtin_run_command(cmd, flag) 函数运行命令。builtin_run_command 代码分析如下。

3. u-boot 命令分析

builtin_run_command 函数代码如下：

```
        for (inquotes = 0, sep = str; *sep; sep++)
        {
            if ((*sep=='\"') &&    (*(sep-1) != '\\'))
                    inquotes=!inquotes;
            if (!inquotes && (*sep == ';') &&    /* separator        */
                            ( sep != str) &&      /* past string start    */
                            (*(sep-1) != '\\'))    /* and NOT escaped    */
                break;
        }
        /*上面的 for 循环可实现多个命令的输入，命令之间用分号分隔*/
        process_macros (token, finaltoken);
        /*当使用网络下载或其他操作的时候会临时生成一些宏，在这里 praess_macros 函数会处理这些宏*/
        if ((argc = parse_line (finaltoken, argv)) == 0
        /*parse_line 函数负责解析命令，它把命令的名字、参数提取出来放入 argv 变量中，把个数提取出来赋值给 argc 变量*/
        if (cmd_process(flag, argc, argv, &repeatable, NULL))
        /*cmd_process 函数按照命令名字和参数执行命令，repeatable 参数表示这个命令是否是可重复，即如果输入一次某个命令后，如果想要再次输入这个命令，只需要按下“回车”即可*/
```

在 cmd_process 函数中用到一个结构体 cmd_tbl_t *cmdtp，它为命令的结构体，定义如下：

```
        struct cmd_tbl_s
```

```
{
    char        *name;
    int         maxargs;
    int         repeatable;
    int         (*cmd)(struct cmd_tbl_s *, int, int, char * const []);
    char        *usage;
#ifdefCONFIG_SYS_LONGHELP
    char        *help;
#endif
#ifdef CONFIG_AUTO_COMPLETE
    int         (*complete)(int argc, char * const argv[], char last_char, int maxv, char *cmdv[]);
#endif
};
```

在这个结构体中，name 为命令的名字；maxargs 为最大的参数个数；repeatable 表示是否可重复；(*cmd)(struct cmd_tbl_s *, int, int, char * const [])为函数指针，即执行这个命令的函数；usage 和 help 为命令的帮助信息。

cmdtp 赋值如下：

```
cmdtp = find_cmd(argv[0]);
if (cmdtp == NULL)
{
    printf("Unknown command '%s' - try 'help'\n", argv[0]);
    return 1;
}
//根据 argv[0]，即命令名字 name 去查找这个命令
```

例如：执行命令"bootm 30008000"，find_cmd 查找这个 bootm 命令，在 common/cmd_bootm.c 中有个宏，即

```
U_BOOT_CMD
(
    bootm,      CONFIG_SYS_MAXARGS,     1,      do_bootm,
    "boot application image from memory", bootm_help_text
);

//U_BOOT_CMD 在 include/command.h 定义

#define U_BOOT_CMD(_name, _maxargs, _rep, _cmd, _usage, _help)
U_BOOT_CMD_COMPLETE(_name, _maxargs, _rep, _cmd, _usage, _help, NULL)
#define U_BOOT_CMD_COMPLETE(_name, _maxargs, _rep, _cmd, _usage, _help, _comp)
ll_entry_declare(cmd_tbl_t, _name, cmd) =
U_BOOT_CMD_MKENT_COMPLETE(_name, _maxargs, _rep, _cmd,    _usage, _help, _comp);
```

```
#define   U_BOOT_CMD_MKENT_COMPLETE(_name,  _maxargs,  _rep,  _cmd,_usage,  _help,
_comp)

    { #_name, _maxargs, _rep, _cmd, _usage,        _CMD_HELP(_help)

        _CMD_COMPLETE(_comp) }
```

其中，U_BOOT_CMD_MKENT_COMPLETE 宏中的参数意义如表 7-1 所示。

表 7-1　U_BOOT_CMD_MKENT_COMPLETE 宏中的参数意义

参　数	意　义
#_name	bootm
_rep	1 表示可重复，　0 表示不可重复
_maxargs	CONFIG_SYS_MAXARGS
_cmd	do_bootm 函数，表示执行这个命令的时候会运行该函数
_usage	"boot application image from memory"表示简短的帮助信息
_CMD_HELP(_help)	bootm_help_text 中定义的，表示长的帮助信息

在 U_BOOT_CMD_COMPLETE 宏中会把这个 U_BOOT_CMD 放入 ll_entry_declare 中，ll_entry_declare 的定义如下：

```
#define ll_entry_declare(_type, _name, _list)

    _type _u_boot_list_2_##_list##_2_##_name __aligned(4)

        __attribute__((unused,

        section(".u_boot_list_2_"#_list"_2_"#_name)))
```

其中，section(".u_boot_list_2_"#_list"_2_"#_name) 为段属性，这个段属性在链接文件 arch/arm/cpu/u-boot.lds 中定义，格式如下：

```
.u_boot_list :

{

    KEEP(*(SORT(.u_boot_list*)));

}
```

综上所述，所有的 u-boot 命令都定义为一个 struct cmd_tbl_s 的结构体，这个结构体里面有命令的名字、参数个数、是否可重复、命令函数、帮助信息等。然后，把这些结构体加上一个属性，放在 u_boot_list*段中，在执行某个命令的时候，会从这个段的开始地方查找，如果找到了则执行这个命令，找不到则提示错误信息。

4. u-boot 启动内核

在 u_boot 第二阶段的分析中，当进入 main_loop 函数中，会有一个延时时间，在这个延时时间结束时会获得 bootcmd (s = getenv ("bootcmd"))，然后运行 do_bootm 函数启动内核。

例如，在配置文件 smdk2440.h 中定义的 bootcmd 环境变量为：

```
#define CONFIG_BOOTCOMMAND "nand read 30008000 kernel;bootm 30008000"
```

其中，第一条命令 nand read 30008000 kernel 表示从 kernel 分区将内核读到 30008000 内存地址中。第二条命令 bootm 30008000 表示从 30008000 运行内核。

kernel 分区是在 smdk2440.h 中设置的，代码如下：

```
#define MTDPARTS_DEFAULT   "mtdparts=FS2410-0:512k(u-boot),"   \
                           "128k(params),"          \
                           "3m(kernel),"     \
                           "-(rootfs)"
```

在 u-boot 打印信息中，有

```
0x00000000-0x00080000 : "bootloader"
0x00080000-0x000a0000 : "params"
0x000a0000-0x003a0000 : "kernel"
0x003a0000-0x10000000 : "root"
```

所以第一条命令也可以写成 nand read 30008000 80000 20000，表示从 80000 这个地址读取 20000 大小的数据放到 300080000 地址。

在 80000 这个地址存放的内核是 uImage 格式的内核。uImage 格式的内核包含一个头部结构体 struct image_header，其定义如下：

```
typedef struct image_header
{
        __be32          ih_magic;   /* Image Header Magic Number   */
        __be32          ih_hcrc;    /* Image Header CRC Checksum    */
        __be32          ih_time;    /* Image Creation Timestamp     */
        __be32          ih_size;    /* Image Data Size              */
        __be32          ih_load;    /* Data      Load    Address    */
        __be32          ih_ep;      /* Entry Point Address          */
        __be32          ih_dcrc;    /* Image Data CRC Checksum       */
        uint8_t         ih_os;      /* Operating System             */
        uint8_t         ih_arch;    /* CPU architecture             */
        uint8_t         ih_type;    /* Image Type                   */
        uint8_t         ih_comp;    /* Compression Type             */
        uint8_t         ih_name[IH_NMLEN];       /* Image Name      */
} image_header_t;
#define IH_NMLEN          32    /* Image Name Length        */
```

这个头部总共有 64 字节，其中 ih_load 表示加载地址，在 Linux 内核运行的时候需要加载这个地址；ih_ep 表示 Linux 内核入口地址，在 Linux 内核运行的时候直接跳到这个地址执行。

综上所述，u-boot 把 Linux 内核从 80000 读到 30008000 地址处，解析出 uImage 的 64 字节头部信息，找到 ih_load 的加载地址和 ih_ep 入口地址，如果 30008000 与加载地址不是同一个地址，那么 u-boot 会把 Linux 内核从 30008000 拷贝到 ih_load 加载地址上去，然后从 ih_ep 入口地址开始启动内核。

第二条命令 bootm 30008000 中，依据上一节 u-boot 的分析可知，bootm 命令会执行 do_bootm 函数，do_bootm 函数会调用 do_bootm_states 函数。在 do_bootm_states 函数里，首先加载内核，然后调用 do_bootm_linux 函数启动 Linux 内核，代码如下：

```
ret = bootm_load_os(images, &load_end, 0);
boot_fn = boot_os[images->os.os];        //赋值内核启动函数

if (!ret && (states & BOOTM_STATE_OS_GO))
    ret = boot_selected_os(argc, argv, BOOTM_STATE_OS_GO,
        images, boot_fn);
```

该函数调用 do_bootm_linux 启动内核。

在启动内核之前需要设置一下 tag，tag 是 u-boot 传递给 Linux 内核的参数，保存在一个固定的地址处，当 Linux 内核启动后去这个地址读取这些参数。tag 存放的默认地址在 30000100，tag 在 boot_prep_linux 函数中设置，代码如下：

```
if (BOOTM_ENABLE_SERIAL_TAG)
    setup_serial_tag(&params);
    if (BOOTM_ENABLE_CMDLINE_TAG)
        setup_commandline_tag(gd->bd, commandline);
    if (BOOTM_ENABLE_REVISION_TAG)
        setup_revision_tag(&params);
    if (BOOTM_ENABLE_MEMORY_TAGS)
        setup_memory_tags(gd->bd);
```

最后执行 boot_jump_linux 函数启动内核，代码如下：

```
kernel_entry = (void (*)(int, int, uint))images->ep;
/*把入口地址赋给 kernel_entry*/
kernel_entry(0, machid, r2);
```

kernel_entry 函数的原型为：void (*kernel_entry)(int zero, int arch, uint params)，第一个参数为 0；第二个参数为 machid，即为机器 id，这个机器 id 在第二阶段 boot_init 函数的时候就已经设置：gd->bd->bi_arch_number = MACH_TYPE_SMDK2410；第三个参数 r2，r2 = gd->bd->bi_boot_params，即为设置的参数 tag。

如果内核启动成功，就不再需要 u-boot，u-boot 的使命就完成了。

7.1.4　u-boot 编译

7.1.3 节代码以 u-boot 运行在 s3c2440 芯片上为例进行了代码分析，要想代码运行在 s3c2440 芯片上，则要生成二进制可执行文件 u-boot.bin，则本节依据 s3c2440 芯片为例介绍 u-boot 的编译流程，编译流分为两步：配置和编译。

1. u_boot 配置

依照 smdk2440 开发板的配置文件进行配置，则执行如下命令：

```
make smdk2410_config
```

该命令会执行顶层 Makefile 文件中的以下规则：

```
unconfig:
    @rm -f $(obj)include/config.h $(obj)include/config.mk \
```

```
$(obj)board/*/config.tmp $(obj)board/*/*/config.tmp \
$(obj)include/autoconf.mk $(obj)include/autoconf.mk.dep \
$(obj)include/spl-autoconf.mk \
$(obj)include/tpl-autoconf.mk
```

```
%_config: unconfig
    @$(MKCONFIG)   -A   $(@:_config=)
```

在上面的规则中，unconfig 规则是删除一些文件。MKCONFIG 变量在顶层 Makefile 中的定义如下：

```
MKCONFIG      := $(SRCTREE)/mkconfig
export MKCONFIG
```

其中，$(@:_config=)中的"$@"表示目标，即 smdk2440_config，"_config="表示替换掉，"="后面没有数据表示替换为空格，所以$(@:_config=)等价于 smdk2440，因此命令：

```
@$(MKCONFIG)   -A   $(@:_config=)
```

被解析为：

```
mkconfig   -A   smdk2440
```

该命令会进入到 mkconfig 文件中，mkconfig 的内容如下：

```
if   [   ( $# -eq 2 )   -a   ( "$1" = "-A" ) ]
then
    line=`awk '($0 !~ /^#/ && $7 ~ /^'"$2"'$/) { print $1, $2, $3, $4, $5, $6, $7, $8 }' boards.cfg`
    if [ -z "$line" ]
    then
      echo "make: *** No rule to make target \`$2_config'.   Stop." >&2
      exit 1
    fi

    set   ${line}
    [ $# = 3 ] && set ${line} ${1}
fi
```

上述语句中，if[($# -eq 2)-a("$1" = "-A")]判断 mkconfig 的参数个数是否为 2，并且第一个参数为"-A"。条件成立，执行下述代码：

```
line=`awk '($0 !~ /^#/ && $7 ~ /^'"$2"'$/) { print $1, $2, $3, $4, $5, $6, $7, $8 }' boards.cfg`
```

通过 awk 命令从 boards.cfg 文件中查找第二个参数 smdk2440，如果找到，打印 1～8 参数(空格区分)，最后赋值给 line 变量，并定义$1～$8 变量的值，line 值如下：

```
line=Active   arm   arm920t   s3c24x0   samsung   -   smdk2410   -
set   ${line}
```

通过 set 命令，设置 mkconfig 新的参数，执行以下代码：

```
[ $# = 3 ] && set ${line} ${1}
```

判断$#(参数个数)是否为 3，如果是则 set ${line} ${1}。

接下来，mkconfig 的内容如下：

```
while [ $# -gt 0 ]
do
    case "$1" in
    --) shift ; break ;;
    -a) shift ; APPEND=yes ;;
    -n) shift ; BOARD_NAME="${7%_config}" ; shift ;;
    -t) shift ; TARGETS="`echo $1 | sed 's:_: :g'` ${TARGETS}" ; shift ;;
    *)   break ;;
    esac
done
```

//while 里面用于判断参数值，因为没有这些参数值，所以 while 语句中不执行

接下来，mkconfig 的内容如下：

```
[ $# -lt 7 ] && exit 1
[ $# -gt 8 ] && exit 1
```

//如果参数个数小于 7 或者大于 8，则退出

接下来，mkconfig 的内容如下：

```
CONFIG_NAME="${7%_config}"
[ "${BOARD_NAME}" ] || BOARD_NAME="${7%_config}"
```

//上述语句将 BOARD_NAME 变量赋值为 smdk2410

接下来，mkconfig 的内容如下：

```
arch="$2"
cpu=`echo $3 | awk 'BEGIN {FS = ":"} ; {print $1}'`
spl_cpu=`echo $3 | awk 'BEGIN {FS = ":"} ; {print $2}'`
if [ "$6" = "-" ] ; then
    board=${BOARD_NAME}
else
    board="$6"
fi
[ "$5" != "-" ] && vendor="$5"
[ "$4" != "-" ] && soc="$4"
[ $# -gt 7 ] && [ "$8" != "-" ] && {
    # check if we have a board config name in the options field
    # the options field mave have a board config name and a list
    # of options, both separated by a colon (':'); the options are
    # separated by commas (',').
    #
    # Check for board name
    tmp="${8%:*}"
```

```
            if [ "$tmp" ] ; then
                CONFIG_NAME="$tmp"
            fi
            # Check if we only have a colon...
            if [ "${tmp}" != "$8" ] ; then
                options=${8#*:}
                TARGETS="`echo ${options} | sed 's:,: :g`` ${TARGETS}"
            fi
        }
```

上述语句功能是：根据 line 变量以及$1～$8 变量的值分别给 arch、cpu、board、vender、soc、options 赋值，赋值如下：

```
        arch=arm
        cpu=arm920t
        board=smdk2410
        vender=samsung
        soc=s3c24x0
        option=NULL
```

接下来，mkconfig 的内容如下：

```
        if [ "$options" ] ; then
            echo "Configuring for ${BOARD_NAME} - Board: ${CONFIG_NAME}, Options:
${options}"
        else
            echo "Configuring for ${BOARD_NAME} board..."
        fi
```

上述语句中：如果 options 为空，则打印"Configuring for ${BOARD_NAME} board..."，即 u-boot 配置的时打印信息。

```
        if [ "$SRCTREE" != "$OBJTREE" ] ; then
            mkdir -p ${OBJTREE}/include
            LNPREFIX=${SRCTREE}/arch/${arch}/include/asm/
            cd ${OBJTREE}/include
            mkdir -p asm
        else
            cd arch/${arch}/include
        fi
        //上述语句功能是进入 include 目录
```

接下来，mkconfig 的内容如下：

```
        (echo "ARCH     = ${arch}"
        if [ ! -z "$spl_cpu" ]
        then
```

```
            echo 'ifeq ($(CONFIG_SPL_BUILD),y)'
            echo "CPU       = ${spl_cpu}"
            echo "else"
            echo "CPU       = ${cpu}"
            echo "endif"
        else
            echo "CPU       = ${cpu}"
        fi
        echo "BOARD    = ${board}"

        [ "${vendor}" ] && echo "VENDOR = ${vendor}"
        [ "${soc}"    ] && echo "SOC      = ${soc}"
        exit 0 ) > config.mk
```

上述语句功能是在 include 目录下创建一个 config.mk 文件，config.mk 的内容如下：

```
    ARCH     = arm
    CPU      = arm920t
    BOARD    = smdk2410
    VENDOR = Samsung
    SOC      = s3c24x0
```

接下来，mkconfig 的内容如下：

```
    if [ "$APPEND" = "yes" ]    # Append to existing config file
    then
        echo >> config.h
    else
        > config.h          # Create new config file
    fi
    //上述语句功能是生成一个新的 config.h 文件
```

接下来，mkconfig 的内容如下：

```
    echo "/* Automatically generated - do not edit */" >>config.h
    把"/* Automatically generated - do not edit */"追加到 config.h 文件中
    for i in ${TARGETS}
    do
        i="`echo ${i} | sed '/=/ {s/=/  /;q; } ; { s/$/      1/; }'`"
        echo "#define CONFIG_${i}" >>config.h ;
    done
    echo "#define CONFIG_SYS_ARCH   \"${arch}\""   >> config.h
    echo "#define CONFIG_SYS_CPU    \"${cpu}\""    >> config.h
    echo "#define CONFIG_SYS_BOARD \"${board}\"" >> config.h
    [ "${vendor}" ] && echo "#define CONFIG_SYS_VENDOR \"${vendor}\"" >> config.h
```

```
[ "${soc}"      ] && echo "#define CONFIG_SYS_SOC      \"${soc}\""      >> config.h
cat << EOF >> config.h
#define CONFIG_BOARDDIR board/$BOARDDIR
#include <config_cmd_defaults.h>
#include <config_defaults.h>
#include <configs/${CONFIG_NAME}.h>
#include <asm/config.h>
#include <config_fallbacks.h>
#include <config_uncmd_spl.h>
EOF
exit 0
```

上述语句的功能是追加上面的宏定义和头文件到 config.h 文件中，则 config.h 文件里面的内容如下：

```
config.h 文件里面的内容为：
/* Automatically generated - do not edit */
#define CONFIG_SYS_ARCH    "arm"
#define CONFIG_SYS_CPU      "arm920t"
#define CONFIG_SYS_BOARD "smdk2410"
#define CONFIG_SYS_VENDOR "samsung"
#define CONFIG_SYS_SOC      "s3c24x0"
#define CONFIG_BOARDDIR board/samsung/smdk2410
#include <config_cmd_defaults.h>
#include <config_defaults.h>
#include <configs/smdk2410.h>
#include <asm/config.h>
#include <config_fallbacks.h>
#include <config_uncmd_spl.h>
```

可以到 include 目录下查看 config.mk 和 config.h 文件是否为上述内容。

至此，u-boot 的配置过程分析完毕。

2. u-boot 编译

在 u-boot 主目录中，按下 make 命令，则 u-boot 会进行编译，等待一段时间编译完毕后，在根目录下会出现 u-boot.bin 文件，它就是要烧写到 flash 上的引导程序，u-boot.bin 文件的生成过程分析如下。

make 命令会执行顶层 Makefile 中的如下规则：

```
all:        $(ALL-y) $(SUBDIR_EXAMPLES-y)
```

在 all 规则中，变量(ALL-y)在顶层 Makefile 的定义如下：

```
ALL-y += $(obj)u-boot.srec $(obj)u-boot.bin $(obj)System.map
ALL-y += $(obj)u-boot-dtb-tegra.bin
```

ALL-y += $(obj)u-boot-nodtb-tegra.bin

在 all 规则中，变量(SUBDIR_EXAMPLES-y)在顶层 Makefile 的定义如下：

SUBDIR_EXAMPLES-y := examples/standalone

//这个目录下是一些例子

all 规则最终生成的文件是 u-boot.bin，下面直接分析 u-boot.bin 所在的规则，其规则如下：

$(obj)u-boot.bin: $(obj)u-boot

$(OBJCOPY) ${OBJCFLAGS} -O binary $< $@

$(call DO_STATIC_RELA,$<,$@,$(CONFIG_SYS_TEXT_BASE))

$(BOARD_SIZE_CHECK)

其中，$(CONFIG_SYS_TEXT_BASE)为链接地址，这个链接文件在 include/configs/smdk2440.h 的配置文件中指定如下：

#define CONFIG_SYS_TEXT_BASE 0x0

由 u-boot.bin 规则可见，u-boot.bin 依赖于 elf 格式的 u-boot，u-boot 规则如下：

$(obj)u-boot:　depend　$(SUBDIR_TOOLS) $(OBJS) $(LIBS) $(obj)u-boot.lds\

$(GEN_UBOOT)

ifeq ($(CONFIG_KALLSYMS),y)

smap=`$(call SYSTEM_MAP,$(obj)u-boot) | \

awk '$$2 ~ /[tTwW]/ {printf $$1 $$3 "\\\\000"}'` ; \

$(CC) $(CFLAGS) -DSYSTEM_MAP="\"$${smap}\"" \

-c common/system_map.c -o $(obj)common/system_map.o

$(GEN_UBOOT) $(obj)common/system_map.o

endif

在 u-boot 规则中，$(SUBDIR_TOOLS)变量定义如下：

SUBDIR_TOOLS = tools

//tools 目录下是一些工具

OBJS 变量定义如下：

OBJS := $(addprefix $(obj),$(head-y))

其中，$(head-y)定义如下：

head-y := $(CPUDIR)/start.o

//这个 start.o 由 start.S 文件生成，也即 u-boot 的第一个文件

$(LIBS)定义如下：

$(LIBS): depend $(SUBDIR_TOOLS) $(MAKE) $(build) $(dir $(subst $(obj),,$@))

$(GEN_UBOOT)定义如下：

GEN_UBOOT = cd $(LNDIR) && $(LD) $(LDFLAGS) $(LDFLAGS_$(@F)) \

$(__OBJS) \

--start-group $(__LIBS) --end-group $(PLATFORM_LIBS) \

-Map u-boot.map -o u-boot

其中，

$(__OBJS)定义为

      __OBJS := $(subst $(obj),,$(OBJS))

$(__LIBS)定义为

      __LIBS := $(subst $(obj),,$(LIBS))

$(LIBS)定义为

      LIBS := $(addprefix $(obj),$(sort $(LIBS-y)))

其中，$(LIBS-y)定义为

```
LIBS-y += lib/
        LIBS-$(HAVE_VENDOR_COMMON_LIB) += board/$(VENDOR)/common/
        LIBS-y += $(CPUDIR)/
ifdef SOC
        LIBS-y += $(CPUDIR)/$(SOC)/
endif
LIBS-$(CONFIG_IXP4XX_NPE) += drivers/net/npe/
LIBS-$(CONFIG_OF_EMBED) += dts/
LIBS-y += arch/$(ARCH)/lib/
LIBS-y += fs/
LIBS-y += net/
LIBS-y += disk/
LIBS-y += drivers/
LIBS-y += drivers/dma/
LIBS-y += drivers/gpio/
LIBS-y += drivers/i2c/
LIBS-y += drivers/input/
LIBS-y += drivers/mmc/
LIBS-y += drivers/mtd/
LIBS-$(CONFIG_CMD_NAND) += drivers/mtd/nand/
LIBS-y += drivers/mtd/onenand/
LIBS-$(CONFIG_CMD_UBI) += drivers/mtd/ubi/
LIBS-y += drivers/mtd/spi/
LIBS-y += drivers/net/
LIBS-y += drivers/net/phy/
LIBS-y += drivers/pci/
LIBS-y += drivers/power/ \
drivers/power/fuel_gauge/ \
drivers/power/mfd/ \
drivers/power/pmic/ \
drivers/power/battery/
        LIBS-y += drivers/spi/
```

```
          LIBS-$(CONFIG_FMAN_ENET) += drivers/net/fm/
          LIBS-$(CONFIG_SYS_FSL_DDR) += drivers/ddr/fsl/


          LIBS-y += drivers/serial/
          LIBS-y += drivers/usb/eth/
      LIBS-y += drivers/usb/gadget/
      LIBS-y += drivers/usb/host/
      LIBS-y += drivers/usb/musb/
      LIBS-y += drivers/usb/musb-new/
      LIBS-y += drivers/usb/phy/
      LIBS-y += drivers/usb/ulpi/
      LIBS-y += common/
      LIBS-y += lib/libfdt/
      LIBS-$(CONFIG_API) += api/
      LIBS-$(CONFIG_HAS_POST) += post/
      LIBS-y += test/
      ifneq (,$(filter $(SOC), mx25 mx27 mx5 mx6 mx31 mx35 mxs vf610))
              LIBS-y += arch/$(ARCH)/imx-common/
      endif
    LIBS-$(CONFIG_ARM) += arch/arm/cpu/
    LIBS-$(CONFIG_PPC) += arch/powerpc/cpu/
    LIBS-y += board/$(BOARDDIR)/
    LIBS-y := $(patsubst %/, %/built-in.o, $(LIBS-y))
```

在 u-boot 规则中，u-boot.lds 在目录 arch/arm/cpu 中，该文件为链接脚本，该脚本定义了程序的当前地址、代码段、只读数据段、数据段、bss 段等的排放顺序。

综上所述，u-boot 的编译过程就是，根据主 Makefile 和各个目录下的 Makefile 生成.o 和.a 文件的库，把所有的.o 和.a 文件按照链接脚本进行链接，最后生成 u-boot.bin 二进制文件。执行 Make 后，最后一段的输出信息如下：

```
    arm-linux-ld  -pie -T u-boot.lds --gc-sections -Bstatic -Ttext 0x0 arch/arm/cpu/arm920t/start.o
--start-group arch/arm/cpu/arm920t/built-in.o arch/arm/cpu/arm920t/s3c24x0/built-in.o arch/arm/cpu/built-
in.o arch/arm/lib/built-in.o board/samsung/common/built-in.o board/samsung/smdk2440/built-in.o common/
built-in.o disk/built-in.o drivers/built-in.o drivers/dma/built-in.o drivers/gpio/built-in.o drivers/i2c/built-in.o
drivers/input/built-in.o drivers/mmc/built-in.o drivers/mtd/built-in.o drivers/mtd/nand/built-in.o drivers/mtd/
onenand/built-in.o drivers/mtd/spi/built-in.o drivers/mtd/ubi/built-in.o drivers/net/built-in.o drivers/net/phy/
built-in.o drivers/pci/built-in.o drivers/power/battery/built-in.o drivers/power/built-in.o drivers/power/fuel_
gauge/built-in.o drivers/power/mfd/built-in.o drivers/power/pmic/built-in.o drivers/serial/built-in.o drivers/
spi/built-in.o drivers/usb/eth/built-in.o drivers/usb/gadget/built-in.o drivers/usb/host/built-in.o drivers/usb/
musb-new/built-in.o drivers/usb/musb/built-in.o drivers/usb/phy/built-in.o drivers/usb/ulpi/built-in.o fs/built-
in.o lib/built-in.o lib/libfdt/built-in.o net/built-in.o test/built-in.o --end-group /home/hmt/2440/test_uboot/u-
```

boot-2014.01/arch/arm/lib/eabi_compat.o　　-L　/usr/local/arm/4.3.2/bin/../lib/gcc/arm-none-linux-gnueabi/
4.3.2/armv4t -lgcc -Map u-boot.map -o u-boot

　　　　arm-linux-objcopy -j .text -j .rodata -j .hash -j .data -j .got.plt -j .u_boot_list -j .rel.dyn --gap-fill=0xff
-O srec u-boot u-boot.srec

　　　　arm-linux-objcopy -j .text -j .rodata -j .hash -j .data -j .got.plt -j .u_boot_list -j .rel.dyn --gap-fill=0xff
-O binary u-boot u-boot.bin

上述显示信息中：

- -pie 表示采用位置无关代码，这是新版 u-boot 的特性之一；
- -T u-boot.lds 表示指定链接脚本；
- -Bstatic 表示采用静态链接；
- -Ttext 0x0 表示指定链接地址为 0，在 smdk2440.h 配置文件中指定。

上述显示信息就是将各个目录下的所有文件编译成 build-in.o 库，然后按照链接脚本
u-boot.lds 中指定的顺序编译成 elf 格式的 u-boot，最后生成 u-boot.bin 二进制文件。

7.1.5　u-boot 移植

7.1.4 节依据 s3c2440 芯片为例介绍 u-boot 编译流程，此时生成的 u-boot.bin 二进制文
件下载到 s3c2440 开发板中，不一定能成功启动内核，因此需要对 u-boot 源码进行修改，
也称为 u-boot 移植，主要分为以下六步。

1. 预操作

按照 smdk2440 的板子配置 u-boot，代码如下：

```
#cp   -arf board/samsung/smdk2440   board/samsung/fs2440
#mv   board/samsung/fs2440/smdk2440.c   board/samsung/fs2440/fs2440.c
#vim   board/samsung/fs2440/Makefile   //把 smdk2440.o 改为 fs2440.o
#cp   -arf include/configs/smdk2440.h   include/configs/fs2440.h
#make   fs2440_config
#make
```

编译时，会出现下述提示错误：

```
make: *** No rule to make target `fs2440_config'.   Stop.
make: *** [fs2440_config] Error 1
```

需要修改 boards.cfg 文件，在 boards.cfg 中将

```
Active arm arm920t s3c24x0 samsung - smdk2440 - David Müller <d.mueller@elsoft.ch>
```

修改为

```
Active arm arm920t s3c24x0 samsung - fs2440 xiaowugui <xiaowugui@qiantong.ch>
```

u-boot 重新配置 make　fs2440_config，然后执行 make，则编译成功。

2. 修改时钟频率

(1) 在 start.S 中默认的时钟设置是 120 MHz，代码如下：

```
/* FCLK:HCLK:PCLK = 1:2:4 */
/* default FCLK is 120 MHz ! */
```

```
ldr    r0, =CLKDIVN
mov   r1, #3
str    r1, [r0]
```

而在 cpu_init_crit 函数中的 lowlevel_init 函数里，设置 SDRAM 寄存器时，代码为

```
.word ((REFEN<<23)+(TREFMD<<22)+(Trp<<20)+(Trc<<18)+(Tchr<<16)+REFCNT)
#define REFCNT1113 /* period=15.6us, HCLK=60Mhz, (2048+1-15.6*60) */
```

可见，uboot 里先以 60 MHz 的时钟计算参数来设置内存控制器，但是 MPLL 还未设置，在后期第二阶段 C 语言部分才设置系统时钟，所以内存可能用不了。因此，需要修改代码，在 SDRAM 初始化前设置系统时钟。

注释掉 board_early_init_f 中的相关代码：

```
/* to reduce PLL lock time, adjust the LOCKTIME register */
//writel(0xFFFFFF, &clk_power->locktime);
/* configure MPLL */
//writel((M_MDIV << 12) + (M_PDIV << 4) + M_SDIV,
// &clk_power->mpllcon);
```

在原先 start.S 文件的 start_code 函数设置时钟比例的地方加上如下代码，设置 MPLL 为 200 MHz，并开启 icache。

```
/* setup system time */
ldr    r0, =0x4c000014 // CLKDIVN
mov   r1, #0x03;
str    r1, [r0]


/* fast bus mode --->asynchronous bus mode */
mrc p15, 0, r1, c1, c0, 0
orr r1, r1, #0xc0000000
mcr   p15, 0, r1, c1, c0, 0


ldr    r0, =0x4c000004 // MPLLCON
ldr r1, =0x0005c040 // MPLLCON = ((0x5c << 12) | (0x04 << 4) | (0x0))
str    r1, [r0]


/* open ICACHE */
mrc p15, 0, r0, c1, c0, 0 //read control reg
orr r0, r0, #(1 << 12)
mcr p15, 0, r0, c1, c0, 0 //write it back
```

3. 支持 nandflash 启动

u-boot 源码在链接时添加了"-pie"选项，使得 u-boot.bin 里多了了"*(.rel*)"、"*(.dynsym)"，从而使得程序非常大，不利于从 nand 启动(重定位之前的启动代码应该少于 4 K)，应去掉

"-pie"选项，添加 nandflash 启动代码 init.c，init.c 文件参照 7.1.6 节。

代码从 nandflash 拷贝到 Sdram 上之前需要 nandflash 的初始化，因此要在 nandflash 拷贝到 Sdram 代码之前添加语句：

```
bl nand_init
```

4. 支持重定位

nandflash 初始化之后，需要把代码从片内 4K 的 RAM 拷到 SDRAM 内存中去，调用 copy_code_to_sdram 函数，这个函数需要三个参数：源、目的、大小。函数格式如下：

```
void copy_code_to_sdram(unsigned char *src, unsigned char *dest, unsigned int length)
```

汇编调用 C 语言中 r0 代表第一个参数，r1 代表第二个参数，r2 代表第三个参数。

源即为片内 4K 开始的 0 地址，目的为要拷入的链接地址_TEXT_BASE，大小为链接文件 u-boot.lds 中 bss 段减去程序的开始地方__bss_start-_start，即_bss_start_ofs。二进制文件不包括 bss 段。

修改链接地址_TEXT_BASE 即 CONFIG_SYS_TEXT_BASE，在 fs2440.h 中，将

```
#define CONFIG_SYS_TEXT_BASE    0x0
```

修改为：

```
#define CONFIG_SYS_TEXT_BASE 0x33f00000
```

若 nandflash 的大小为 64M，起始地址为 0x30000000，结束地址为 0x34000000，链接地址为 0x33f00000，留出 1M 的空间用来存放 u-boot。

所以添加如下代码，以重定位和清除 bss 段：

```
mov  r0, #0
ldr   r1, _TEXT_BASE
ldr r2, _bss_start_ofs
bl    copy_code_to_sdram
bl    clean_bss
```

这样就不使用 u-boot 自带的重定位代码了，所以注释掉 u-boot 原本的重定位函数 relocate_code 和清除 bss 段函数 clbss_1，注释掉 arch/arm/lib/crt0.S 文件中的这段函数，代码如下：

```
/*
 * Set up intermediate environment (new sp and gd) and call
 * relocate_code(addr_moni). Trick here is that we'll return
 * 'here' but relocated.
/*
    ldr    sp, [r9, #GD_START_ADDR_SP] /* sp = gd->start_addr_sp */
    bic    sp, sp, #7    /* 8-byte alignment for ABI compliance */
    ldr    r9, [r9, #GD_BD]              /* r9 = gd->bd */
    sub    r9, r9, #GD_SIZE             /* new GD is below bd */
    adr    lr, here
    ldr    r0, [r9, #GD_RELOC_OFF]        /* r0 = gd->reloc_off */
```

```
        add   lr, lr, r0
        ldr   r0, [r9, #GD_RELOCADDR]            /* r0 = gd->relocaddr */
        b     relocate_code
here:
/* Set up final (full) environment */
        bl    c_runtime_cpu_setup  /* we still call old routine here */
        ldr   r0, =__bss_start  /* this is auto-relocated! */
        ldr   r1, =__bss_end      /* this is auto-relocated! */
        mov   r2, #0x00000000     /* prepare zero to clear BSS */

clbss_l:cmp     r0, r1            /* while not at end of BSS */
        strlo  r2, [r0]           /* clear 32-bit BSS word */
        addlo r0, r0, #4          /* move to next */
        blo    clbss_l
```

5. 重新设置栈

跳入 SDRAM 中去执行时使用 bl 指令，bl 为相对跳转指令，所以在前面应加上一个标号 call_board_init_f，使用 ldr 命令从片内内存跳转入 sdram 中执行。

```
        ldr pc, =call_board_init_f
        call_board_init_f:
        mov   r0, #0
        bl    board_init_f
```

在运行 board_init_f 函数的时候设置好了栈，即

```
        ldr sp, =(CONFIG_SYS_INIT_SP_ADDR)
```

但是在函数 board_init_f 中，会把 gd_t 结构体中的数据全部复制到高地址，没有再重新设置栈，所以在进入第二阶段之前需要再重新设置栈。新的栈地址在 board_init_f 函数中，代码如下：

```
        #else
            addr_sp += 128;  /* leave 32 words for abort-stack    */
            gd->irq_sp = addr_sp;
        #endif
            debug("New Stack Pointer is: %08lx\n", addr_sp);
```

这里 addr_sp 即为新的栈地址。需要把这个参数传给 crt0.S 这个汇编程序。在汇编中声明一个全局变量 base_sp，格式如下：

```
        .globl base_sp
        base_sp:
            .long 0
```

然后在调用第二阶段前设置栈，代码如下：

```
        ldr pc, =call_board_init_f
```

```
call_board_init_f:
    mov  r0, #0
    bl    board_init_f
```

此外，还需要在 board_init_f 函数中把 base_sp 用新栈地址赋值，即

```
memcpy(id, (void *)gd, sizeof(gd_t));
base_sp = addr_sp;
return (unsigned int)id;
```

同时，在 board_init_f 函数中声明这个 base_sp 为外部变量，即

```
extern ulong base_sp;
```

在分析函数 board_init_f 中计算链接地址的地方，代码如下：

```
/*
 * reserve memory for U-Boot code, data & bss
 * round down to next 4 kB limit
 */

addr -= gd->mon_len;
addr &= ~(4096 - 1);
```

留出 uboot 的代码空间后，就是链接地址的地方。这里把链接地址固定住，留出 1M 的空间给 uboot 代码、bss 段等，所以直接赋值链接地址 addr = 0x33f00000，代码如下：

```
/*
 * reserve memory for U-Boot code, data & bss
 * round down to next 4 kB limit
 */

//addr -= gd->mon_len;
//addr &= ~(4096 - 1);
addr = _TEXT_BASE;
```

6. 修改第二阶段入口

最后，调用第二阶段的函数 board_init_r。

```
void board_init_r(gd_t *id, ulong dest_addr)
```

这个函数需要两个参数，第一个参数 id 即为 call_board_init_f 函数中的 id，所以修改 call_board_init_f 函数，让它返回 id, call_board_init_f 函数的返回值改为 unsigned int：

```
return (unsigned int)id;
```

第二个参数的目的地址即为程序的链接地址_TEXT_BASE，即

```
/* second stage */
ldr r1, _TEXT_BASE
bl board_init_r
```

修改后发现_bss_start_ofs 定义是在 start.S 中，所以把设置栈、nand 初始化和重定位放到 start.S 文件中的 cpu_init_crit 函数后面，代码如下：

```
#if defined(CONFIG_SPL_BUILD) && defined(CONFIG_SPL_STACK)
```

```
        ldr sp, =(CONFIG_SPL_STACK)
#else
        ldr sp, =(CONFIG_SYS_INIT_SP_ADDR)
#endif
        bic sp, sp, #7      /* 8-byte alignment for ABI compliance */
        sub sp, sp, #GD_SIZE /* allocate one GD above SP */
        bic sp, sp, #7      /* 8-byte alignment for ABI compliance */
        mov r9, sp          /* GD is above SP */


        bl nand_init


        mov r0, #0
        ldr r1, _TEXT_BASE
        ldr r2, _bss_start_ofs
        bl    copy_code_to_sdram


        bl    clear_bss
```

执行完上述代码后，然后才跳到_main 函数去执行。

在 arch/arm/lib/crt0.S 中定义一个宏：

```
    _TEXT_BASE:
        .wordCONFIG_SYS_TEXT_BASE
```

给跳入第二阶段的参数使用。

7．阶段性测试

(1) 修改链接脚本，把 start.S init.c lowlever.S 等文件放到最前面。在 arch/arm/cpu/u-boot.lds 中的 text 代码段，加入下述代码：

```
    board/samsung/fs2410/built-in.o (.text*)
    .text :
    {
        *(.__image_copy_start)
        CPUDIR/start.o (.text*)
        board/samsung/fs2410/built-in.o (.text*)
        *(.text*)
    }
```

(2) 去掉 "-pie"。在文件 arch/arm/config.mk 中定义：

```
    #LDFLAGS_u-boot += -pie
    #ALL-y += checkarmreloc
```

(3) 把所有修改好的代码放入 uboot 中，重新编译。上电后，出现如下打印信息：

```
    U-Boot 2014.01 (Feb 25 2014 - 13:30:40)
```

```
CPUID: 32410002
FCLK:        200 MHz
HCLK:        100 MHz
PCLK:         50 MHz
DRAM:    64 MiB
WARNING: Caches not enabled
Flash: *** failed ***
### ERROR ### Please RESET the board ###
```

上述打印信息表明到目前为止，一切修改都是正确的。

8. 支持 nandflash

(1) 分析阶段性测试中的错误打印信息。搜索"Flash："，在 arch/arm/lib/board.c 中查找到下述代码：

```
puts("Flash: ");
flash_size = flash_init();
if (flash_size > 0)
{
    # ifdef CONFIG_SYS_FLASH_CHECKSUM
        print_size(flash_size, "");
        /*
          * Compute and print flash CRC if flashchecksum is set to 'y'
          *
          * NOTE: Maybe we should add some WATCHDOG_RESET()? XXX
          */
        if (getenv_yesno("flashchecksum") == 1) {
            printf("  CRC: %08X", crc32(0,
                (const unsigned char *) CONFIG_SYS_FLASH_BASE,
                flash_size));
        }
        putc('\n');
    # else   /* !CONFIG_SYS_FLASH_CHECKSUM */
        print_size(flash_size, "\n");
    # endif /* CONFIG_SYS_FLASH_CHECKSUM */
}
else
{
    puts(failed);
    hang();
```

```
    }
#if defined(CONFIG_CMD_NAND)
    puts("NAND:   ");
    nand_init();        /* go init the NAND */
```

由上述代码可见，打印"Flash："后，进行 flash_init 初始化 norflash，返回值为 norflash 的大小，如果没有找到 norflash，返回 0，之后执行 hang 挂起函数，根本不会再往下执行。

```
    void hang(void)
    {
#if !defined(CONFIG_SPL_BUILD) || (defined(CONFIG_SPL_LIBCOMMON_SUPPORT) && \
    defined(CONFIG_SPL_SERIAL_SUPPORT))
    puts("### ERROR ### Please RESET the board ###\n");
#endif
    bootstage_error(BOOTSTAGE_ID_NEED_RESET);
    for (;;)
            ;
    }
```

hang 函数根本不会再往下执行，从而导致 uboot 无法运行下去。

在这里，如果找不到 norflash，不执行 hang 函数，只是打印 0 KB 即可，然后继续往下运行，初始化 nandflash。

修改 else 并注释 hang 函数为：

```
    else
    {
        //puts(failed);
        //hang();
        puts("0KB...\n\r");
    }
```

(2) 修改代码支持 nandflash。在 arch/arm/lib/board.c 中执行 nand_init 函数：

```
    puts("NAND:   ");
    nand_init();                /* go init the NAND */
```

然后，执行 nand_init_chip 函数，部分代码如下：

```
    nand->IO_ADDR_R = nand->IO_ADDR_W = (void   __iomem *)base_addr;
```

其中，base_addr 为 nand 配置寄存器物理地址，它在 fs2440.h 中的定义为：

```
    #define CONFIG_SYS_NAND_BASE        0x4E000000
```

在 nand_init_chip 函数中会执行 board_nand_init 函数来初始化 nand 的相关寄存器等。

board_nand_init 函数在 drivers/mtd/nand/s3c2440_nand.c 中实现。该函数传入一个 struct nand_chip 结构体，里面存放 nand 的相关函数操作。

把 nand 寄存器的基地址 0x4E000000 赋值给 struct nand_chip 结构体指针。

```
    struct s3c2410_nand *nand_reg = s3c2410_get_base_nand();
```

给相关的时间参数赋值如下：

```
        tacls  = 4;
        twrph0 = 8;
        twrph1 = 8;
```
配置 nfconf 寄存器：
```
        cfg = S3C2410_NFCONF_EN;
        cfg |= S3C2410_NFCONF_TACLS(tacls - 1);
        cfg |= S3C2410_NFCONF_TWRPH0(twrph0 - 1);
        cfg |= S3C2410_NFCONF_TWRPH1(twrph1 - 1);
        writel(cfg, &nand_reg->nfconf);
```
给 struct nand_chip 结构体定义的变量 nand 赋初始值，提供底层的操作函数，代码如下：
```
        nand->select_chip = NULL;
        /* read_buf and write_buf are default */
        /* read_byte and write_byte are default */
        #ifdef CONFIG_NAND_SPL
            nand->read_buf = nand_read_buf;
        #endif
        /* hwcontrol always must be implemented */
        nand->cmd_ctrl = s3c2410_hwcontrol;
        nand->dev_ready = s3c2410_dev_ready;


        #ifdef CONFIG_S3C2410_NAND_HWECC
            nand->ecc.hwctl = s3c2410_nand_enable_hwecc;
            nand->ecc.calculate = s3c2410_nand_calculate_ecc;
            nand->ecc.correct = s3c2410_nand_correct_data;
            nand->ecc.mode = NAND_ECC_HW;
            nand->ecc.size = CONFIG_SYS_NAND_ECCSIZE;
            nand->ecc.bytes = CONFIG_SYS_NAND_ECCBYTES;
            nand->ecc.strength = 1;
        #else
            nand->ecc.mode = NAND_ECC_SOFT;
        #endif


        #ifdef CONFIG_S3C2410_NAND_BBT
            nand->bbt_options |= NAND_BBT_USE_FLASH;
        #endif
```
最后，退出 board_nand_init 执行 nand_scan，在 nand_scan 函数中识别 nandflash、nand_scan_ident。

首先，把 struct nand_chip 结构体定义的变量 nand 未赋值的变量设置为默认值，即
```
        nand_set_defaults(chip, busw);
```

之前 nand->select_chip 变量赋值为 NULL，所以在 nand_set_defaults 中为它赋值为默认
函数：

```
if (!chip->select_chip)
chip->select_chip = nand_select_chip;
```

但是，这个默认函数 nand_select_chip 里面的操作并不完整，代码如下：

```
static void nand_select_chip(struct mtd_info *mtd, int chipnr)
{
    struct nand_chip *chip = mtd->priv;
    switch (chipnr)
    {
      case -1:
          chip->cmd_ctrl(mtd, NAND_CMD_NONE, 0 | NAND_CTRL_CHANGE);
             break;
      case 0:
             break;
      default:
             BUG();
    }
}
```

所以，还需要重写这个 chip->select_chip 函数，写入自己编写的 s3c2440_nand_select
函数，其代码如下：

```
static void s3c2410_nand_select(struct mtd_info *mtd, int chipnr)
{
    struct s3c2410_nand *nand = s3c2410_get_base_nand();
    switch (chipnr) {
    case -1:
        nand->nfconf |= (1 << 11);
        break;
    case 0:
        nand->nfconf &= ~(1 << 11);
        break;
    default:
        BUG();
    }
}
```

其中，chipnr 为-1 的时候取消选中，把 nfconf 的 11 位置 1，为 0 的时候为选中，置 0。

chip->cmdfunc 函数在 nand_set_defaults 函数中设为默认值：

```
/* check, if a user supplied command function given */
if (chip->cmdfunc == NULL)
```

```
    chip->cmdfunc = nand_command;
```

这个 nand_command 函数既可以用来发送命令，也可以用来发送列地址(页内地址)、行地址(哪一页)，它会调用：

```
    chip->cmd_ctrl(mtd, column, ctrl);
```

这个 chip->cmd_ctrl 函数在 board_nand_init 函数里被赋值为：

```
    nand->cmd_ctrl = s3c2410_hwcontrol;
```

s3c2440_hwcontrol 根据 ctrl 来分辨是命令还是地址：

```
    static void s3c2410_hwcontrol(struct mtd_info *mtd, int dat, unsigned int ctrl)
```

ctrl 在 nand_command 函数中有定义：

```
    int ctrl = NAND_CTRL_CLE | NAND_CTRL_CHANGE;

    ctrl = NAND_CTRL_ALE | NAND_CTRL_CHANGE;

    #define NAND_CTRL_CLE            (NAND_NCE | NAND_CLE)

    #define NAND_CTRL_ALE            (NAND_NCE | NAND_ALE)
```

其中，NAND_CTRL_CLE 表示发送命令，NAND_CTRL_ALE 表示发送地址。综上分析可知，可以根据 NAND_CTRL_CLE 和 NAND_CTRL_ALE 来修改 s3c2440_hwcontrol 函数，代码如下：

```
    static void s3c2440_hwcontrol(struct mtd_info *mtd, int dat, unsigned int ctrl)
    {
        struct s3c2440_nand *nand = s3c2440_get_base_nand();
        if(ctrl & NAND_CLE)
        {
            /* 发送命令 */
            writeb(dat, &nand->nfcmd);
        }
        else if(ctrl & NAND_ALE)
        {
            /* 发送地址 */
            writeb(dat, &nand->nfaddr);
        }
    }
```

至此，对 nand 的支持就完成了。

9. 修改环境变量添加分区

环境变量存放在 flash 上，也可以选择存在 nandflash 上。u-boot 启动时会去读取这些环境变量，来判断环境变量是否有效。如果某个环境变量有效就使用它，如果无效则使用默认的环境变量，默认参数在代码中写死。

默认环境变量存放在 include/env_default.h 中的 default_environment 中，代码如下：

```
    const uchar default_environment[] = {

    #endif
```

```
#ifdef        CONFIG_ENV_CALLBACK_LIST_DEFAULT
    ENV_CALLBACK_VAR "=" CONFIG_ENV_CALLBACK_LIST_DEFAULT "\0"
#endif
#ifdef        CONFIG_ENV_FLAGS_LIST_DEFAULT
    ENV_FLAGS_VAR "=" CONFIG_ENV_FLAGS_LIST_DEFAULT "\0"
#endif
#ifdef        CONFIG_BOOTARGS
    "bootargs="        CONFIG_BOOTARGS                    "\0"
#endif
#ifdef        CONFIG_BOOTCOMMAND
    "bootcmd="        CONFIG_BOOTCOMMAND                "\0"
#endif
#ifdef        CONFIG_RAMBOOTCOMMAND
    "ramboot="CONFIG_RAMBOOTCOMMAND                "\0"
#endif
#ifdef        CONFIG_NFSBOOTCOMMAND
    "nfsboot=" CONFIG_NFSBOOTCOMMAND          "\0"
#endif
#if defined(CONFIG_BOOTDELAY) && (CONFIG_BOOTDELAY >= 0)
    "bootdelay="        __stringify(CONFIG_BOOTDELAY)      "\0"
#endif
#if defined(CONFIG_BAUDRATE) && (CONFIG_BAUDRATE >= 0)
    "baudrate="        __stringify(CONFIG_BAUDRATE)        "\0"
#endif
#ifdef        CONFIG_LOADS_ECHO
    "loads_echo="  __stringify(CONFIG_LOADS_ECHO)  "\0"
#endif
#ifdef        CONFIG_ETHADDR
    "ethaddr=" __stringify(CONFIG_ETHADDR) "\0"
#endif
#ifdef        CONFIG_ETH1ADDR
    "eth1addr="        __stringify(CONFIG_ETH1ADDR)        "\0"
#endif
#ifdef        CONFIG_ETH2ADDR
    "eth2addr="        __stringify(CONFIG_ETH2ADDR)        "\0"
#endif
#ifdef        CONFIG_ETH3ADDR
    "eth3addr="        __stringify(CONFIG_ETH3ADDR)        "\0"
#endif
```

```
#ifdef      CONFIG_ETH4ADDR
    "eth4addr="      __stringify(CONFIG_ETH4ADDR)      "\0"
#endif
#ifdef      CONFIG_ETH5ADDR
    "eth5addr="      __stringify(CONFIG_ETH5ADDR)      "\0"
#endif
#ifdef      CONFIG_ETHPRIME
    "ethprime="      CONFIG_ETHPRIME               "\0"
#endif
#ifdef      CONFIG_IPADDR
    "ipaddr="   __stringify(CONFIG_IPADDR)    "\0"
#endif
#ifdef      CONFIG_SERVERIP
    "serverip="__stringify(CONFIG_SERVERIP) "\0"
#endif
#ifdef      CONFIG_SYS_AUTOLOAD
    "autoload="      CONFIG_SYS_AUTOLOAD           "\0"
#endif
#ifdef      CONFIG_PREBOOT
    "preboot=" CONFIG_PREBOOT               "\0"
#endif
#ifdef      CONFIG_ROOTPATH
    "rootpath="CONFIG_ROOTPATH              "\0"
#endif
#ifdef      CONFIG_GATEWAYIP
    "gatewayip="      __stringify(CONFIG_GATEWAYIP)      "\0"
#endif
#ifdef      CONFIG_NETMASK
    "netmask="__stringify(CONFIG_NETMASK)"\0"
#endif
#ifdef      CONFIG_HOSTNAME
    "hostname="      __stringify(CONFIG_HOSTNAME)      "\0"
#endif
#ifdef      CONFIG_BOOTFILE
    "bootfile=" CONFIG_BOOTFILE               "\0"
#endif
#ifdef      CONFIG_LOADADDR
    "loadaddr="      __stringify(CONFIG_LOADADDR)      "\0"
#endif
```

```
#ifdef      CONFIG_CLOCKS_IN_MHZ
    "clocks_in_mhz=1\0"
#endif
#if defined(CONFIG_PCI_BOOTDELAY) && (CONFIG_PCI_BOOTDELAY > 0)
    "pcidelay="      __stringify(CONFIG_PCI_BOOTDELAY)"\0"
#endif
#ifdef      CONFIG_ENV_VARS_UBOOT_CONFIG
    "arch="            CONFIG_SYS_ARCH            "\0"
    "cpu="             CONFIG_SYS_CPU             "\0"
    "board="   CONFIG_SYS_BOARD            "\0"
    "board_name="  CONFIG_SYS_BOARD            "\0"
#ifdef CONFIG_SYS_VENDOR
    "vendor="  CONFIG_SYS_VENDOR           "\0"
#endif
#ifdef CONFIG_SYS_SOC
    "soc="             CONFIG_SYS_SOC             "\0"
#endif
#endif
#ifdef      CONFIG_EXTRA_ENV_SETTINGS
    CONFIG_EXTRA_ENV_SETTINGS
#endif
    "\0"
#ifdef DEFAULT_ENV_INSTANCE_EMBEDDED
    }
```

所有这些环境变量都可以在配置文件 fs2440.h 中重新赋值，但是这些环境变量具体存放在哪里则由 fs2440.h 文件中的 CONFIG_ENV_IS_IN_FLASH 决定。

CONFIG_ENV_IS_IN_FLASH 表示环境变量存放在 norflash 上。在 u-boot 中搜索 grep "CONFIG_ENV_IS_IN_FLASH" * -nR，会发现在 common/Makefile 中有如下定义：

```
# environment
obj-y += env_attr.o
obj-y += env_callback.o
obj-y += env_flags.o
obj-$(CONFIG_ENV_IS_IN_DATAFLASH) += env_dataflash.o
obj-$(CONFIG_ENV_IS_IN_EEPROM) += env_eeprom.o
extra-$(CONFIG_ENV_IS_EMBEDDED) += env_embedded.o
obj-$(CONFIG_ENV_IS_IN_EEPROM) += env_embedded.o
extra-$(CONFIG_ENV_IS_IN_FLASH) += env_embedded.o
obj-$(CONFIG_ENV_IS_IN_NVRAM) += env_embedded.o
obj-$(CONFIG_ENV_IS_IN_FLASH) += env_flash.o
```

```
obj-$(CONFIG_ENV_IS_IN_MMC) += env_mmc.o
obj-$(CONFIG_ENV_IS_IN_FAT) += env_fat.o
obj-$(CONFIG_ENV_IS_IN_NAND) += env_nand.o
obj-$(CONFIG_ENV_IS_IN_NVRAM) += env_nvram.o
obj-$(CONFIG_ENV_IS_IN_ONENAND) += env_onenand.o
obj-$(CONFIG_ENV_IS_IN_SPI_FLASH) += env_sf.o
obj-$(CONFIG_ENV_IS_IN_REMOTE) += env_remote.o
obj-$(CONFIG_ENV_IS_IN_UBI) += env_ubi.o
obj-$(CONFIG_ENV_IS_NOWHERE) += env_nowhere.o
```

上述定义表示可以把环境变量放到这些设备上，现在要放到 nandflash 上，则需要注释掉：

```
#define CONFIG_ENV_ADDR   (CONFIG_SYS_FLASH_BASE + 0x070000)
#define CONFIG_ENV_IS_IN_FLASH
#define CONFIG_ENV_SIZE     0x10000
/* allow to overwrite serial and ethaddr */
#define CONFIG_ENV_OVERWRITE
```

修改为

```
#define CONFIG_ENV_IS_IN_NAND
```

但是，环境变量具体存放在 nandflash 上面什么地方，则需要先划分分区，可以根据内核来划分分区。例如，可以把 64M 的 nandflash 做如下分区：

```
0x00000000-0x00080000 : "bootloader"
0x00080000-0x000a0000 : "params"
0x000a0000-0x003a0000 : "kernel"
0x003a0000 -0x10000000 : "root"
```

其中，booloader 占 512 K，环境变量占 128 K，内核占 3 M，其余的为根文件系统。

在配置文件 fs2440.h 中设置环境变量：

```
#define MTDPARTS_DEFAULT "mtdparts=FS2440-0:512k(u-boot),"      \
                          "128k(params),"          \
                          "3m(kernel),"        \
                          "-(rootfs)"
```

所以需要定义环境变量的偏移地址：

```
#define CONFIG_ENV_OFFSET 0x00080000
```

环境变量存放在 512K 的地方，因为前面的 512K 留给了 u-boot，设置环境变量的大小为 128 K，即

```
#define CONFIG_ENV_SIZE 0x20000
```

因为环境变量大小要设为 nandflash 一块的整数倍，nandflash 一块为 128K，设置擦除块的大小也应为 128 K，即

```
#define CONFIG_ENV_RANGE CONFIG_ENV_SIZE 0x20000
```

这样，就可以使用 save 命令保存环境变量了。

7.1.6　自己编写 u-boot

根据前面几节 u-boot 的介绍，现在来编写一个 u-boot，这个 u-boot 只有启动内核功能。通过自己编写 u-boot 代码可加深对嵌入式引导程序的理解以及 u-boot 代码的功能框架。自己编写的 u-boot 代码包括以下几个文件：

(1) start.S：第一阶段代码；

(2) init.c：nandflash 和串口相关的函数；

(3) boot.c：第二阶段代码；

(4) boot.lds：链接脚本；

(5) Makfile：编译脚本。

1. start.S 文件

```
.text//表示代码段
.global _start//全局标号
_start:

/* 1. 关看门狗 */
    ldr    r0, =0x53000000 mov r1, #0
    str r1, [r0] //把 r1 的值存到 r0 的地址，即看门狗寄存器设为 0，关闭看门狗


/* 2. 屏蔽中断 */
    ldr    r1, =0xffffffff
    ldr    r0, =0x4a000008
    str    r1, [r0]


    ldr    r1, =0x3ff
    ldr    r0, =0x4a00001c
    str    r1, [r0]


/* 3. 设置系统时钟 */
    ldr    r0, =0x4c000014 // CLKDIVN
    mov  r1, #0x03;//分频系数 FCLK:HCLK:PCLK=1:2:4, HDIVN=1, PDIVN=1
    str    r1, [r0]


    /* 如果 HDIVN 非 0，CPU 的总线模式应该从"fast bus mode" 变为 "asynchronous" */
    mrc p15, 0, r1, c1, c0, 0 //读出控制寄存器
    orr r1, r1, #0xc0000000 //设置为"asynchronous bus mode"
    mcr  p15, 0, r1, c1, c0, 0 //写入控制寄存器
```

```
    ldr    r0, =0x4c000004 // MPLLCON
    ldr r1, =0x0005c040    // MPLLCON = ((0x5c << 12) | (0x04 << 4) | (0x0))
    str    r1, [r0]
```

/*4. 初始化 SDRAM */

```
    ldr    r0, =0x48000000        // BWSCON
    adr    r1, sdram_config    //sdram_config 的当前地址
    add    r3, r0, #(13*4)    // r3=r0+52
```

1:

```
    ldr    r2, [r1], #4    //从 r1 所指的地方取出一个值存到 r2，然后让 r1 加 4
    str    r2, [r0], #4    //把 r2 的值存到 r0 所指的地方，然后 r2 加 4
    cmp    r0, r3    //比较 r0 和 r3
    bne    1b //  如果不相等，跳到前面的 1 编号
```

/* 5. 重定位把 bootloader 本身的代码从 flash 复制到他的连接地址去*/

```
    //调用 C 函数之前要先设置栈
    ldr    sp, =0x34000000 //指向最高的地址
    /*init nand*/
    bl nand_init //执行 nand_init 函数，函数在 init.c 中定义

    mov    r0, #0
    ldr    r1, =_start    // 参考 boot.lds
    ldr    r2, =__bss_start
    sub    r2, r2, r1    //相减即为长度

    bl    copy_code_to_sdram    //把代码从 nandflash 拷贝到 sdram 上去执行
    bl    clean_bss                //清除 bss 段
```

/*6. 执行 main 函数*/

```
    ldr    lr,    =halt
    ldr    pc, =main
halt:
    b    halt

sdram_config:
    .long 0x22011110
    .long 0x00000700
```

```
                .long 0x00000700

                .long 0x00000700

                .long 0x00000700

                .long 0x00000700

                .long 0x00000700

                .long 0x00018005

                .long 0x00018005

                .long 0x008c04f4

                .long 0x000000b1

                .long 0x00000030

                .long 0x00000030
```

2. init.c 文件

//

　　init.c 文件主要执行 nandflash 的相关初始化，判断是 nandflash 启动还是 norflash 启动，拷贝程序到 sdram 上执行。其中，寄存器的操作参照 nandflash 的芯片手册，此外，还需要初始化串口。

```c
        #include "2440.h"

        #define PCLK 50000000

        #define UART_BAUD_RATE 115200

        #define TXD0READY (1 << 2)

        void nand_read(unsigned int addr, unsigned char *buf, unsigned int length);

        /* isBootFromNorFlash 判断是 norflash 还是 nandflash 启动，nandflash 既可以写也可以读，但
是 norflash 只可以读不可以写。判断方法是，往一个地址里写数据，然后读出来判断刚写入的数据和
原本的数据是否相等，如果相等，表示可读可写，为 nandflash，如果不相等，表示写入失败，因此
为 norflash */

        int isBootFromNorFlash(void)

        {

            volatile int *p = (volatile int *)0;

            int val;

            val = *p;               ///保存原先的数据

            *p = 0x12345678;        //写入新的数据

            if(*p == 0x12345678) //  判断是否相等

            {

                /*write successfully, boot from nand*/

                *p = val;

                return 0;

            }

            else
```

```
        {
            /*boot from nor*/
            return 1;
        }
    }


/* copy_code_to_sdram 函数把程序从 flash 上拷贝到 sdram 中 */
void copy_code_to_sdram(unsigned char *src, unsigned char *dest, unsigned int length)
{
    int i = 0;
    /*如果是 norflash 启动，norflash 可以向内存一样读，所以可以直接赋值*/
    if(isBootFromNorFlash())
    {
        while(i < length)
        {
            dest[i] = src[i];
            i ++;
        }
    }
/* nandflash 不能直接读，所以需要调用 nandflash 的读函数 */
    else
    {
        nand_read((unsigned int)src, dest, length);
    }
}


/* 清除 bss 段，把这个段都赋值为 0 */
void clean_bss(void)
{
    extern int __bss_start, __bss_end;
    int *p = &__bss_start;

    for(; p < &__bss_end; p ++)
    {
        *p = 0;
    }
}


/* nandflash 的初始化，参照芯片手册 */
```

```
void nand_init(void)
{
    #define TACLS 0
    #define TWRPH0 2
    #define TWRPH1 0

    /*enable nand flash control,  init ecc,  disable chip select,set time*/
    NFCONF = (1 << 15) | (1 << 12) | (1 << 11) | (TACLS << 8) | (TWRPH0 << 4) |
(TWRPH1 << 0);
}


/* 选中芯片 */
void nand_select(void)
{
    NFCONF &= ~(1 << 11);
}
/* 取消片选 */
void nand_deselect(void)
{
    NFCONF |= (1 << 11);
}


/* 发送命令 */
void nand_cmd(unsigned char cmd)
{
    volatile int i;
    NFCMD = cmd;
    for(i = 0; i < 10; i ++);
}
/* 发送地址 */
void nand_addr(unsigned int addr)
{
    unsigned int col = addr % 512;
    unsigned int page = addr / 512;
    volatile int i;

    NFADDR = col & 0xff;
    for(i = 0; i < 10; i ++);
```

```
    NFADDR = page & 0xff;
    for(i = 0; i < 10; i ++);
    NFADDR = (page >> 8) & 0xff;
    for(i = 0; i < 10; i ++);
    NFADDR = (page >> 16) & 0xff;
    for(i = 0; i < 10; i ++);
}


void nand_wait_ready(void)
{
    while(!(NFSTAT & 1));
}


unsigned char nand_data(void)
{
    return NFDATA;
}


/* nand 的读函数  */
void nand_read(unsigned int addr, unsigned char *buf, unsigned int length)
{
    int col = addr % 512;
    int i = 0;

    /*步骤 1：选中芯片*/
    nand_select();

    while(i < length)
    {
        /*步骤 2：发送读命令*/
        nand_cmd(0x0);

        /*步骤 3：使用 5 个循环来发送地址*/
        nand_addr(addr);

        /*步骤 4：判断状态*/
        nand_wait_ready();

        /*步骤 5：读数据*/
```

```
            for(; (col < 512) && (i < length); col ++)
            {
                    buf[i] = nand_data();
                    i ++;
                    addr ++;
            }
            col = 0;
    }
}
```

/* uart0_init 函数为初始化串口 0，波特率设为 115200，8 个数据位，无 FIFO，其中寄存器的
操作参照数据手册的串口部分 */

```
    void uart0_init(void)
    {
        GPHCON |= 0xa0;          //gph2, gph3 -->txd0, rxd0
        GPHUP     = 0x0c;            //gph2, gph3 up
        UFCON0   = 0x0;     //UART channel 0 FIFO control register, FIFO disable
        UMCON0   = 0x0;      //UART chaneel 0 MODEM control register, AFC disable
        ULCON0   = 0x3;     //Line control register : Normal,No parity,1 stop,8 bits
        UCON0    = 0x245;   // Control register
        UBRDIV0 = ((int)((PCLK / 16) / UART_BAUD_RATE + 0.5) - 1);   //  Baud  rate  divisior
register 0
    }

    void putc(unsigned char c)
    {
        /* wait for the data in   buffer sent out */
        while(!(UTRSTAT0 & TXD0READY));
        /* write data to UTXH0* */
        UTXH0 = c;
    }

    void puts(char *str)
    {
        int i = 0;
        while(str[i])
        {
                putc(str[i]);
                i ++;
```

```
    }
}
```

3．boot.c 文件

boot.c 文件进入了 u-boot 的第二阶段，代码如下：

```c
#include "setup.h"
extern void uart0_init(void);
extern void nand_read(unsigned int addr,unsigned char * buf,unsigned int length);
extern void puts(char * str);
static struct tag *params;
/* 设置各种 tag */
void setup_start_tag(void)
{
    params = (struct tag *)0x30000100;
    params->hdr.tag = ATAG_CORE; // 0x54410001
    params->hdr.size = tag_size(tag_core); //tag_headrer hdr
    params->u.core.flags = 0;                        //union u -> tag_core
    params->u.core.pagesize = 0;
    params->u.core.rootdev = 0;

    params = tag_next(params);
}
/* memory tag */
void setup_memory_tags(void)
{
    params->hdr.tag = ATAG_MEM; //0x54410002, tell kernel what the meaning of this number
    params->hdr.size = tag_size(tag_mem32);
    params->u.mem.start = 0x30000000;          //sdram start address
    params->u.mem.size = 64 * 1024 * 1024; //size of sdram
    params = tag_next(params);
}
int strlen(char *str)
{
    int i = 0;
    while(str[i])
    {
        i ++;
    }
    return i;
```

```
}
void strcpy(char *dest, char *src)
{
    while((*dest++ = *src++) != '\0');
}
/* commandline tag */
void setup_cmmandline_tag(char *cmdline)
{
    int len = strlen(cmdline) + 1;
    params->hdr.tag = ATAG_CMDLINE; // 0x54410009
    params->hdr.size = (sizeof(struct tag_header) + len + 3) >> 2;
    strcpy(params->u.cmdline.cmdline, cmdline);
    params = tag_next(params);
}
/* end tag */
void setup_end_tag(void)
{
    params->hdr.tag = ATAG_NONE; // 0x00000000
    params->hdr.size = 0;
}
int main(void)
{
    void (*theKernel)(int zero, int arch, unsigned int params);
    /* 0. init    uart0 */
    uart0_init();
    puts("Init uart0 ok......\n\r");

    /*1. read kernel from nand flash to sdram*/
    puts("Copy kernel from nand......\n\r");
    nand_read(0x100000 + 64, (unsigned char *)0x30008000, 0x200000);

    /*2. setup args*/
    puts("Set boot params......\n\r");
    setup_start_tag();
    setup_memory_tags();
    setup_cmmandline_tag("noinitrd    root=/dev/mtdblock2    init=/linuxrc    console=ttySAC0,
115200");
    setup_end_tag();
```

```
/*3. jump and exec*/
puts("Boot kernel......\n\r");
theKernel = (void(*)(int, int , unsigned int))0x30008000;
theKernel(0, 193, 0x30000100); //machine id; set by yourself......................
/* mov      r0, #0
 * ldr      r1, =362
 * ldr      r2, =0x30000100
 * mov      pc, #0x30008000
 */

puts("Error!!!!!!\n\r");
/*if everything is normal, it can not be here*/
return -1;
}
```

4. boot.lds 链接脚本

```
SECTIONS
{
    . =0x33f80000;
    .text    : {*(.text)}

    . = ALIGN(4);
    .rodata : {*(.rodata*)}

    . = ALIGN(4);
    .data    : {*(.data)}

    . = ALIGN(4);
    __bss_start = .;
    .bss      : {*(.bss) *(COMMON)}
    __bss_end = .;
}
```

5. Makefile 文件

```
CC        = arm-linux-gcc
LD        = arm-linux-ld
AR        = arm-linux-ar
OBJCOPY      = arm-linux-objcopy
OBJDUMP      = arm-linux-objdump
```

```
CFLAGS          := -Wall -O2
CPPFLAGS        := -nostdinc -fno-builtin


objs := start.o init.o boot.o


boot.bin : $(objs)
    ${LD} -Tboot.lds -o boot.elf $^
    ${OBJCOPY} -O binary -S boot.elf $@
    ${OBJDUMP} -D -m arm boot.elf > boot.dis


%.o : $.c
    ${CC} ${CPPFLAGS} ${CFLAGS} -c -o $@ $<


%.o : $.s
    ${CC} ${CPPFLAGS} ${CFLAGS} -c -o $@ $<


clean :
    rm -f *.o *.bin *.elf *.dis
```

7.2　嵌入式 Linux 内核

7.2.1　Linux 内核简介

  Linux 内核的起源可追溯到 1991 年芬兰大学生 linus torvalds 编写和第一次公布 Linux 的日子。尽管到目前为止，Linux 内核系统早已远远发展到了 torvalds 本人之外的范围，但 torvalds 仍保持着对 Linux 内核的控制权，并且是 Linux 名称的唯一版权所有人。自发布 Linux0.12 版本起，Linux 就一直依照 GPL(通用公共许可协议)自由软件许可协议进行授权。

  内核就是通常所说的"Linux 技术奇迹"的最重要特征，在 IT 术语中，内核既是操作系统的心脏，也是它的大脑，因为内核控制着基本的硬件。内核具有很多最基本功能，如虚拟内存、多任务、共享库、共享的写时拷贝(copy-on-write)和 TCP/IP 网络功能等。

  Linux 发行商一般会根据自己的需要对基本内核进行定制，在一些情况下，不同的 Linux 版本会在自己的内核中加入主内核中没有的特性与支持，如 Redhat 将部分 2.6 内核的特性向前移植到它自己的 2.4.x 内核中；再如 ubuntu Linux 版本在 ubuntu 的 2.6.15 Linux 内核中增加了对 SunT1 处理器的支持。

  Linux 内核本身并不是操作系统，它是一个完整操作系统的组成部分。Redhat、novell、debian 与 gentoo 等 Linux 发行商都采用 Linux 内核，然后通过加入更多的工具、库与应用程序来构建一个完整的操作系统。

7.2.2　Linux 内核的发展

由于 Linux 的源程序是完全公开的，任何人只要遵循 GPL 就可以对内核加以修改并发布给他人使用。为了确保这些无序的开发过程能够有序地进行，Linux 采用了双树系统：稳定树(stable tree)和非稳定树(unstable tree)或开发树(development tree)。

一些新特性、实验性改进等都将首先在开发树中进行。如果在开发树中所做的改进也可以应用于稳定树，那么在开发树中经过测试以后，在稳定树中将进行相同的改进。一旦开发树经过了足够的发展，开发树就会成为新的稳定树。开发树就体现在源程序的版本号中：源程序版本号的形式为 x.y.z。对于稳定树来说，y 是偶数；对于开发树来说，y 比相应的稳定树大 1，因此，是奇数。下载内核版本地址为：http://www.kernel.org/pub/linux/kernel/。

Linux 操作系统随着每一个版本升级而变得更加稳定。以 2003 年 12 月进入开源世界的第一个 2.6 内核版本为例，与其前任 2.4 内核相比，它在很多方面进行了改进，如支持多处理器配置与 64 位计算，它还支持实现高效率线程处理的本机 posix 线程库。

7.2.3　Linux 内核配置

1．配置内核的方法

内核的配置一般有三种方法。

(1) 使用 make menuconfig 命令，出现图像界面后自己配置各个选项。这种方法要求比较高，一般对内核非常熟悉的才会使用这种方法，不建议自己配置。

(2) 使用默认的配置，然后在默认配置上根据自己的需要修改。默认的配置一般以 _defconfig 为后缀。例如在 arch/arm/configs 目录下有与 2440 开发板相关的 s3c2440_defconfig，配置的时候输入命令：

    make s3c2410_defconfig

此时会打印：

    # configuration written to .config

表明把所有的配置选项都写到了 .config 文件中。

(3) 使用厂家提供的配置文件，自己不需要配置。如果使用厂家提供的配置，可以直接把厂家提供的默认配置文件拷贝为 .config，然后 make 即可。

2．内核的配置分析

下面以使用默认配置为例，分析内核的配置过程。

默认配置的结果生成了一个 .config 文件，进入这个 .config 文件中查看结果。

    CONFIG_LEDS_CLASS=m

    CONFIG_CS89x0=y

    CONFIG_CS89x0_PLATFORM=y

其中，"=y" 表示编译到内核中，"=m" 表示编译成模块，后面需要的时候可以再加载到内核中去。以 cs89x0 为例，在内核目录下搜索 cs89x0，输入如下命令：

    grep "cs89x0" * -nR

会发现在这样几个文件中有定义：

(1) include/generated/autoconf.h 文件中；

(2) include/config/auto.conf 文件中；

(3) 子目录下的 Makefile， drivers/net/ethernet/cirrus/Makefile。

其中，autoconfi.h 是由.config 自动生成的，autoconf.h 中的 cs89x0 定义为：

> #define CONFIG_CS89x0 1

在 autoconf.h 文件中，无论是 y 还是 m，都被定义为 1。

再看一下子目录下的 Makefile(drivers/net/ethernet/cirrus/Makefile)：

> obj-$(CONFIG_CS89x0) += cs89x0.o

对于内核下的子目录 Makefile，-y 会被编译到内核中，-m 会被编译成模块。

其中，CONFIG_CS89x0 宏在 auto.conf 文件中被定义为：

> CONFIG_CS89x0=y

因此：

> Obj-y+=cs89x0.o

cs89x0 子目录下会被直接编译到内核，而不是编译成模块。

总之，配置内核的时候生成了.config，然后 make uImage 编译的时候，由.config 生成了一个 autoconfi.h 文件和一个 auto.conf 文件。autoconfi.h 被源代码使用，而 auto.conf 被顶层 Makefile 包含，给子目录下的 Makefile 使用。

7.2.4　Linux 内核的编译流程

只要能确定 Linux 内核的第一个文件和链接脚本，就可以分析出整个 Linux 内核编译流程。因为链接脚本表示 Linux 内核应该放到哪里，里面的内容是如何排放的。

下面来分析一下 Makefile。Linux 内核代码中 Makefile 分为顶层的 Makefile、架构下的 Makefie 和子目录下的 Makefile。

在编译内核时，直接输入 make uImage 命令，在顶层 Makefile 中会匹配 uImage 对应的规则。当然，只凭借顶层的 Makefile 是无法完成编译工作的，在顶层的 Makefile 中有 include $(srctree)/arch/$(SRCARCH)/Makefile，可见顶层的 Makefile 还包含各个架构下的 Makefile，其中：

> ARCH 　?= 　$(SUBARCH)

> CROSS_COMPILE 　?=

在编译内核之前都会指定架构和交叉编译器，如果设置：

> ARCH ? =arm

则会包含 ARM 架构 arch/arm 下的 Makefile。执行 make uImage 命令的时候，在 arch/arm/Makefile 中找到规则：

> $(obj)/uImage: $(obj)/zImage FORCE

> @$(check_for_multiple_loadaddr)

> $(call if_changed,uimage)

> @$(kecho) ' Image $@ is ready'

uImage 依赖于 zImage，找一下 zImage 的生成规则：

> $(obj)/zImage: $(obj)/compressed/vmlinux FORCE

```
$(call if_changed,objcopy)
@$(kecho) '   Kernel: $@ is ready'
```

zImage 依赖于 vmlinux，但是在 arch/arm/Makefile 中没有找到 vmlinux，在顶层的 Makefile 中找到规则：

```
all: vmlinux
```

在编译内核时，如果直接输入 make 命令，顶层的 Makefile 会默认执行 all 规则，进而执行 vmlinux 规则：

```
vmlinux:   scripts/link-vmlinux.sh $(vmlinux-deps) FORCE
```

vmlinux 则依赖于脚本 link-vmlinux.sh 和变量 vmlinux-deps。变量 vmlinux-deps 为：

```
vmlinux-deps:=$(KBUILD_LDS) $(KBUILD_VMLINUX_INIT)
$(KBUILD_VMLINUX_MAI)
```

其中：

```
KBUILD_LDS              := arch/$(SRCARCH)/kernel/vmlinux.lds
KBUILD_VMLINUX_INIT := $(head-y) $(init-y)
KBUILD_VMLINUX_MAIN := $(core-y) $(libs-y) $(drivers-y) $(net-y)
```

从名字上分析：

KBUILD_LDS 为链接脚本，也即 vmlinux.lds 为架构下的链接脚本；KBUILD_VMLINUX_INIT 为一些初始化的代码；KBUILD_VMLINUX_MAIN 为一些主要的代码。

- 首先分析初始化代码：KBUILD_VMLINUX_INIT := $(head-y) $(init-y)。

其中，head-y 在顶层的 Makefile 中并没有找到，它们在架构相关的 arch/arm/Makefile 中定义：

```
head-y := arch/arm/kernel/head$(MMUEXT).o
```

MMUEXT 没有定义，所以 head$(MMUEXT).o 即为 head.o，由此可知最初始的代码就是 head.o。

init-y 在顶层的 Makefile 中找到：

```
init-y := init/
init-y := $(patsubst %/, %/built-in.o, $(init-y))
```

patsubst 是一个函数，其中%/代表 init/，所以 init-y=init/built-in.o。

- 再分析主要代码：KBUILD_VMLINUX_MAIN := $(core-y) $(libs-y) $(drivers-y) $(net-y)。

core-y 在顶层的 Makefile 中定义：

```
core-y : = usr/
core-y += kernel/ mm/ fs/ ipc/ security/ crypto/ block/
core-y := $(patsubst %/, %/built-in.o, $(core-y))
```

同样的分析得：

```
core-y=usr/built-in.o  kernel/built-in.o  mm/built-in.o  fs/built-init.o  ipc/built-in.o  security/built-in.o
crypto/built-in.o block/built-in.o
```

libs-y 在顶层的 Makefile 中定义：

```
libs-y := lib/
libs-y1 := $(patsubst %/, %/lib.a, $(libs-y))
libs-y2 := $(patsubst %/, %/built-in.o, $(libs-y))
libs-y := $(libs-y1) $(libs-y2)
```

同样的分析得：

```
libs-y = lib/lib.a lib/built-in.o
```

drivers-y 在顶层的 Makefile 中定义：

```
drivers-y := drivers/ sound/ firmware/
drivers-y := $(patsubst %/, %/built-in.o, $(drivers-y))
```

同样的分析得：

```
drivers -y = driver/built-in.o sound/built-in.o firmware/built-in.o
```

net-y 在顶层 Makefile 中定义：

```
net-y := net/
net-y := $(patsubst %/, %/built-in.o, $(net-y))
```

同样的分析得：

```
net-y = net/built-in.o
```

综上所述，内核主要是由一些 built-in.o 组成的。built-in.o 是由内核中各个目录下(比如 drivers、usr)的所有文件编译成的，然后由链接脚本链接成内核 uImage。

下面来分析一下 make uImage 之后内核的输出结果：

V=1+ arm-linux-ld -EL -p --no-undefined -X --build-id -o vmlinux -T /home/hmt/2410/ linux-3.12/arch/arm/kernel/vmlinux.lds

arch/arm/kernel/head.o init/built-in.o --start-group usr/built-in.o arch/arm/nwfpe/built-in.o arch/arm/ kernel/built-in.o arch/arm/mm/built-in.o arch/arm/common/built-in.o arch/arm/net/built-in.o arch/arm/crypto/ built-in.o arch/arm/mach-s3c24xx/built-in.o arch/arm/plat-samsung/built-in.o kernel/built-in.o mm/built-in.o fs/built-in.o ipc/built-in.o security/built-in.o crypto/built-in.o block/built-in.o arch/arm/lib/lib.a lib/lib.a arch/arm/lib/built-in.o lib/built-in.o drivers/built-in.o sound/built-in.o firmware/built-in.o net/built-in.o --end-group .tmp_kallsyms2.o

arm-linux-ld -EL --defsym _kernel_bss_size=177508 --defsym zreladdr=0x30108000 -p --no-undefined -X -T arch/arm/boot/compressed/vmlinux.lds

arch/arm/boot/compressed/head.o arch/arm/boot/compressed/piggy.gzip.o arch/arm/boot/compressed/ misc.o arch/arm/boot/compressed/decompress.o arch/arm/boot/compressed/string.o arch/arm/boot/compressed/ lib1funcs.o arch/arm/boot/compressed/ashldi3.o -o arch/arm/boot/compressed/vmlinux

arm-linux-objcopy -O binary -R .comment -S arch/arm/boot/compressed/vmlinux arch/arm/boot/zImage

/bin/bash /home/hmt/2440/linux-3.12/scripts/mkuboot.sh -A arm -O linux -C none -T kernel -a 0x30108000 -e 0x30108000 -n 'Linux-3.12.0' -d arch/arm/boot/zImage arch/arm/boot/uImage

由上面的结果发现链接命令为 arm-linux-ld，输出内核为 -o vmlinux。其中，链接脚本由 -T 指出-T arch/arm/boot/compressed/vmlinux.lds，vmlinux.lds 决定内核生成的组成文件是如何排布的。其中组成文件即为上面的 head.o、init_task.o、init/built-in.o，对应前面分析的各种 built-in.o。

因此内核第一个文件为 arch/arm/kernel/head.S，链接脚本为 arch/arm/kernel/vmlinux.lds。但是未编译内核的 arch/arm/kernel 目录下没有 vmlinux.lds 文件，只有 vmlinux.lds.S 汇编文件。vmlinux.lds 是由 vmlinux.lds.S 在编译的时候生成的，分析一下编译后生成的 vmlinux.lds.S：

```
.= 0xC0000000 + 0x00108000;
```

它指定了内核放在哪里，这是一个虚拟地址，然后开始放.head.text 段：

```
.head.text : {
_text = .;
*(.head.text)
}
```

然后是真正的 text 段，代码如下：

```
.text : { /* Real text segment              */
_stext = .; /* Text and read-only data      */
__exception_text_start = .;
*(.exception.text)
__exception_text_end = .;

. = ALIGN(8); *(.text.hot) *(.text) *(.ref.text) *(.text.unlikely)
. = ALIGN(8); __sched_text_start = .; *(.sched.text) __sched_text_end = .;
. = ALIGN(8); __lock_text_start = .; *(.spinlock.text) __lock_text_end = .;
. = ALIGN(8); __kprobes_text_start = .; *(.kprobes.text) __kprobes_text_end = .;
. = ALIGN(8); __idmap_text_start = .; *(.idmap.text) __idmap_text_end = .;
. = ALIGN(32); __hyp_idmap_text_start = .; *(.hyp.idmap.text) __hyp_idmap_text_end = .;
*(.fixup)
*(.gnu.warning)
*(.glue_7)
*(.glue_7t)
. = ALIGN(4);
*(.got) /* Global offset table              */
}
```

这些.text 段的排放顺序是根据前面分析 built-in.o 时的顺序决定的，即先存放 head.o，然后是 init_task.o、init/built-in.o、usr/built-in.o 等。

然后是各种.init 段，代码如下：

```
__init_begin = .;
/** The vectors and stubs are relocatable code, and the* only thing that matters is their relative
offsets*/
__vectors_start = .;
.vectors 0 : AT(__vectors_start) {
```

```
     *(.vectors)
   }
   . = __vectors_start + SIZEOF(.vectors);
   __vectors_end = .;
   __stubs_start = .;
   .stubs 0x1000 : AT(__stubs_start) {
    *(.stubs)
   }
   . = __stubs_start + SIZEOF(.stubs);
   __stubs_end = .;
   . = ALIGN(8); .init.text : AT(ADDR(.init.text) - 0) { _sinittext = .; *(.init.text) *(.meminit.text)
_einittext = .; }
   .exit.text : {
    *(.exit.text) *(.memexit.text)
   }
   .init.proc.info : {
    . = ALIGN(4); __proc_info_begin = .; *(.proc.info.init) __proc_info_end = .;
   }
   .init.arch.info : {
    __arch_info_begin = .;
    *(.arch.info.init)
    __arch_info_end = .;
   }
   .init.tagtable : {
    __tagtable_begin = .;
    *(.taglist.init)
    __tagtable_end = .;
   }
   .init.pv_table : {
    __pv_table_begin = .;
    *(.pv_table)
    __pv_table_end = .;
   }
   .init.data : {
    *(.init.data) *(.meminit.data) *(.init.rodata) *(.meminit.rodata) . = ALIGN(32); __dtb_start = .;
*(.dtb.init.rodata) __dtb_end = .;
    . = ALIGN(16); __setup_start = .; *(.init.setup) __setup_end = .;
    __initcall_start = .; *(.initcallearly.init) __initcall0_start = .; *(.initcall0.init) *(.initcall0s.init)
__initcall1_start = .; *(.initcall1.init) *(.initcall1s.init) __initcall2_start = .; *(.initcall2.init) *(.initcall2s.init)
```

__initcall3_start = .; *(.initcall3.init) *(.initcall3s.init) __initcall4_start = .; *(.initcall4.init) *(.initcall4s.init) __initcall5_start = .; *(.initcall5.init) *(.initcall5s.init) __initcallrootfs_start = .; *(.initcallrootfs.init) *(.initcallrootfss.init) __initcall6_start = .; *(.initcall6.init) *(.initcall6s.init) __initcall7_start = .; *(.initcall7.init) *(.initcall7s.init) __initcall_end = .;

　　　　__con_initcall_start = .; *(.con_initcall.init) __con_initcall_end = .;

　　　　__security_initcall_start = .; *(.security_initcall.init) __security_initcall_end = .;

　　　　. = ALIGN(4); __initramfs_start = .; *(.init.ramfs) . = ALIGN(8); *(.init.ramfs.info)

　　　　}

　　　.exit.data : {

　　　　*(.exit.data) *(.memexit.data) *(.memexit.rodata)

　　　}

　　　__init_end = .;

至此，Makefile 分析完毕。

7.2.5　Linux 内核的启动过程

1．内核启动的第一阶段

　　在 7.1 节分析 u-boot 的时候，u-boot 会向内核传入一些参数，放入内存的某个地址，所以在 u-boot 引起启动内核后，内核首先回去处理 u-boot 传入的参数。

　　分析内核的第一个文件：arch/arm/kernel/head.S。head.s 入口点的代码如下：

```
ENTRY(stext)
THUMB( adr    r9, BSYM(1f)    )    @ Kernel is always entered in ARM.
THUMB( bx     r9            )    @ If this is a Thumb-2 kernel,
THUMB( .thumb              )    @ switch to Thumb now.
THUMB(1:                   )

#ifdef CONFIG_ARM_VIRT_EXT
    bl    __hyp_stub_install
#endif
    @ ensure svc mode and all interrupts masked
    safe_svcmode_maskall r9

    mrc   p15, 0, r9, c0, c0       @ get processor id
    bl    __lookup_processor_type      @ r5=procinfo r9=cpuid
    movs r10, r5                 @ invalid processor (r5=0)?
    THUMB( it     eq )          @ force fixup-able long branch encoding
    beq   __error_p              @ yes, error 'p'
```

　　其中：mrc　p15, 0, r9, c0, c0 获取开发板的 cpuid 放入 r9 寄存器中，然后跳转到 __lookup_processor_type。在 __lookup_processor_type 中，会把找到匹配的 processor_type 对

象存储在 r5 中，判断 r5 中的 processor_type 是否是 0，如果是 0，说明系统中未找到匹配当前 processor type 的对象，则跳转到__error_p(出错)。系统中会预先定义本系统支持的 processor type 对象集。

- lookup_processor_type 函数。

```
_lookup_processor_type:
        adr    r3, __lookup_processor_type_data
        ldmiar3, {r4 - r6}
        sub    r3, r3, r4           @ get offset between virt&phys
        add    r5, r5, r3           @ convert virt addresses to
        add    r6, r6, r3           @ physical address space
1:      ldmiar5, {r3, r4}           @ value, mask
        and    r4, r4, r9           @ mask wanted bits
        teq    r3, r4
        beq    2f
        add    r5, r5, #PROC_INFO_SZ      @ sizeof(proc_info_list)
        cmp    r5, r6
        blo    1b
        mov    r5, #0               @ unknown processor
2:      mov    pc, lr
```

其中，_lookup_processor_type_data 代码如下：

```
_lookup_processor_type_data:
        .long .
        .long __proc_info_begin
        .long __proc_info_end
        .size __lookup_processor_type_data, . - __lookup_processor_type_data
```

```
        ldmia      r3, {r4 - r6}
```

即 r4 为点 "." 代表 __lookup_processor_type_data 的虚拟地址，r3 为 _lookup_processor_type_data 的物理地址，r5 为_proc_info_begin，r6 为_proc_info_end。

```
        sub r3, r3, r4             @ get offset between virt&phys
```

表示虚拟地址和物理地址的差值，赋为 r3。

```
        add r5, r5, r3             @ convert virt addresses to
        add r6, r6, r3             @ physical address space
```

r5、r6 加上这个偏差值即为它们的物理地址。

```
1:      ldmiar5, {r3, r4}         @ value, mask
        and    r4, r4, r9         @ mask wanted bits
```

r9 为输入参数，即 cpuid，屏蔽不需要的位。

```
        teq r3, r4
        beq 2f
```

```
        add   r5, r5, #PROC_INFO_SZ          @ sizeof(proc_info_list)
        cmp   r5, r6
        blo   1b
movr5, #0                      @ unknown processor
2:   mov  pc, lr
```

查看是否匹配,如果匹配成功,r5 中放的是该 CPU 类型对应的结构体 proc_info_list 的基地址。跳到后面的标号 2,返回;如果不匹配,计算结构体长度。

- 下面分析 proc_info_list 结构体。

_proc_info_begin 和 _proc_info_end 在链接脚本中的定义为:

```
.init.proc.info : {
. = ALIGN(4); _proc_info_begin = .; *(.proc.info.init) _proc_info_end = .;
}
```

这里表示所有文件的.proc.info.init 段,即架构相关的初始化信息。内核所支持的每一种 CPU 类型都由结构体 proc_info_list 来描述。该结构体在文件 arch/arm/include/asm/procinfo.h 中的定义如下:

```
struct proc_info_list {
        unsigned int          cpu_val;
        unsigned int          cpu_mask;
        unsigned long         __cpu_mm_mmu_flags;     /* used by head.S */
        unsigned long         __cpu_io_mmu_flags; /* used by head.S */
        unsigned long         __cpu_flush;            /* used by head.S */
        const char          *arch_name;
        const char          *elf_name;
        unsigned int          elf_hwcap;
        const char          *cpu_name;
        struct processor    *proc;
        struct cpu_tlb_fns    *tlb;
        struct cpu_user_fns   *user;
        struct cpu_cache_fns  *cache;
};
```

对于 ARM CPU 来说,其对应的结构体在文件 arch/arm/mm/proc-arm920.S 中初始化。

```
.section ".proc.info.init", #alloc, #execinstr


        .type __arm920_proc_info,#object
_arm920_proc_info:
        .long 0x41009200
        .long 0xff00fff0
        .long    PMD_TYPE_SECT |\
             PMD_SECT_BUFFERABLE |\
```

```
            PMD_SECT_CACHEABLE | \
            PMD_BIT4 | \
            PMD_SECT_AP_WRITE | \
            PMD_SECT_AP_READ
    .long   PMD_TYPE_SECT | \
            PMD_BIT4 | \
            PMD_SECT_AP_WRITE | \
            PMD_SECT_AP_READ
    b       __arm920_setup
    .long cpu_arch_name
    .long cpu_elf_name
    .long HWCAP_SWP | HWCAP_HALF | HWCAP_THUMB
    .long cpu_arm920_name
    .long arm920_processor_functions
    .long v4wbi_tlb_fns
    .long v4wb_user_fns
#ifndef CONFIG_CPU_DCACHE_WRITETHROUGH
    .long arm920_cache_fns
#else
    .long v4wt_cache_fns
#endif
        .size __arm920_proc_info, . - __arm920_proc_info
```

可见，cpu_val 为 0x41009200，cpu_mask 为 0xff00fff0，_cpu_flush 为_arm920_setup。

在执行完_lookup_processor_type 函数之后，把 r5 的值传给 r10，然后对一些寄存器进行赋值：

```
    /*
     * r1 = machine no, r2 = atags or dtb,
     * r8 = phys_offset, r9 = cpuid, r10 = procinfo
     */
```

可见，r1 为机器 id，在 2.6.39 内核以后已经取消；r2 为 bootloader 传递给内核的一些参数地址，r8 为物理偏移地址，r9 为 cpuid，r10 为 CPU 的 proc_info 结构体信息。

接下来，检查 bootloader 传入的参数列表 atags 的合法性：

```
    bl      __vet_atags
```

参数链表必须以 ATAG_CORE 开始，以 ATAG_NONE 结束。这里的 ATAG_CORE，ATAG_NONE 是各个参数的标记，它们本身是一个 32 位值，例如，ATAG_CORE=0x54410001。其他的参数标记还包括：ATAG_MEM、ATAG_INITRD、ATAG_RAMDISK、ATAG_COMDLINE 等。每个参数标记就代表一个参数结构体，由各个参数结构体构成了参数链表。

参数结构体的定义如下：

```
struct tag {
    struct tag_header hdr;
    union {
        struct tag_core          core;
        struct tag_mem32         mem;
        struct tag_videotext     videotext;
        struct tag_ramdisk       ramdisk;
        struct tag_initrd  initrd;
        struct tag_serialnr      serialnr;
        struct tag_revision      revision;
        struct tag_videolfb      videolfb;
        struct tag_cmdline       cmdline;
        struct tag_acorn  acorn;
        struct tag_memclk        memclk;
    } u;
};
```

参数结构体包括两个部分，一个是 tag_header 结构体，一个是 u 联合体。

tag_header 结构体的定义如下：

```
struct tag_header {
    _u32 size;
    _u32 tag;
};
```

其中, size 表示整个 tag 结构体的大小(用字的个数来表示，而不是字节的个数)等于 tag_header 的大小加上 u 联合体的大小，一般通过函数 tag_size(struct * tag_xxx)来获得每个参数结构体的大小。

- _vet_atags 代码。

```
_vet_atags:
    tst    r2, #0x3                @ aligned?
    bne    1f

    ldr    r5, [r2, #0]
#ifdef CONFIG_OF_FLATTREE
    ldr    r6, =OF_DT_MAGIC        @ is it a DTB?
    cmp    r5, r6
    beq    2f
#endif
    cmp    r5, #ATAG_CORE_SIZE            @ is first tag ATAG_CORE?
    cmpne  r5, #ATAG_CORE_SIZE_EMPTY
    bne    1f
```

```
        ldr    r5, [r2, #4]
        ldr    r6, =ATAG_CORE
        cmp    r5, r6
        bne    1f
    2:  mov    pc, lr                    @ atag/dtb pointer is ok


    1:  mov    r2, #0
        mov    pc, lr
        ENDPROC(__vet_atags)
```

- 创建初始页表

```
        bl    __create_page_tables
```

这里使用的是 ARM 的 L1 主页表，L1 主页表也称为段页表(section page table)。L1 主页表将 4GB 的地址空间分成若干个 1MB 的段(section)，因此 L1 页表包含 4096 个页表项(section entry)，每个页表项是 32 bits(4 bytes)，因而 L1 主页表占用 4096 *4 = 16K 的内存空间。

```
        ldr    r13, =__mmap_switched      @ address to jump to after
```

然后把__mmap_switched 的地址赋值给了 r13 寄存器，方便后面调用。

```
        ARM(add pc, r10, #PROCINFO_INITFUNC)
```

pc 的值赋给 r10+#PROCINFO_INITFUNC，其中，

```
        DEFINE(PROCINFO_INITFUNC,offsetof(struct proc_info_list,__cpu_flush))
```

根据前面 r10 存储的是 procinfo 的基地址，将 pc 设为 proc_info_list 的_cpu_flush 函数的地址，在分析_lookup_processor_type 的时候可知,对于 ARM920t 来说,其_cpu_flush 指向的是函数_arm920_setup，代码如下：

- _arm920_setup 函数。

```
    _arm920_setup:
        mov   r0, #0
        mcr   p15, 0, r0, c7, c7        @ invalidate I,D caches on v4
        mcr   p15, 0, r0, c7, c10, 4       @ drain write buffer on v4
    #ifdef CONFIG_MMU
        mcr   p15, 0, r0, c8, c7        @ invalidate I,D TLBs on v4
    #endif
        adr   r5, arm920_crval
        ldmiar5, {r5, r6}
        mrc   p15, 0, r0, c1, c0        @ get control register v4
        bic   r0, r0, r5
        orr   r0, r0, r6
        mov   pc, lr
        .size __arm920_setup, . - __arm920_setup
```

开启 mmu 之前，__arm920_setup 需要做一些清除 Icache、清除 Dcache、清除 Writebuffer、

清除 TLB 等工作。

然后开启 mmu：

```
    1:  b    __enable_mmu
```

- _enable_mmu 函数。

```
    _enable_mmu __enable_mmu:
#if defined(CONFIG_ALIGNMENT_TRAP) && __LINUX_ARM_ARCH__ < 6
    orr    r0, r0, #CR_A
#else
    bic    r0, r0, #CR_A
#endif
#ifdef CONFIG_CPU_DCACHE_DISABLE
    bic    r0, r0, #CR_C
#endif
#ifdef CONFIG_CPU_BPREDICT_DISABLE
    bic    r0, r0, #CR_Z
#endif
#ifdef CONFIG_CPU_ICACHE_DISABLE
    bic    r0, r0, #CR_I
#endif
#ifndef CONFIG_ARM_LPAE
    mov    r5, #(domain_val(DOMAIN_USER, DOMAIN_MANAGER) | \
                domain_val(DOMAIN_KERNEL, DOMAIN_MANAGER) | \
                domain_val(DOMAIN_TABLE, DOMAIN_MANAGER) | \
                domain_val(DOMAIN_IO, DOMAIN_CLIENT))
    mcr    p15, 0, r5, c3, c0, 0        @ load domain access register
    mcr    p15, 0, r4, c2, c0, 0        @ load page table pointer
#endif
    b      __turn_mmu_on
    ENDPROC(__enable_mmu)
```

首先设置一些普通 bit，装载页表地址以及域访问寄存器，然后跳转到__turn_mmu_on 来打开 MMU。

- _turn_mmu_on 函数。

```
    ENTRY(__turn_mmu_on)
    mov    r0, r0
    instr_sync
    mcr    p15, 0, r0, c1, c0, 0        @ write control reg
    mrc    p15, 0, r3, c0, c0, 0        @ read id reg
    instr_sync
    mov    r3, r3
```

```
        mov  r3, r13

        mov  pc, r3

    __turn_mmu_on_end:

    ENDPROC(__turn_mmu_on)
```

其中，mcr　 p15, 0, r0, c1, c0, 0 是打开 mmu 的动作，同时会打开 cache 等。

```
        mov  r3, r3

        mov  r3, r13

        mov  pc, r3
```

前面 r13 寄存器存储的是函数__mmap_switched 的地址，这里跳到这个函数去执行。

- _mmap_switched 函数。

```
    _mmap_switched:

        adr  r3, __mmap_switched_data

        ldmiar3!, {r4, r5, r6, r7}

        cmp  r4, r5                @ Copy data segment if needed

    1:  cmpne  r5, r6

        ldrne fp, [r4], #4

        strne fp, [r5], #4

        bne  1b

        mov  fp, #0               @ Clear BSS (and zero fp)

    1:  cmp  r6, r7

        strcc fp, [r6],#4

        bcc  1b

     ARM(    ldmiar3, {r4, r5, r6, r7, sp})

     THUMB(      ldmiar3, {r4, r5, r6, r7}      )

     THUMB(      ldr  sp, [r3, #16]            )

        str  r9, [r4]            @ Save processor ID

        str  r1, [r5]            @ Save machine type

        str  r2, [r6]            @ Save atags pointer

        cmp  r7, #0

        bicne r4, r0, #CR_A          @ Clear 'A' bit

        stmneia    r7, {r0, r4}         @ Save control register values

        b     start_kernel

    ENDPROC(__mmap_switched)
```

其中，_mmap_switched_data 代码如下：

```
    _mmap_switched_data:

        .long _data_loc          @ r4

        .long _sdata                @ r5

        .long _bss_start          @ r6

        .long _end                 @ r7
```

```
        .long processor_id               @ r4
        .long __machine_arch_type        @ r5
        .long __atags_pointer            @ r6
#ifdef CONFIG_CPU_CP15
        .long cr_alignment               @ r7
#else
        .long 0                          @ r7
#endif
        .long init_thread_union + THREAD_START_SP @ sp
        .size _mmap_switched_data, . - _mmap_switched_data
```

依次取出_mmap_switched_data 中的地址存储到 r4、r5、r6、r7 中，并且累加 r3 的值。当执行完后，r3 指向了 processor_id，这样，r4 为_data_loc 即数据存放的位置；r5 为_sdata 即数据开始的位置；r6 为_bss_start 即 bss 开始的位置；r7 为_end 即 bss 结束的位置，也是内核结束的位置；这些位置在连接脚本中均有定义。

```
1:   cmpne   r5, r6
     ldrne fp, [r4], #4
     strne fp, [r5], #4
     bne   1b
```

判断数据存储的位置和数据开始的位置是否相等，如果不相等，则需要搬运数据，从_data_loc 将数据搬到_sdata 中。其中，_bss_start 是 bss 开始的位置，也标志了 data 结束的位置，因而用其作为判断数据是否搬运完成的标志。

```
     mov  fp, #0                @ Clear BSS (and zero fp)
1:   cmp  r6, r7
     strcc fp, [r6],#4
     bcc   1b
     //清除 bss 段的内容，,将其都置成 0
     str   r9, [r4]             @ Save processor ID
     str   r1, [r5]             @ Save machine type
     str   r2, [r6]             @ Save atags pointer
     cmp  r7, #0
     bicne r4, r0, #CR_A        @ Clear 'A' bit
```

保存一些寄存器，其中 r9 存放 processor ID，r1 存放 machine type 即 machine ID，r2 存放 bootloader 传入的参数。

最后，start_kernel 进入内核的第二阶段，即为内核的第一个 C 函数。

综上所述，内核第一阶段的启动过程为：

(1) 确定 processor type；

(2) 检查参数的合法性；

(3) 创建页表；

(4) 调用平台特定的__cpu_flush 函数；

(5) 开启 mmu；

(6) 切换数据；

(7) 跳转到 start_kernel。

2．内核启动的第二阶段

内核处理 u-boot 传入的参数的过程也是在 start_kernel 函数中。下面来分析这个 start_kernel 函数。

首先做一些初始化：

```
lockdep_init();

smp_setup_processor_id();

debug_objects_early_init();

boot_init_stack_canary();

cgroup_init_early();

local_irq_disable();

early_boot_irqs_disabled = true;

boot_cpu_init();

page_address_init();
```

接着打印内核的版本信息：

```
pr_notice("%s", linux_banner);
```

然后处理 u-boot 传入的启动参数：

```
setup_arch(&command_line);

mm_init_owner(&init_mm, &init_task);

mm_init_cpumask(&init_mm);

setup_command_line(command_line);
```

在 setup_arch 函数中，首先定义一个 machine_desc 对象，每款开发板对应一个 machine_desc 结构体，这个结构体在 arch/arm/include/asm/mach/arch.h 中定义，而链接脚本中定义了一个 .arch.info.init 段，这时内核把所有的开发板所对应的 machine_desc 对象都放到这个段中：

```
.init.arch.info : {

    __arch_info_begin = .;

    *(.arch.info.init)

    __arch_info_end = .;

}
```

从这个段中查找合适的 machine 赋值给这个 machine_desc 对象：

```
mdesc = setup_machine_fdt(__atags_pointer);
```

在内核启动的第一阶段，系统创建了一个临时页表，在这里，会创建一个新的页表：

```
paging_init(mdesc);
```

然后跳出 setup_arch 函数，继续做一些初始化工作，最后进入最重要的阶段 rest_init() 函数，代码如下：

```
static noinline void __init_refok rest_init(void)
{
    int pid;
    rcu_scheduler_starting();
    /*
     * We need to spawn init first so that it obtains pid 1, however
     * the init task will end up wanting to create kthreads, which, if
     * we schedule it before we create kthreadd, will OOPS.
     */
    kernel_thread(kernel_init, NULL, CLONE_FS | CLONE_SIGHAND);
    numa_default_policy();
    pid = kernel_thread(kthreadd, NULL, CLONE_FS | CLONE_FILES);
    rcu_read_lock();
    kthreadd_task = find_task_by_pid_ns(pid, &init_pid_ns);
    rcu_read_unlock();
    complete(&kthreadd_done);
    /*
     * The boot idle thread must execute schedule()
     * at least once to get things moving:
     */
    init_idle_bootup_task(current);
    schedule_preempt_disabled();
    /* Call into cpu_idle with preempt disabled */
    cpu_startup_entry(CPUHP_ONLINE);
}
```

在这个函数中会挂接根文件系统，下面来分析这个函数。

首先，创建一个内核的线程：

```
kernel_thread(kernel_init, NULL, CLONE_FS | CLONE_SIGHAND);
```

然后调用 kernel_init 函数，代码如下：

```
static int __ref kernel_init(void *unused)
{
    kernel_init_freeable();
    /* need to finish all async __init code before freeing the memory */
    async_synchronize_full();
    free_initmem();
    mark_rodata_ro();
    system_state = SYSTEM_RUNNING;
    numa_default_policy();
```

```
        flush_delayed_fput();
        if (ramdisk_execute_command)
    {
            if (!run_init_process(ramdisk_execute_command))
                return 0;
            pr_err("Failed to execute %s\n", ramdisk_execute_command);
    }
        /*
          * We try each of these until one succeeds.
          *
          * The Bourne shell can be used instead of init if we are
          * trying to recover a really broken machine.
          */
        if (execute_command) {
            if (!run_init_process(execute_command))
                return 0;
            pr_err("Failed to execute %s.   Attempting defaults...\n",
                execute_command);
    }
        if (!run_init_process("/sbin/init") ||
            !run_init_process("/etc/init") ||
            !run_init_process("/bin/init") ||
            !run_init_process("/bin/sh"))
            return 0;
        panic("No init found.   Try passing init= option to kernel. "
            "See Linux Documentation/init.txt for guidance.");
    }
```

接着，在 kernel_init 函数中调用 kernel_init_freeable()函数，在其中会打开控制台：

```
    /* Open the /dev/console on the rootfs, this should never fail */
    if (sys_open((const char __user *) "/dev/console", O_RDWR, 0) < 0)
        pr_err("Warning: unable to open an initial console.\n");
```

并且调用 prepare_namespace()函数。在 prepare_namespace 函数里面挂载文件系统 mount_root()，挂接完毕后，返回到 kernel_init 函数中执行应用程序：

```
    if (execute_command)
    {
        if (!run_init_process(execute_command))
            return 0;
        pr_err("Failed to execute %s.   Attempting defaults...\n",
```

```
            execute_command);
    }
    if (!run_init_process("/sbin/init") ||
            !run_init_process("/etc/init") ||
            !run_init_process("/bin/init") ||
            !run_init_process("/bin/sh"))
```

至此，内核启动完毕。

7.3 嵌入式 Linux 根文件系统构建

本节介绍嵌入式 Linux 的根文件系统构建，在 Linux 内核启动的最后阶段它被挂接到"/"下，并且通过这个根文件系统中的启动脚本和某些配置文件完成最后的 Linux 系统的初始化。在介绍嵌入式 Linux 的根文件系统构建之前先介绍一下文件系统的相关知识，最后再介绍构建嵌入式 Linux 根文件系统的步骤，这样可以理解为什么这样去构建嵌入式 Linux 的根文件系统。

7.3.1 Linux 文件系统

1．Linux 文件系统概述

Linux 中用户能看到的文件空间是一个单树状结构，该树的根在顶部，称为根目录(root)，用"/"表示。文件空间中的各种目录和文件从树根向下分支。

文件树中的许多目录存放在不同磁盘，甚至不同计算机的不同分区中。当磁盘分区之一被挂载(mount)到文件树中时，就成为了该目录树的一个组成部分。Linux 正是通过这种将不同文件系统装配在一起的技术，实现了各文件系统之间的无缝连接，为用户的操作提供了极大的方便，用户不用考虑光盘驱动器的盘符是什么。

大多数由 Windows 平台转来的用户在使用 Linux 文件系统的时候都会感到困惑。Linux 文件系统与 Windows 文件系统主要有三个方面的差别。

(1) Linux 有一个单独的顶级目录结构，所有一切都从"根"开始，用"/"代表，并且延伸到子目录。DOS/Windows 有不同的分区，同时目录都存于分区上。Linux 则通过"加载"的方式把所有分区都放置在"根"下制定的目录里。可见，Windows 下的目录结构属于分区；在 Linux 下，分区"加载"于目录结构中。

(2) Linux 使用斜杠"/"作为目录分隔符；在 DOS/Windows 下使用反斜杠"\"作为目录分隔符。

(3) Linux 对大小写敏感，在 Linux 下 THIS 和 ThIs 是不同的；而在 DOS/Windows 下 THIS 和 ThIs 是相同的。

2．Linux 文件系统管理

Linux 文件系统管理最上层的模块是根文件系统。系统启动时，必须首先装入"根"文件系统，然后根据/etc/fstab 中的制定逐个建立文件系统。此外用户也可以通过 mount、umount

操作，随时安装和卸载文件系统。当装入一个文件系统时，应首先向系统核心注册该系统及其类型；当卸载一个文件系统时，应向系统核心申请注销该系统和类型。

3．虚拟文件系统(VFS)

Linux 支持多种文件系统，包括 ext2、ext3、vfat、ntfs、iso9660、jffs、romfs 和 nfs 等，为了对各类文件系统进行统一管理，Linux 引入了虚拟文件系统(VFS，Virtual File System)，为各类文件系统提供一个统一的操作界面和应用编程接口。

Linux 下的文件系统结构如图 7-9 所示。

图 7-9　Linux 下的文件系统结构

VFS 是物理文件系统与用户服务之间的一个接口层，它对每一个 Linux 文件系统的所有细节进行抽象，使得不同的文件系统在 Linux 核心以及系统中运行的其他进程看来都是相同的。严格来说，VFS 并不是一种实际的文件系统，它只存在于内存中，不存在于任何外存空间。VFS 在系统启动时建立，在系统关闭时消亡。VFS 的功能包括：

(1) 记录可用的文件系统的类型；

(2) 将设备同对应的文件系统联系起来；

(3) 处理一些面向文件的通用操作；

(4) 涉及针对文件系统的操作时，VFS 把它们映射到与控制文件、目录，以及 inode 相关的物理文件系统。

7.3.2　嵌入式闪存文件系统

嵌入式系统与通用 PC 不同，一般没有硬盘这样的存储设备，主要的存储设备为

RAM(DRAM、SDRAM)和 ROM(常采用 FLASH 存储器),常用的基于存储设备的文件系统类型包括 jffs2、yaffs、cramfs、romfs、ramdisk 和 ramfs/tmpfs 等。下面介绍嵌入式系统中常用的存储设备及其管理机制,以及常用的文件系统类型。

1. 嵌入式系统存储设备及其管理机制分析

构建适用于嵌入式系统的 Linux 文件系统,必然会涉及两个关键点,一是文件系统类型的选择,它关系到文件系统的读写性能、尺寸大小;另一个就是根文件系统内容的选择,它关系到根文件系统所能提供的功能及尺寸大小。

嵌入式设备中使用的存储器是像 Flash 闪存芯片、小型闪存卡等一样专为嵌入式系统设计的存储装置。Flash 是目前嵌入式系统中广泛采用的主流存储器,它的主要特点是按整体/扇区擦除和按字节编程,具有低功耗、高密度、小体积等优点。目前,Flash 分为 NOR 和 NAND 两种类型。

(1) NOR 型闪存可以直接读取芯片内存储的数据,因而速度比较快,但是价格较高。NOR 型芯片的地址线与数据线分开,所以 NOR 型芯片可以像 SDRAM 一样连在数据线上,对 NOR 型芯片可以"字"为基本单位操作,因此传输效率很高,程序可以直接在 NOR 型芯片内运行,不必再把代码读到系统 RAM 中运行。它与 SRAM 最大的不同在于写操作需要经过擦除和写入两个过程。

(2) NAND 型闪存芯片共用地址线与数据线,内部数据以块为单位进行存储,直接将 NAND 型芯片作为启动芯片比较难。NAND 闪存是连续存储介质,适合放大文件。NOR 闪存与 NAND 闪存的比较如表 7-2 所示。

表 7-2 NOR 闪存与 NAND 闪存的比较

NOR FLASH	NAND FLASH
接口时序同 SRAM,易使用	地址/数据线复用,数据位较窄
读取速度较快	读取速度较慢
擦除速度慢,以 64～128 KB 的块为单位	擦除速度快,以 8～32 KB 的块为单位
写入速度慢(因为一般要先擦除)	写入速度快
随机存取速度较快,支持 XIP(eXecute In Place,芯片内执行),适用于代码存储。在嵌入式系统中,常用于存放引导程序、根文件系统等	顺序读取速度较快,随机存取速度慢,适用于数据存储(如大容量的多媒体应用)。在嵌入式系统中,常用于存放用户文件系统等
单片容量较小,1～32 MB	单片容量较大,8～128 MB,提高了单元密度
最大擦写次数为 10 万次	最大擦写次数为 100 万次

2. 基于 Flash 的文件系统

鉴于 Flash 存储介质的读写特点,传统的 Linux 文件系统已经不适合应用于嵌入式系统中,如 Ext2 文件系统是为 IDE 那样的块设备设计的,这些设备的逻辑块是 512 字节、1024 字节等大小,没有提供很好的扇区擦写支持,不支持损耗平衡,没有掉电保护,也没有特别完美的扇区管理,这不太适合于扇区大小以设备类型而划分的闪存设备。基于这样的原因,产生了很多专为 Flash 设备而设计的文件系统,常见的专用于闪存设备的文件系统有以下几种。

(1) Romfs 文件系统。Romfs 文件系统是一种简单的、紧凑的、只读的文件系统，不支持动态擦写保存，它按顺序存放所有的文件数据，所以这种文件系统在运行时可以节省 RAM 空间。uCLinux 系统通常采用 Romfs 文件系统。

(2) Cramfs 文件系统。Cramfs 文件系统是 Linux 的创始人 Linus Torvalds 开发的一种可压缩的只读文件系统，在 Cramfs 文件系统中，每一页被单独压缩，可以随机页访问，其压缩比高达 2:1，为嵌入式系统节省大量的 Flash 存储空间。Cramfs 文件系统以压缩方式存储，在运行时解压缩，所有的应用程序要求被拷到 RAM 里去运行，但这并不代表比 Ramfs 需求的 RAM 空间要大，因为 Cramfs 是采用分页压缩的方式存放档案的，读取档案时，不会一下子耗用过多的内存空间，只针对目前实际读取的部分分配内存，尚未读取的部分不分配内存空间，当读取的档案不在内存时，Cramfs 文件系统自动计算压缩后的资料所存的位置，再即时解压缩到 RAM 中。另外，它的速度快、效率高，其只读的特点有利于保护文件系统免受破坏，提高了系统的可靠性，但是它的只读属性同时又是它的一大缺陷，使得用户无法对其内容进行扩充。

Cramfs 映像通常放在 Flash 中，但是也能放在别的文件系统里，使用 loopback 设备可以把它安装在别的文件系统里。使用 mkcramfs 工具可以创建 Cramfs 映像。

(3) Ramfs/Tmpfs 文件系统。Ramfs 文件系统也是 Linus Torvalds 开发的，它把所有的文件都放在 RAM 里运行，通常是 Flash 系统用来存储一些临时性或经常要修改的数据。Tmpfs 是基于内存的文件系统，因为 Tmpfs 驻留在 RAM 中，所以写/读操作发生在 RAM 中。Tmpfs 文件系统大小可随所含文件内容的大小而变化，使得能够最理想地使用内存，Tmpfs 驻留在 RAM 中，所以读和写几乎都是瞬时的。Tmpfs 的一个缺点是当系统重新引导时会丢失所有数据。

(4) JFFS2 文件系统。JFFS2 文件系统是 RedHat 公司基于 JFFS 开发的闪存文件系统，最初是针对 RedHat 公司的嵌入式产品 eCos 开发的嵌入式文件系统，所以 JFFS2 也可以用在 Linux 和 uCLinux 中。JFFS 文件系统最早是由瑞典 Axis Communications 公司基于 Linux2.0 的内核为嵌入式系统开发的文件系统。JFFS2 是一个可读写的、压缩的、日志型文件系统，并提供了崩溃/掉电安全保护，克服了 JFFS 的一些缺点：使用了基于哈希表的日志节点结构，大大加快了对节点的操作速度；支持数据压缩；提供了"写平衡"支持；支持多种节点类型；提高了对闪存的利用率，降低了内存的消耗。这些特点使 JFFS2 文件系统成为目前 Flash 设备上最流行的文件系统格式。它的缺点是当文件系统已满或接近满时，JFFS2 运行速度会变慢，这主要是因为碎片收集的问题。

(5) YAFFS 文件系统。YAFFS/YAFFS2 文件系统是一种和 JFFSx 类似的闪存文件系统，它是专为嵌入式系统使用 NAND 型闪存而设计的一种日志型文件系统。和 JFFS2 相比，它减少了一些功能，所以速度更快，而且对内存的占用比较小。此外，YAFFS 自带 NAND 芯片的驱动，并且为嵌入式系统提供了直接访问文件系统的 API，用户可以不使用 Linux 中的 MTD 与 VFS，而直接对文件系统进行操作。YAFFS2 支持大页面的 NAND 设备，并且对大页面的 NAND 设备做了优化。JFFS2 在 NAND 闪存上表现并不稳定，更适合于 NOR 闪存，所以相较于大容量的 NAND 闪存，YAFFS 是更好的选择。

3. 网络文件系统 NFS (Network File System)

NFS 是由 Sun 开发并发展起来的一项在不同机器、不同操作系统之间通过网络共享文件的技术。在嵌入式 Linux 系统的开发调试阶段，可以利用该技术在主机上建立基于 NFS 的根文件系统，挂载到嵌入式设备，从而可以很方便地修改根文件系统的内容。

以上讨论的都是基于存储设备的文件系统(Memory-Based File System)，它们都可用作 Linux 的根文件系统。实际上，Linux 还支持逻辑的或伪文件系统(Logical or Pseudo File System)，例如 procfs(proc 文件系统)，用于获取系统信息、devfs(设备文件系统)和 sysfs，以及维护设备文件。

7.3.3 构建嵌入式 Linux 根文件系统的原理

一个根文件系统应该具备 Linux 内核系统正常运行的一些基本内容，一般包含以下几个内容。

(1) 基本的目录结构。Linux 的目录结构是有标准的，可以按需添加，通常要有一些必须的目录，如/dev、/proc、/bin、/etc、/lib、/usr、/tmp、/var、/root 等。

(2) 供给基本程序运行所需的库。比如 Glibc 等。

(3) 用户自己的脚本配置文件。脚本配置文件配置系统启动时的相关设置。通常是/etc 目录下的几个文件，如/etc/init.d/rcS、/etc/fstab、/etc/profile、/etc/passwd、/etc/group 等。如何编写这些脚本，以及需要添加哪些文件脚本可参看"根文件系统关键文件"这一节的内容。

(4) 必要的设备文件的支持。如在/dev 目录下添加所需要的设备文件。

(5) 一些基本的应用程序。如 ls、cp、mv 等命令，还有很重要的需提供给内核 init 进程的程序，通常是 Shell，如 ash、bash 等，这些应用程序可由 Busybox 较快生成。

(6) 一些启动时需要加载的驱动模块。

1. 基本目录结构

针对嵌入式系统的特殊环境，并不需要所有目录。首先，为多用户提供可扩展环境的所有目录(/home、/mnt、/opt 和/root)都可以省略。调整根文件系统时，甚至可以进一步移除/tmp 和/var，不过可能会危害某些软件的运行，因此一般不采用这种过于简单的做法。根据引导加载程序和它的配置情况，可不需要/boot 目录，这取决于引导加载程序是否会在内核被启动之前从根文件系统取回内核映像。在嵌入式系统中，内核映像并没有放在根文件系统中，因此不需要/boot。

因此，/bin、/dev、/etc、/lib、/proc、/sbin、/usr 以及/tmp 和/var 是不可缺少的。可以在命令行中敲入 mkdir 命令创建目录并设置目录的属性，也可以通过编写一个 Shell 脚本自动生成根文件系统的目录结构，这种方法对于调整结构和修改目录非常方便。下面分别介绍这几个关键目录下的内容。

(1) bin 目录的文件。该目录下主要存放 Shell 和各种命令程序。通常通过 Busybox 生成，Busybox 是一个开源程序。Busybox 配置顺序如下：

① 从 www.busybox.net 下载版本 busybox-1.9.2.tar.bz2。

② 配置：make menuconfig。

其中几个主要的设置如下：

➢ 是否静态链接；

➢ 是否使用交叉编译，如果使用，需要配置交叉编译器的路径；

➢ 选择 Shell 类型；

➢ 选择需要的各种命令。

③ 编译生成可执行文件：

  make

  make install

最后在 Busybox 目录下生成 install 目录，然后把 install 目录下的所有文件拷贝到 /bin 中。

(2) dev 目录的文件。该目录下存放的是设备文件，对应于每一个外部设备。如果要操作一个设备，必须首先通过 open 打开这个设备对应的设备文件，然后才能读写。这里也可以通过脚本自动生成，便于扩展和修改。脚本内容实例如下：

  mknod null c 1 3

  mknod ram b 1 0

  mknod tty c 5 0

  mknod tty0 c 4 0

  mknod tty1 c 4 1

  mknod ttyS0 c 4 64

  mknod ttyST0 c 204 224

  mknod mem c 1 2

  mknod zero c 1 5

  mknod console c 5 1

这里，mknod 是生成设备文件的命令，第二列表示设备名，第三列表示设备类型(字符或块)，第四列表示主设备号，第五列表示次设备号。其中一些是系统必须的，如 ram。对于移植最关心的是串口控制台设备 ttyST0，如果增加了其他设备，必须添加对应的设备文件。

(3) etc 目录的文件。该目录主要存放配置文件和启动脚本，具体文件内容介绍可参看"根文件系统关键文件"这一节内容。

(4) lib 目录的文件。该目录下主要存放动态链接需要的库。如果编译 Busybox 和应用程序都采用静态链接，那么是不需要库的，但这样的代价是每一个可执行文件都链接了需要的二进制代码，而这些代码可能是重复的，于是造成每一个单独的可执行文件过大，对于 flash 较小的系统是很难接受的。如果采用动态链接，则会大大减少可执行文件的大小。编译一个"hello world"程序，若采用静态链接，生成的可执行文件有 350 K 左右，而采用动态链接则只有 12 K，可以想象，对于大小为 1 M 的根文件系统来说，如果采用静态链接，根本无法工作。而采用动态链接的代价只是把用到的动态库拷贝到/lib 下就行了，这里动态库指的是交叉开发工具链中自带的 glibc。

2．根文件系统关键文件

按启动顺序依次介绍根文件系统关键文件。

(1) linuxrc 文件。内核启动完成后首先运行/linuxrc 文件。

linuxrc 文件用于加载模块驱动等，运行在 init 进程启动之前，它退出后内核才会调用 init 进程读取 inittab 中的设置，它是执行 init 进程初始化的文件。

linuxrc 文件的主要工作是把已安装根文件系统中的/etc 安装为 ramfs，并拷贝/mnt/etc/目录下所有的文件到/etc 中，之后执行系统初始化进程/sbin/init。

例如，/linuxrc 的内容如下：

```
#!/bin/sh
echo "mount /etc as ramfs"
/bin/mount  -n  -t  ramfs  ramfs  /etc        //这样/etc 就是一个可写目录，不把安装信息记录
                                              //在/etc/mtab 文件中
/bin/cp -a /mnt/yaffs/etc/*  /etc     ///etc 成为可写目录后，将所有/mnt/yaffs/etc 中的配置文件拷
                                      //贝到/etc/中，关机的时候会保存/mnt/yaffs/etc 的内容到/etc 中
echo "re-create the /etc/mtab entries"
# re-create the /etc/mtab entries
/bin/mount -f -t cramfs -o remount, ro  /dev/mtdblock/2 /   //将/dev/mtdblock2mount 成根文件系统
/bin/mount -f -t ramfs ramfs /etc     //加载一个 ramfs 作为/etc 目录。这样/etc 就是一个可写目录，
                                      //把安装信息记录在/etc/mtab 文件中
exec /sbin/init     //执行根文件系统中的 init 执行程序，使其成为 1 号进程。Shell 正式运行。注
                    //意：如果没有/linuxrc 这个文件，系统默认首先运行/sbin/init
```

(2) inittab 文件。从/linuxrc 文件中我们看到它最后运行了/sbin/init，而 init 又会根据/etc/inittab 来运行。inittab 文件的条目格式如下：

```
id:runlevels:action:process
```

其中，

① id：inittab 文件中条目的唯一标识，限于 1～4 个字符。注意：对于 getty 或其他的注册进程，id 必须是响应终端线路的 tty 后缀，如 1 响应 tty1，否则，注册过程不能正常工作。

② runlevels：运行级别，有以下 7 个级别。

- halt (Do NOT set initdefault to this)；
- Single user mode；
- Multiuser, without NFS (The same as 3, if you do not have networking)；
- Full multiuser mode；
- unused；
- X11；
- reboot (Do NOT set initdefault to this)。

③ action：描述要发生的动作。action 域及其含义如表 7-3 所示。

表 7-3　action 域及其含义

域	含义
respawn	该进程只要终止就立即重新启动(如 getty)
wait	只要进入指定的运行级就启动本进程，并且 init 等待该进程的结束
once	只要进入指定的运行级就启动一次本进程
boot	在系统引导期间执行本进程，runlevels 域被忽略
bootwait	在系统引导期间执行本进程，并且 init 等待该进程的结束(如/etc/rc)，runlevels 域被忽略
off	什么也不做
ondemand	在进入 ondemand 运行级时才会执行标记为 ondemand 的那些进程，无论怎样，实际上没有改变运行级 (ondemand 运行级就是`a'、`b'和`c')
initdefault	initdefault 条目给出系统引导完成后进入的运行级，如果不存在这样的条目，init 就会在控制台询问要进入的运行级，process 域被忽略
sysinit	系统引导期间执行此进程，本进程会在 boot 或 bootwait 条目之前得到执行，runlevels 域被忽略
powerwait	本进程在电源不足时执行，通常在有进程把 UPS 和计算机相连时通知 init 进程，init 在继续其他工作之前要等待此进程结束
powerfail	类似 powerwait，但是 init 不等待此进程完成
powerokwait	在 init 收到电源已经恢复的通知后立即执行此进程
Powerfailnow	本进程在 init 被告知 UPS 电源快耗尽同时外部电源失败(无效)时被执行(假设 UPS 和监视进程能够发现这样的情况)
Ctrlaltdel	在 init 收到 SIGINT 信号时执行此进程，这意味着有人在控制台按下了 Ctrl-Alt-Del 组合键，典型地，可能是想执行类似 shutdown 然后进入单用户模式或重新引导机器
kbrequest	本进程在 init 收到一个从控制台键盘产生的特殊组合键信号时执行

④ process 要执行的进程。

inittab 文件实例如下：

```
#/etc/inittab
::sysinit:/etc/init.d/rcS
::respawn:/sbin/getty  115200  tty1
tty2::askfirst:-/bin/sh
tty3::askfirst:-/bin/sh
::restart:/sbin/init
::ctrlaltdel:/bin/umount -a –r
```

这个 inittab 执行下列动作：

➤ 将/etc/init.d/rcS 设置成系统的初始化文件。

➤ 在 115200 bps 的虚拟终端 tty1 上启动一个登录会话。

➤ 在虚拟终端 tty2 和 tty3 上启动 askfirst 动作的 Shell。

➤ 如果 init 重新启动，将/sbin/init 设置成它会执行的程序。

➤ 告诉 init，在系统关机的时候执行 umount 命令卸载所有文件系统，并且在卸载失败时用只读模式重新安装以保护文件系统。

(3) rcS 文件。从 inittab 实例中可以看到，根文件系统启动了脚本文件/etc/init.d/rcS，rcS 文件进行一些主机名的设置，显示一些登录欢迎信息等。

rcS 文件实例如下：

```
#! /bin/sh
/bin/mount -a
/sbin/ifconfig 192.168.0.1
/bin/echo "I am maxiaolu! "
```

mount -a 这个命令依据/etc/fstab 来进行挂载的操作。

(4) fstab 文件。fstab 文件的作用是存放系统中的文件系统信息。当正确设置了该文件，则可以通过"mount /directoryname"命令来加载一个文件系统，每种文件系统都对应一个独立的行，每行中的字段都由空格或 tab 键分开。同时，fsck、mount、umount 等命令都可以利用该程序。

fstab 文件格式如下：

fs_spec | fs_file| fs_type| fs_options| fs_dump| fs_pass

其含义如表 7-4 所示。

表 7-4　fstab 域及其含义

域	含　　义
fs_spec	该字段定义希望加载的文件系统所在的设备或远程文件系统。对于一般的本地块设备情况来说：IDE 设备一般描述为/dev/hdaXN，X 是 IDE 设备通道(a, b, or c)，N 代表分区号；SCSI 设备一描述为/dev/sdaXN；对于 procfs 来说，使用"proc"来定义
fs_file	该字段描述希望的文件系统加载的目录点，对于 swap 设备，该字段为 none
fs_type	该字段定义了该设备上的文件系统，一般常见的文件类型为 ext2 (Linux 设备的常用文件类型)、vfat(Windows 系统的 fat32 格式)、NTFS、iso9600 等
fs_options	指定加载该设备的文件系统时需要使用的特定参数选项，多个参数由逗号分隔。对于大多数系统来说，使用"defaults"就可以满足需要。其他常见的选项包括： (1) ro：以只读模式加载该文件系统； (2) sync：不对该设备的写操作进行缓冲处理，这可以防止在非正常关机时情况下破坏文件系统，但是却降低了计算机速度； (3) user：允许普通用户加载该文件系统； (4) quota：强制在该文件系统上进行磁盘定额限制； (5) noauto：不再使用 mount -a 命令(例如系统启动时)加载该文件系统
fs_dump	该选项被"dump"命令使用来检查一个文件系统应该以多少频率进行转存，若不需要转存就设置该字段为 0
fs_pass	该字段被 fsck 命令用来决定在启动时需要被扫描的文件系统的顺序,根文件系统"/"对应该字段的值应该为 1，其他文件系统应该为 2。若该文件系统无需在启动时扫描则设置该字段为 0

/etc/fatab 文件实例如下：

fs_spec	fs_file	fs_type	fs_options	fs_dump	fs_pass
/dev/hda1	/	ext2	defaults	1	1

(5) profile 文件。这个文件主要是为系统添加环境变量。常见的环境变量及其含义如表 7-5 所示。

表 7-5　常见的环境变量及其含义

环境变量	含　　义
PATH	决定了 Shell 将到哪些目录中寻找命令或程序
HOME	当前用户主目录
MAIL	当前用户邮件的存放目录
SHELL	当前用户用的是哪种 Shell
HISTSIZE	保存历史命令记录的条数
LOGNAME	当前用户的登录名
HOSTNAME	主机的名称，许多应用程序如果要用到主机名的话，通常是从这个环境变量中来取得的
LANG/LANGUGE	语言相关的环境变量，使用多种语言的用户可以修改此环境变量
PS1	基本提示符，对于 root 用户是#，对于普通用户是$
PS2	附属提示符，默认是 ">"。可以通过修改此环境变量来修改当前的命令符，比如下列命令会将提示符修改成字符串 "Hello,My NewPrompt :) "： PS1=" Hello,My NewPrompt :) "

profile 文件实例如下：

```
#Set search library path
export LD_LIBRARY_PATH=/lib:/usr/lib:$LD_LIBRARY_PATH
#Set user path
PATH=/bin:/sbin:/usr/bin:/usr/sbin:$PATH
alias ll='ls -l'
 #Set PS1
 USER="`id –un`"
 LOGNAME=$USER
 PS1='[\u@\h \W]\$ '
 PATH=$PATH
 export USER LOGNAME PS1 PATH
```

7.3.4　Busybox

1. Busybox 简介

Busybox 可提供多数 GNU 文件工具、Shell 脚本工具，如 cp、sh、ls、mv 等，被称为嵌入式 Linux 系统中的 "瑞士军刀"。虽然 Busybox 中的这些工具相对于 GNU 工具有所简化，但很实用。Busybox 在设计上充分考虑了硬件资源受限的特殊工作环境，它采用模块化设计，使得它很容易被定制和裁剪。可见，它很适合于嵌入式系统应用。几乎所有的嵌入式 Linux 都使用 Busybox 作为工具，同时，Busybox 的安装脚本使得它很容易建立基于 Busybox 的 Linux 根文件系统。Busybox 源码开放，遵守 GPL 协议。从网站 http://www.busybox.net 可下载最新版本的 Busybox。

2．基于 Busybox 构建根文件系统

Busybox 把所有的命令都编译成一个文件 Busybox，其他命令工具都指向 Busybox 的链接。Busybox 在调用时，会根据调用链接的文件名转到特定的处理程序。这样，所有的程序只需被加载一次，而所有 Busybox 组件都可以共享相同的代码段，这在很大程度上节省了系统的内存资源和提高了应用程序的执行速度，这对于资源受限的嵌入式系统来说是最合适的。将 Busybox 源码从网站下载到本地目录下，运行 make menuconfig 命令就可以打开 Busybox 的图形化编译界面，这个和 Linux 内核编译类似，如图 7-10 所示。

图 7-10　Busybox 的图形化编译界面

在这个菜单界面中，除了可以对最终编译到可执行文件中的命令进行选择外，还有很多其他设置也是非常重要的。在制作根文件系统时，主要关注"Busybox Settings"目录。在这个目录下，有 5 个选项，其中，"Build Options"中设置交叉编译器，使得编译出来的 Busybox 可以运行在嵌入式开发板上；"Installation Options"中要设置安装的路径，默认的路径是./_install，也可以把安装路径指向指定的目录。

设置完毕后，保存、退出，执行 make 命令。编译成功后，使用 make install 命令把 Busybox 安装到指定的路径下。安装完毕后，Busybox 会在此目录下创建 bin、sbin、usr/bin、usr/sbin 共 4 个目录，它们把 Busybox 包括的工具按照 UNIX 的习惯分类。查看新生成的目录，可以看到编译好的 Busybox 可执行文件和其他应用命令的符号链接。典型的 Busybox 文件大小在动态链接的情况下是 300 KB 左右，静态链接下为 800 KB 左右，用它实现的根文件系统完全可以控制在 1 MB 以下。但通过 Busybox 得到的文件系统还不是一个完整可用的文件系统，只是一个雏形，必须在这个基础上添加一些必要的文件(如 7.3.5 节)才可以工作。

7.3.5　构建嵌入式 Linux 根文件系统实例

构建嵌入式 Linux 根文件系统首先需要做以下准备工作：

(1) 下载所需的源文件，到 http://www.busybox.net/downloads/下载 busybox-1.9.2.tar.gz。

(2) 在内核中加入对 CramFS 文件系统的支持。

想要在系统中提供 CramFS 的能力，必须在编译 Liunx 内核时将支持 CramFS 的选项加入。尽管 Linux 可以以模块的形式加载各种类型的设备驱动，但它选择直接把设备驱动及 CramFS 文件系统静态地编译进内核中。配置内核时选中 MTD 支持。

在 Memory Technology Devices (MTD)选项中进行配置：

(1) 内存技术设备支持：Memory Technology Device (MTD) support[Y/m/n/?] Y。

(2) 支持 MTD 分区：MTD partitioning support [Y/m/n/?] Y。

(3) MTD 字符设备直接访问：Direct char device access to MTD devices[Y/m/n/?] Y。

(4) MTD 块设备缓冲访问：Caching block device access to MTD devices[Y/m/n/?] Y。

(5) 在 File Systems 选项中配置 ROM 文件系统的支持：Compressed ROM file system support [Y/m/n/?] Y。

完成上述修改并编译后，即完成了 Liunx 内核对 CramFS 文件系统的支持，接下来可以构建 CramFS 根文件系统。

1．创建根文件系统目录

建立工作目录：

```
[root@localhost mxl]# pwd
/home/mxl
[root@localhost mxl]#mkdir root
[root@localhost mxl]#cd root
[root@localhost root] #mkdir build_rootfs
```

建立根目录，该根目录就是要移植到目标板上的目录。对于嵌入式的文件系统来说，根目录下必要的目录包括 bin、dev、etc、usr、lib、sbin、tmp(作为后面应用程序存放的目录)。

```
[root@localhost root] #cd build_rootfs
[root@localhost build_rootfs] #mkdir bin dev etc usr lib sbin tmp
[root@localhost build_rootfs] #mkdir usr/bin usr/sbin usr/lib
```

2．创建设备文件

创建设备文件最简单的做法是到开发主机(PC)系统的/dev 目录下把所有的 device 打一个包，然后拷贝到构造的根文件系统 dev 下面；或者使用 mknod 自己创建所需要的设备文件，例如：

```
[root@localhost build_rootfs]# mknod -m 600 dev/console c 5 1
[root@localhost build_rootfs]# mknod -m 666 dev/null c 1 3
```

3．编译 busybox

(1) 先对源码进行解压(拷贝 busybox-1.9.2.tar.gz 到/home/mxl/root 下)。

    [root@localhost root]#tar -jxvf busybox-1.9.2.tar.gz

    [root@localhost root]#cd busybox-1.9.2

    [root@localhost busybox-1.9.2]#vi Makefile

修改 Makefile，找到 ARCH 和 CROSS COMPILE 并修改如下：

    ARCH ?= arm

    CROSS_COMPILE ?=/usr/local/arm/3.4.1/bin/arm-linux-

CROSS_COMPILE 要符合本机的路径，具体可根据自己所安装交叉编译器的路径而修改。

(2) 修改编译配置选项。

    [root@localhost busybox-1.9.2]#make defconfig

    [root@localhost busybox-1.9.2]#make menuconfig

在默认的选项前提之下，选项设置如下：

    BusyBox Settings --->

      Build Options ---> (采用静态编译)

        [*] Build BusyBox as a static binary (no shared libs)

      Install optin-->

        [*] Don't use /usr //可以不选，选了则没有/usr 文件夹

      Busybox Library Tuning --->

        (2) MD5: Trade Bytes for Speed

        [*] Faster /proc scanning code (+100 bytes)

        [*] Support for /etc/networks

        [*] Additional editing keys

        [*] vi-style line editing commands

        [*] History saving

        [*] Tab completion

        [*] Username completion

        [*] Fancy shell prompts

      Linux Module Utilities --->

        [ ] Support version 2.2.x to 2.4.x Linux kernels //不选

        [*] Support version 2.6.x Linux kernels

      Linux System Utilities --->

        [ ] Support for the old /etc/mtab file //不选

      Miscellaneous Utilities --->

        [ ] devfsd(obsolete) //不选

        [ ] Use devfs names for all device(obsolete) //不选

      Shell --->

      Choose your default shell(ash)-->

        (X) ash

      ---ash //下面的选项全部选择

(3) 编译 busybox。

  [root@localhost busybox-1.9.2]#make install

在 busybox/_install 目录下会生成需要的文件。修改_install/bin/busybox 的属性为 0755。

  [root@localhost busybox-1.9.2] #chmod 0755 ./_install/bin/busybox

必须要修改属性，否则在 busybox 中很多命令会受限。将编译好的./_install/bin/下的文件拷贝到/home/mxl/build_rootfs/bin 下面，拷贝时带上参数-arf。

  注意，如果编译后遇到下述问题：

  applets/applets.c:20:2: error: #warning Static linking against glibc produces buggy

  executables

  applets/applets.c:21:2: error: #warning (glibc does not cope well with ld --gc-sections).

  applets/applets.c:22:2: error: #warning See sources.redhat.com/bugzilla/show_bug.cgi?id=3400

  applets/applets.c:23:2: error: #warning Note that glibc is unsuitable for static linking

  anyway.

  applets/applets.c:24:2: error: #warning If you still want to do it, remove -Wl,--gc-sections

  applets/applets.c:25:2: error: #warning from top-level Makefile and remove this warning.

  make[1]: *** [applets/applets.o] Error 1

这个警告的定义在 applets/applets.c 中，如遇到将这段警告注释掉就可以了。这段警告的意思是告诉你最好用 uclibc 编译，而不是用 glibc，因为 glibc 比较大。

4．系统配置文件的建立

系统配置文件放在构建的根文件系统/etc 目录下。

(1) 创建 inittab 文件。inittab 文件内容如下：

  ::sysinit:/etc/init.d/rcS

  ::respawn:-/bin/sh

  ::ctrlaltdel:/sbin/reboot

  ::shutdown:/sbin/swapoff-a

  ::shutdown:/bin/umount-a-r

其中，第一行指定了系统的启动脚本为/etc/init.d/rcS。第二行指定再打开一个登录会话。第三行指定了当按下 Ctrl+Alt+Del 组合键时执行的命令。最后两行指定了关机时执行的操作。

  这个文件中的第一句话指定了在系统启动时，首先执行的脚本是/etc/init.d/rcS 脚本。

(2) 创建/etc/init.d 文件夹和 rcS 文件。/etc/init.d/rcS 文件内容如下：

  #! /bin/sh

  echo"Starting System"

  hostname uptech-s3c2410

  /bin/mount-t proc proc /proc

  /sbin/ifconfig eth0 192.168.0.4

这个文件的含义是先指定了系统的名字，然后将 proc 文件系统挂载，接着设定了网络的 IP 地址。

(3) 创建 fstab 文件。fstab 文件内容如下：

```
proc  /proc  proc  defaults  0  0
```

5．添加应用程序

编写一个简单的应用程序打印一句问候语，程序代码如下：

```
#include <stdio.h>
int main()
{
    int i;
    for(i=0;i<5;i++)
    {
        printf("hello linux \n");
        printf("%d\n",i);
    }
    return;
}
```

注意，编译时要使用 arm-linux-gcc，由于之前把编译器的库文件全部拷贝，因而可以直接动态编译。生成的可执行文件 hello 放入 tmp 文件夹，使用的命令如下：

```
[root@localhost root]arm-linux-gcc –o hello hello.c
[root@localhost root] #cp –arf hello hello.c   /home/mxl/root/build_rootfs/tmp/
```

6．创建 lib 库文件

以上面这个简单的 hello linux 程序为例。有一个简单方法，首先在不知道需要什么库的前提下，在开发板中运行经过交叉编译过的程序，看看提示需要什么库，然后再将相应的库文件拷到文件系统的/lib 下即可。hello.c 这个程序需要的库文件有 libc.so.6 和 ld-linux.so.2，但是这两个库只是一个链接文件，需要连同真正的库一起拷贝过来。

```
[root@localhost build_rootfs] #cp /usr/local/arm/3.4.1/arm-linux/lib/libc.so.6   libc-2.3.2.so  lib/
[root@localhost build_rootfs]#cp /usr/local/arm/3.4.1/arm-linux/lib/ld-linux.so.2 ld-2.3.2.so   lib/
```

7．cramfs 文件系统映像的制作

cramfs 文件系统映像的制作步骤如下：

(1) 从 http://prdownloads.sourceforge.net/cramfs/ 下载 cramfs 工具，并拷贝 cramfs-1.1.tar.gz 到工作目录/home/mxl/root 下。

(2) 解压 cramfs-1.1.tar.gz 并使用命令：tar zxvf cramfs-1.1.tar.gz。

(3) 进入 cramfs-1.1 目录执行 make。

(4) make 后在 cramfs-1.1 目录中就会生成一个 mkcramfs 文件，这个就是需要的工具。

(5) 进入 build_rootfs 父目录，用 mkcramfs 进行打包：

```
[root@localhost cramfs-1.1] mkcramfs   /home/mxl/root/build_rootfs   mxlrootfs
```

(6) 最后下载 cramfs 根文件系统映像到开发板进行测试验证。

8．NFS 测试

(1) 备份/home/mxl/root/mxlrootfs。

　　cp /home/mxl/root/mxlrootfs　/home/mxl/root/ -a

(2) 将根文件系统拷贝到/source 目录下(NFS 的共享目录)。

　　cp –arf　/home/mxl/root/mxlrootfs　/source

(3) 设置 uboot 环境变量。

　　setenv bootcmd tftp 33000000 zImage\; go 33000000

　　setenv　　bootargs　　root=nfs　　nfsroot=192.168.1.111:/source/rootfs　　init=/linuxrc
console=ttySAC0,115200　ip=192.168.1.112

　　savenv

(4) 重新启动开发板，查看是否能够正常挂载，以及功能是否正常。

本 章 小 结

　　一个嵌入式 Linux 系统从软件的角度看通常可以分为四个层次：引导加载程、Linux 内核、根文件系统和用户应用程序，前面第 2～4 章讲述了应用程序，本章主要讲述前面三个层次的内容，侧重讲述在开发中怎样移植 u-boot 引导程序、编译和分析 Linux 内核，以及制作嵌入式 Linux 根文件系统。

第 8 章 嵌入式 Linux 内核开发

8.1 Linux 设备驱动基本原理

8.1.1 概述

Linux 内核通过设备驱动程序操作硬件设备，设备驱动程序为用户屏蔽了各种各样的硬件设备，并且提供了统一的操作方式。例如，用户在屏幕上打开文档时，不用关心使用的显卡是 nVIDIA 芯片还是 ATI 芯片，用户只需输入 cat 命令，文档的内容就会显示在屏幕上。Linux 内核源码中大部分代码是设备驱动程序代码，设备驱动程序在操作系统结构图中的位置如图 8-1 所示。

图 8-1 设备驱动程序在操作系统结构图中的位置

从图 8-1 中可以看出，设备驱动程序为应用程序屏蔽了硬件的细节，这样在应用程序看来，硬件设备只是一个设备文件，应用程序可以像操作普通文件一样对硬件设备进行操作。这样做的优点如下：

(1) 简化了内核的设计和应用。设备驱动程序向应用程序提供了接口，具体的工作将由各个设备去完成，而内核就不必亲自去与每一个设备打交道。

(2) 屏蔽了底层硬件，方便应用程序的编写。

设备驱动程序的主要任务如下：

(1) 对设备进行初始化和释放。

(2) 把数据从内核传送到硬件和从硬件读取数据。

(3) 读取应用程序传送给设备文件的数据和回送应用程序请求的数据。

(4) 检测和处理设备出现的错误。

8.1.2　驱动程序和应用程序的区别

驱动程序和应用程序的区别如下：

(1) 驱动程序处于系统(内核)态，而应用程序处于用户态。

(2) 应用程序一般有一个 main 函数，从头到尾执行一个任务；驱动程序没有 main 函数，它通过使用 module_ init(初始化函数名)将初始化函数加入内核全局初始化函数列表中，在内核初始化时执行驱动的初始化函数，从而完成驱动的初始化和注册，之后驱动程序便停止运行，等待被应用软件调用。驱动程序中有一个宏 moudule_exit(退出处理函数名)注册退出处理函数，它在驱动退出时被调用。

(3) 应用程序可以使用标准 C 库，比如<stdio.h>、<stdlib.h>等；驱动程序不能使用标准 C 库，输出打印函数只能使用内核的 printk 函数而不能使用 printf 函数，包含的头文件只能是内核的头文件，比如<linux/module.h>。

8.1.3　设备文件

Linux 是一种类 Unix 系统，Unix 的一个基本特点是"一切皆为文件"，它把所有的硬件设备都看做与普通文件一样可以打开、关闭和读写等。设备文件分为三类。

(1) 字符设备文件。字符设备文件是指那些必须以串行顺序依次进行访问的设备，如触摸屏、磁带驱动器、鼠标等。

(2) 块设备文件。块设备文件可以随机访问，以块为单位进行操作，如硬盘、软驱等。字符设备文件不经过系统的快速缓冲，而块设备经过系统的快速缓冲。

(3) 网络设备文件。例如网卡等。

每个设备文件对应两个设备号：

(1) 主设备号：标识该设备的种类，也标识了该设备所使用的驱动程序。

(2) 次设备号：标识使用同一设备驱动程序的不同硬件设备文件，都放在/dev 目录下。

查看 /dev 目录下的设备的主、次设备号，可以使用如下命令：

　　ls　-l　/dev

例如：ls -l　/dev/hda　/dev/video0　/dev/log

结果为：

```
brw-rw----     1 root      disk       3,   0 Sep 15   2003 /dev/hda
crw-------     1 root      root      81,   0 Sep 15   2003 /dev/video0
```

上面显示的是两种设备文件，最前面的字符 'b' 表示块设备文件，'c' 表示字符设备文件，hda 和 video0 两个设备的主设备号分别是 3 和 81，次设备号均为 0。

当应用程序对某个设备文件进行系统调用时：Linux 内核会根据该设备文件的主设备号调用相应的驱动程序(从用户态进入到内核态)，再由驱动程序判断该设备的次设备号完成对相应硬件的操作。

8.1.4　Linux 设备驱动程序模块

Linux 下的设备驱动程序可以按照两种方式进行编译：

(1) 直接静态编译成内核的一部分。

(2) 编译成可以动态加载的模块。

静态编译会增加内核的大小，不能动态地卸载，不利于驱动程序的调试，所以通常使用编译成可以动态加载的模块方式，比如需要访问一个 NTFS 分区，就加载相应的 NTFS 模块。模块方式设计可以使内核文件不至于太大，但是又可以支持很多的功能，必要时动态地加载。

Linux 常用的驱动程序可使用内核模块动态加载，比如声卡驱动和网卡驱动等，而 Linux 最基础的驱动，如 CPU、PCI 总线、TCP/IP 协议、APM(高级电源管理)、VFS 等驱动程序则静态编译在内核中。

8.2　驱动程序相关的 Shell 命令

驱动程序开发过程中经常使用的命令有 insmod、rmmod、dmesg、lsmod 和 modinifo。

1．insmod

权限：root 用户。

命令格式：insmod　[选项]　[驱动模块]。

功能：将驱动程序加载(或插入)到 Linux 内核中添加新用户。

2．rmmod

权限：root 用户。

命令格式：rmmod　[选项]　[驱动模块]。

功能：将驱动程序从 Linux 内核卸载(或删除)。

3．lsmod 或 cat　proc/modules

权限：所有用户。

命令格式：lsmod　[驱动模块]。

功能：查看内核中存在哪些驱动模块。lsmod 的本质是读取/proc/modules 文件，proc 文件系统是内核向应用程序输出内核的状态信息，也可以使用命令 cat　/proc/modules 查看内核中有哪些驱动模块。

4．dmesg

权限：所有用户。

命令格式：dmesg　[选项]。

功能：可以查看 printk 函数的打印信息，printk 为内核的打印函数。

5．modinfo

权限：root 用户。

命令格式：modinfo　[选项]　[驱动模块]。

功能：用来查看模块信息，包含模块的功能、作者信息等。

8.3　驱动程序的框架

驱动程序(不管是字符设备、块设备和网络设备)的框架必须包含如下三个部分内容。

(1) MODULE_LICENSE("GPL")。MODULE_LICENSE("GPL")表示源码开发，不用于商业用途。如果驱动程序不包含这个部分，会打印如下信息：

```
module license 'unspecified' taints kernel
```

(2) module_init()。module_init()是驱动模块加载函数，insmod 命令会调用驱动程序的 module_init 函数。

(3) module_exit()。module_exit()是驱动模块卸载函数，rmmod 命令会调用驱动程序的 module_exit 函数。

驱动程序框架中还有一些非必须的组成部分。

(1) 模块的声明与描述等信息。模块的声明与描述等信息包括：

- MODULE_AUTHOR()：模块作者信息。
- MODULE_DECRIPTION()：模块的功能描述。
- MODULE_VERSION()：模块的版本。

(2) 模块参数。模块参数的形式如下：

```
module_param(变量名称，变量类型，变量权限)
```

模块参数的作用：驱动程序中普通变量要修改，需要到源文件中去修改值，然后重新编译，重新加载到内核中，这个过程比较麻烦，同时也方便用户在不知道驱动程序源码的情况下也可以修改驱动程序的相关变量。有了参数声明之后，这个变量就不是普通的变量，若要修改其值，既不用修改源码，也不用重新编译驱动，而只要在加载模块时修改参数即可。

例 8-1　驱动程序必须有的三部分内容使用示例。

mydriver.c 驱动代码如下：

```c
#include "linux/module.h"
#include "linux/kernel.h"
#include "linux/init.h"
MODULE_LICENSE("GPL");
static int __init   myhello(void)
{
   printk(KERN_INFO "123456\n");
   return 0;
}
static void __exit   myexit(void)
{
   printk(KERN_INFO    "654321\n");
}
```

```
        module_init(myhello);//kernel
        module_exit(myexit);
```

编译后生成模块 mydriver.ko。

当应用程序执行 insmod mydriver.ko 时，驱动程序执行 printk(KERN_INFO "123456\n")
(用 dmesg 查看打印信息)。

当应用程序执行 rmmod mydriver.ko 时，驱动程序执行 printk(KERN_INFO　"654321\n")
(用 dmesg 查看打印信息)。

例 8-2　驱动程序模块参数使用示例。

mydriver.c 驱动代码如下：

```
    #include "linux/module.h"
    #include "linux/kernel.h"
    #include "linux/init.h"
    MODULE_AUTHOR("kkk");
    MODULE_DESCRIPTION("this is a test driver");
    MODULE_VERSION("V_2013");
    MODULE_LICENSE("GPL");
    int i=10;
    int j=11;
    module_param(j,int,S_IRUGO);
    static int __init  myhello(void)
    {
        printk(KERN_INFO "123456,i=%d,j=%d\n",i,j);
        return 0;
    }
    static void __exit  myexit(void)
    {
        printk(KERN_INFO　"654321\n");
    }
    module_init(myhello);//kernel
    module_exit(myexit);
```

编译后生成模块 mydriver.ko。

当应用程序执行 insmod mydriver.ko　j=20 时，驱动程序打印 123456,i=10,j=20(用 dmesg
查看打印信息)。

8.4　字符设备驱动程序的框架

Linux 内核对字符设备、块设备和网络设备三类设备的管理分别使用结构体 cdev、bdev
和 ndev。

8.4.1　cdev 结构体

cdev 结构体定义在/usr/src/linux-headers-(linux 版本)/include/linux/cdev.h 文件中，具体内容如下。

```
struct cdev
    {
        struct kobject kobj;
        struct module *owner;
        const struct file_operations *ops;
        struct list_head list;
        dev_t dev;
        unsigned int count;
    };
```

在驱动开发中主要关注 cdev 结构体的三个成员。

1. struct module *owner

owner 表示这个字符设备驱动的属主，一般使用宏 THIS_MODULE 来定义。

2. struct file_operation *ops

ops 是包含字符设备的主体代码，驱动程序与硬件有关的代码都在这个结构体相关的函数中。struct file_operation 包含很多函数指针成员，例如 open、read、write、release 和 lseek 函数指针，当应用程序调用系统调用函数 open、read、write、close 和 lseek 时，驱动程序的 open、read、write、release 和 lseek 函数被调用。

3. dev_t dev

dev 表示设备号，dev_t 被定义在/usr/src/linux-header s-(linux 版本)/include/linux/kdev_t.h 文件中，dev_t 即为 unsigned int，dev 的高 12 位为主设备号，低 20 位表示次设备号。

为了方便开发人员编程，内核提供了对设备号 dev 操作的接口函数，分别为 MKDEV、MAJOR 和 MINOR。

(1) MKDEV：将一个主设备号和一个次设备号合并为一个 32 位数。

(2) MAJOR：将一个 32 位数提取高 12 位，获得主设备号。

(3) MINOR：将一个 32 位数提取低 20 位，获得次设备号。

它们的函数定义如下：

```
#define MINORBITS   20
#define MINORMASK((1U << MINORBITS) - 1)
#define MAJOR(dev)   ((unsigned int) ((dev) >> MINORBITS))
#define MINOR(dev)   ((unsigned int) ((dev) & MINORMASK))
#define MKDEV(ma,mi)    (((ma) << MINORBITS) | (mi))
```

8.4.2　cdev 结构体操作函数

为了方便开发人员对 cdev 结构体进行操作，内核提供了对 cdev 结构体操作的接口函数，分别为 cdev_init、cdev_alloc、cdev_add 和 cdev_del 函数。

(1) cdev_init 函数。

函数形式：void cdev_init(struct cdev *cdev, const struct file_operations *op)。

功能：初始化 cdev 结构体成员 ops，等价于 mycdev.ops=myfile_operation。

参数：cdev 为要加载的 cdev 结构体对象指针；op 为 struct file_operations 对象指针。

返回值：无。

(2) cdev_ alloc 函数。

函数形式：struct cdev *cdev_alloc(void)。

功能：动态分配空间，在定义 struct cdev 指针对象时使用，相当于应用程序空间的 malloc 函数。

参数：无。

返回值：成功返回 cdev 结构体对象指针，出错返回 NULL。

(3) cdev_add 函数。

函数形式：int cdev_add(struct cdev *cdev, dev_t dev, unsigned int number_of_devices)。

功能：初始化 cdev 结构体成员 dev，同时将 struct cdev 对象加载到内核中。

参数：cdev 为要加载的 cdev 结构体对象指针；dev 为设备号；number_of_devices 为设备的数量。

返回值：成功返回 0，出错返回 −1。

(4) cdev_del 函数。

函数形式：void cdev_del(struct cdev *cdev)。

功能：将 struct cdev 对象从内核中卸载。

参数：cdev 为要加载的 cdev 结构体对象指针。

返回值：无。

由于在驱动程序的代码中设定的设备号有可能会与内核中已加载的设备号有冲突，因此在加载设备号到内核之前要测试设备号是否能用。为了方便驱动开发人员编程，内核提供了注册、注销和动态分配字符设备号三个函数，分别介绍如下。

(1) register_chrdev_region 函数。

函数形式：int register_chrdev_region(dev_t dev, unsigned int count, char *name)。

功能：向内核申请设备号是否可以用(有没有冲突)。

参数：dev 为要检测的设备号；count 为要检测的设备数量；name 为要检测的设备名称。

返回值：成功返回 0，出错返回 −1。

(2) unregister_chrdev_region 函数。

函数形式：unregister_chrdev_region (dev_t dev, unsigned int number_of_devices)。

功能：向内核注销设备号。

参数：dev 为要注销的设备号；number_of_devices 为要注销的设备数量。

返回值：成功返回 0，出错返回 −1。

(3) alloc_chrdev_region 函数。

函数形式：alloc_chrdev_region (dev_t *dev, unsigned int minor, unsigned int number_of_devices, char *name)。

功能：向内核申请动态分配设备号。

参数：dev 接收内核动态分配设备号指针；minor 为指定分配设备的次设备号值；number_of_devices 为设备数量；name 为要检测的设备名称。

返回值：成功返回 0，出错返回 −1。

例 8-3　字符设备驱动程序框架使用示例。

```
#include "linux/module.h"
#include "linux/kernel.h"
#include "linux/init.h"
#include "linux/cdev.h"
#include "linux/kdev_t.h"
#include "linux/fs.h"
struct cdev    mycdev;
struct file_operations    ops;
dev_t mydev_t;

unsigned int major=0x3;
unsigned int minor=0x3;

MODULE_LICENSE("GPL");

static int __init    myhello(void)
{
    int ret;
    printk(KERN_INFO "myhello init\n");
    mydev_t=MKDEV(major,minor);
    printk(KERN_INFO    "mydev_t=%x\n",mydev_t);
    cdev_init(&mycdev,&ops);
    ret=register_chrdev_region(mydev_t,1,"myhello");
    if(ret <0)
        return -1;
    else
    {
        printk(KERN_INFO "this dev_t can use\n");
    }
    cdev_add(&mycdev,mydev_t,1);
    return 0;
}
static void __exit    myexit(void)
{
```

```
        printk(KERN_INFO   "myhello exit\n");
        unregister_chrdev_region(mydev_t,1);
        cdev_del(&mycdev);
    }
    module_init(myhello);//kernel
    module_exit(myexit);
```

8.5　字符设备的主体

　　file_operations 为字符设备驱动程序的主体内容，操作硬件相关的代码均包含在这个结构体中。file_operations 的定义如下：

```
    struct file_operations
    {
        struct module *owner;
        loff_t (*llseek) (struct file *, loff_t, int);
        ssize_t (*read) (struct file *, char __user *, size_t, loff_t *);
        ssize_t (*aio_read) (struct kiocb *, char __user *, size_t, loff_t);
        ssize_t (*write) (struct file *, const char __user *, size_t, loff_t *);
        ssize_t (*aio_write) (struct kiocb *, const char __user *, size_t, loff_t);
        int (*readdir) (struct file *, void *, filldir_t);
        unsigned int (*poll) (struct file *, struct poll_table_struct *);
        int (*ioctl) (struct inode *, struct file *, unsigned int, unsigned long);
        int (*mmap) (struct file *, struct vm_area_struct *);
        int (*open) (struct inode *, struct file *);
        int (*flush) (struct file *);
        int (*release) (struct inode *, struct file *);
        int (*fsync) (struct file *, struct dentry *, int datasync);
        int (*aio_fsync) (struct kiocb *, int datasync);
        int (*fasync) (int, struct file *, int);
        int (*lock) (struct file *, int, struct file_lock *);
        ssize_t (*readv) (struct file *, const struct iovec *, unsigned long, loff_t *);
        ssize_t (*writev) (struct file *, const struct iovec *, unsigned long, loff_t *);
        ssize_t (*sendfile) (struct file *, loff_t *, size_t, read_actor_t, void *);
        ssize_t (*sendpage) (struct file *, struct page *, int, size_t, loff_t *, int);
        unsigned long (*get_unmapped_area)(struct file *, unsigned long, unsigned long,
                        unsigned long, unsigned long);
        int (*check_flags)(int); int (*dir_notify)(struct file *filp, unsigned long arg);
    }
```

由上述定义可看出，file_operations 中包含很多函数指针，在驱动程序开发中并不需要实现所有函数指针，只要依据项目的功能要求实现对应的函数指针即可。本章后面的内容主要介绍 file_operations 常用的函数指针实现。

1. open 和 release 函数

当用户空间调用系统调用函数 open 时，驱动程序 open 函数会被执行；当用户空间调用系统调用函数 close 时，驱动程序 release 函数会被执行。

例 8-4　open 和 release 函数使用示例。

mydriver.c 驱动代码如下：

```c
#include "linux/init.h"
#include "linux/module.h"
#include "linux/fs.h"//file_operations
#include "linux/cdev.h"
#include "linux/kdev_t.h"

MODULE_LICENSE("GPL");
struct cdev mycdev;
unsigned int major=0x10;
unsigned int minor=0x20;
dev_t mydev_t;
int myopen(struct inode *pinode,struct file *pfile)
{
    printk(KERN_INFO    "kernel open function exec\n");
    return 0;
}

int myrelease(struct inode *pinode,struct file *pfile)
{
    printk(KERN_INFO "kernel release function exec\n");
    return 0;
}

struct file_operations ops=
{
    .owner=THIS_MODULE,
    .open=myopen,
    .release=myrelease,
};
static int __init myhello_init(void)
```

```
    {
        int ret;
        mycdev.owner=THIS_MODULE;
        cdev_init(&mycdev,&ops);
        mydev_t=MKDEV(major,minor);
        printk(KERN_INFO "myhello init exec,mydev_t=%x\n",mydev_t);
        ret=register_chrdev_region(mydev_t,1,"hello");
        if(ret <0)
        {
            printk(KERN_INFO "dev_t is can't user\n");
            return -1;
        }
        cdev_add(&mycdev,mydev_t,1);
        return 0;
    }


    static void __exit myhello_exit(void)
    {
        printk(KERN_INFO "myhello exit exec\n");
        unregister_chrdev_region(mydev_t,1);
        cdev_del(&mycdev);
        return ;
    }
    module_init(myhello_init);//insmod
    module_exit(myhello_exit);//rmmod
```

编译后生成模块 mydriver.ko。

应用程序测试代码 test.c 如下：

```
    #include "stdio.h"
    #include "unistd.h"
    #include "fcntl.h"
    #include "stdlib.h"
    int main()
    {
        int fd;
        fd=open("/dev/myhello",O_RDWR);
        if(fd <0)
        {
            printf("open myhello failure\n");
            return -1;
```

```
        }
        printf("open myhello sucess\n");
        sleep(30);
        close(fd);
        return 0;
    }
```

生成可执行程序 test。

结果：

当应用程序执行 fd=open("/dev/myhello",O_RDWR)，驱动程序 printk(KERN_INFO "kernel open function exec\n")会执行(用 dmesg 查看打印信息)。

当应用程序执行 close(fd)，驱动程序 printk(KERN_INFO "kernel release function exec\n") 会执行(用 dmesg 查看打印信息)。

2. write 和 read 函数

当用户空间调用系统调用函数 write 时，驱动程序 write 函数会被执行；当用户空间调用系统调用函数 read 时，驱动程序 read 函数会被执行。

由上述 struct file_operations 的定义可知，write 和 read 函数的形式如下：

　　　ssize_t (*write) (struct file *, const char __user *, size_t, loff_t *);

　　　ssize_t (*write) (struct file *, const char __user *, size_t, loff_t *);

函数中第二个参数是用户空间的缓存，但用户空间和内核空间的地址不一样。对于 32 位处理器来说，虚拟地址总共为 4G，其中 0～3G 为用户空间的地址，3G～4G 为内核空间的地址，用户空间和内核空间地址之间不能直接进行数据拷贝，因此需要用到内核提供的两个函数。

(1) copy_to_user 函数。

函数形式： unsigned long copy_to_user(void *to, const void __user *from, usigned long count)。

功能：将内核空间中的数据拷贝到用户空间。

参数：to 为用户空间的缓存首地址；from 为内核空间的缓存首地址；count 为拷贝的个数。

返回值：不能复制的字节数，如果完全复制，则返回 0。

(2) copy_from_user 函数。

函数形式： unsigned long copy_from_user(void __user *to, const void *from, usigned long count)。

功能：将用户空间中的数据拷贝到内核空间。

参数：to 为内核空间的缓存首地址；from 为用户空间的缓存首地址；count 为拷贝的个数。

返回值：不能复制的字节数，如果完全复制，则返回 0。

例 8-5　read 和 write 函数使用示例。

mydriver.c 驱动代码如下：

```c
#include "linux/init.h"

#include "linux/module.h"

#include "linux/fs.h"//file_operations

#include "linux/cdev.h"

#include "linux/kdev_t.h"

#include "asm/uaccess.h"

MODULE_LICENSE("GPL");
struct cdev mycdev;
unsigned int major=0x10;
unsigned int minor=0x20;
dev_t mydev_t;
int myopen(struct inode *pinode,struct file *pfile)
{
    printk(KERN_INFO    "kernel open function exec\n");
    return 0;
}
int myrelease(struct inode *pinode,struct file *pfile)
{
    printk(KERN_INFO "kernel release function exec\n");
    return 0;
}

ssize_t mywrite(struct file *pfile,const char    __user * buf,loff_t *ploff)
{
    char kernelbuf[128]={0};
    copy_from_user(kernelbuf,buf,10);

    printk(KERN_INFO"kernel write function exec,kernelbuf=%s\n",kernelbuf);
    return 0;
}
struct file_operations ops=
{
    .owner=THIS_MODULE,
    .open=myopen,
    .release=myrelease,
    .write=mywrite,
};
static int __init myhello_init(void)
```

```
    {
        int ret;
        mycdev.owner=THIS_MODULE;
        cdev_init(&mycdev,&ops);
        mydev_t=MKDEV(major,minor);

        printk(KERN_INFO "myhello init exec,mydev_t=%x\n",mydev_t);

        ret=register_chrdev_region(mydev_t,1,"hello");
        if(ret <0)
        {
            printk(KERN_INFO "dev_t is can't user\n");
            return -1;
        }
        cdev_add(&mycdev,mydev_t,1);

        return 0;
    }

    static void __exit myhello_exit(void)
    {
        printk(KERN_INFO "myhello exit exec\n");
        unregister_chrdev_region(mydev_t,1);
        cdev_del(&mycdev);
        return ;
    }
    module_init(myhello_init);//insmod
    module_exit(myhello_exit);//rmmod
```

编译后生成模块 mydriver.ko。

应用程序测试代码 test.c 如下：

```
    #include "stdio.h"
    #include "unistd.h"
    #include "fcntl.h"
    #include "stdlib.h"
    int main()
    {
        int fd;
        char user_buf[]="user data\n";
        fd=open("/dev/myhello",O_RDWR);
```

```
        if(fd <0)
        {
            printf("open myhello failure\n");
            return -1;
        }
        printf("open myhello sucess\n");
        write(fd,user_buf,sizeof(user_buf));
        close(fd);
        return 0;
    }
```

可用 dmesg 命令查看驱动程序 write 函数的执行情况。

3. ioctl 函数

ioctl 为输入/输出的控制函数，当用户空间调用系统调用函数 ioctl 时会执行这个函数。这个函数同时具有 read 和 write 函数的功能，但它不像 read 和 write 函数那样可以传输大量的数据，只能发一些简单的控制命令。

当用户空间调用系统调用函数 ioctl 时，驱动程序 ioctl 函数会被执行。用户空间系统调用函数 ioctl 的头文件是#include <sys/ioctl.h>。

函数形式：int ioctl(int fd, int request, ... /* void *arg */)。

参数：fd 为文件描述符；request 为向内核发送的命令；arg 用于向内核传递一些信息(即发命令的同时可传送参数)。

返回值：成功返回 0，出错返回−1。

由上述 struct file_operations 的定义可知驱动程序 ioctl 函数的形式如下：

```
            static int ioctl(struct inode *inode, struct file *file, unsigned int cmd, unsigned long arg)
```

其中，第三个参数 cm 为命令参数，命令参数一定要与用户空间命令一致。

例 8-6　ioctl 函数使用示例。

mydriver.c 驱动代码如下：

```
        #include "linux/init.h"
        #include "linux/module.h"
        #include "linux/fs.h"//file_operations
        #include "linux/cdev.h"
        #include "linux/kdev_t.h"
        #include "asm/uaccess.h"
        #include "mycmd.h"
        #include "linux/ioctl.h"

        MODULE_LICENSE("GPL");

        struct cdev mycdev;
        unsigned int major=0x10;
```

```
unsigned int minor=0x20;
dev_t mydev_t;

int myopen(struct inode *pinode,struct file *pfile)
{
    printk(KERN_INFO    "kernel open function exec\n");
    return 0;
}

int myrelease(struct inode *pinode,struct file *pfile)
{
    printk(KERN_INFO "kernel release function exec\n");
    return 0;
}

ssize_t mywrite(struct file *pfile,const void    __user * buf,size_t len,loff_t *ploff)
{
    char kernelbuf[128]={0};
    copy_from_user(kernelbuf,buf,10);

    printk(KERN_INFO"kernel write function exec,kernelbuf=%s\n",kernelbuf);
    return 0;
}
static int myioctl(struct inode *inode, struct file *file, unsigned int cmd, unsigned long arg)
{
    if(cmd==LEDON)
    {
     printk(KERN_INFO "LED ON\n");
    }
    if(cmd==LEDOFF)
    {
        printk(KERN_INFO "LED OFF");
    }
    return 0;
}
struct file_operations ops=
{
    .owner=THIS_MODULE,
    .open=myopen,
```

```
   .release=myrelease,
   .write=mywrite,
   .ioctl=myioctl,
};
static int __init myhello_init(void)
{
   int ret;
   mycdev.owner=THIS_MODULE;
   cdev_init(&mycdev,&ops);
   mydev_t=MKDEV(major,minor);

   printk(KERN_INFO "myhello init exec,mydev_t=%x\n",mydev_t);

   ret=register_chrdev_region(mydev_t,1,"hello");
   if(ret <0)
   {
     printk(KERN_INFO "dev_t is can't user\n");
     return -1;
   }
   cdev_add(&mycdev,mydev_t,1);

   return 0;
}

static void __exit myhello_exit(void)
{
    printk(KERN_INFO "myhello exit exec\n");
    unregister_chrdev_region(mydev_t,1);
    cdev_del(&mycdev);
    return ;
}
module_init(myhello_init);//insmod
module_exit(myhello_exit);//rmmod
```

命令的头文件 mycmd.h 代码如下：

```
#define DEVICE_TYPE 100//GPIO

#define LEDON    _IO (DEVICE_TYPE,1)
#define LEDOFF   _IO (DEVICE_TYPE,0)
//#define LEDON   1
```

```
//#define LEDOFF 0
```

编译后生成模块 mydriver.ko。

应用程序测试代码 test.c 如下：

```c
#include "stdio.h"
#include "unistd.h"
#include "fcntl.h"
#include "stdlib.h"
#include "mycmd.h"
#include "sys/ioctl.h"
int main()
{
    int fd;
    char user_buf[]="user data\n";
    fd=open("/dev/myhello",O_RDWR);
    if(fd <0)
    {
        printf("open myhello failure\n");
        return -1;
    }
    printf("open myhello sucess\n");
// write(fd,user_buf,sizeof(user_buf));
    while(1)
    {
        ioctl(fd,LEDON);
        sleep(1);
        ioctl(fd,LEDOFF);
    }
    close(fd);
    return 0;
}
```

8.6　驱动程序的并发机制

　　一个硬件设备会被多个进程同时使用，这就是并发，并发会导致设备乱序。例如 scull 设备就有可能在 A 进程正在执行 scull_read 函数(但尚未执行完)时被 B 进程打断，而 B 进程执行的是 scull_write 函数，当 A 进程再次被执行时它读到的东西就不再是它以前应该读到的东西。要解决这个问题，就必须保证当 scull_read 或 scull_write 在执行时不被打断，这就需要并发控制。Linux 内核提供给驱动程序进行并发控制的手段主要有 3 种，分别为原子变量、自旋锁和信号量。

1. 原子变量

驱动开发人员不能直接操作原子变量，必须使用内核提供的相关接口函数去操作它。相关接口函数分别如下。

(1) ATOMIC_INIT 函数。

函数形式：atomic_t ATOMIC_INIT(int i)。

功能：定义原子变量并将其初始化为 i。

参数：i 为原子变量初始化的值。

返回值：原子变量。

例如，atomic_t v = ATOMIC_INIT(0)表示定义原子变量 v 并初始化为 0，等价于如下两条语句：

atomic_t v;

atomic_set(v,0);

(2) atomic_set 函数。

函数形式：void atomic_set(atomic_t v,int i)。

功能：设置原子变量 v 的值为 i。

参数：v 为要初始化的原子变量；i 为原子变量 v 初始化的值。

返回值：无。

(3) atomic_read 函数。

函数形式：int atomic_read(atomic_t *v)。

功能：获得原子变量的值，返回原子变量的值。

参数：*v 为要读取的原子变量地址。

返回值：读取的原子变量值。

(4) atomic_inc 函数。

函数形式：void atomic_inc(atomic_t *v)。

功能：原子变量增加 1。

参数：*v 为要增加 1 的原子变量地址。

返回值：无。

(5) atomic_dec 函数。

函数形式：void atomic_inc(atomic_t *v)。

功能：原子变量减 1。

参数：*v 为要减 1 的原子变量地址。

返回值：无。

(6) atomic_dec_test 函数。

函数形式：int atomic_dec_and_test(atomic_t *v)。

功能：原子变量减 1 操作后测试其是否为 0。

参数：*v 为要测试的原子变量地址。

返回值：若 v 为 0 则返回 true，否则返回 false。

原子变量操作的使用模板如下：

```
static atomic_t xxx_available = ATOMIC_INIT(1);      //定义原子变量
static int xxx_open(struct inode *inode, struct file *filp)
{    ...
     if (!atomic_dec_and_test(&xxx_available))
     {
          atomic_inc(&xxx_available);
          return   - EBUSY;           //已经打开
     }...
           return 0;                  //成功
     }
  static int xxx_release(struct inode *inode, struct file *filp)
  {
     atomic_inc(&xxx_available);      //释放设备
     return 0;
  }
```

例 8-7 原子变量使用示例。

mydriver.c 驱动代码如下：

```
#include "linux/module.h"
#include "linux/init.h"
#include "linux/kernel.h"
#include "linux/moduleparam.h"
#include "linux/cdev.h"
#include "linux/fs.h"
#include "asm/uaccess.h"
static int a=10;
static char b[]="abcdefghijk";

MODULE_LICENSE("GPL");
MODULE_AUTHOR("hello");
MODULE_DESCRIPTION("this is a test driver");
MODULE_VERSION("2013-07-02");
module_param(a,int,0000);

dev_t   dev;
int major=248;
int minor=1;
struct cdev *mycdev;
```

```
static atomic_t my_atomic;

static int   my_open(struct inode *myinode,struct file *myfile)
{

  if(!atomic_dec_and_test(&my_atomic))
   {
      atomic_inc(&my_atomic);
      printk(KERN_INFO "open function failure\n");
      return -1;
   }

   printk(KERN_INFO "open function exec sucess\n");
   return 0;
}

static int my_release(struct inode *myinode,struct file *myfile)
{
   atomic_inc(&my_atomic);
   printk(KERN_INFO "release function exec\n");
   return 0;
}

struct file_operations hello_fops = {
    .owner = THIS_MODULE,
    .open=my_open,
    .release=my_release,
};

static int __init my_init()
{
   int ret;
   dev=MKDEV(major,minor);
   ret=register_chrdev_region (dev, 1, "hello");
   if(ret<0)
   {
      printk(KERN_INFO "dev_t can't use!");
      alloc_chrdev_region(&dev,1,1,"hello");
      printk(KERN_INFO "major=%d,minor=%d\n",MAJOR(dev),MINOR(dev));
```

```
    }
    mycdev=cdev_alloc();
    if(mycdev == NULL)
        {
            printk(KERN_INFO "can't alloc!\n");
            return -2;
        }
    mycdev->owner=THIS_MODULE;
    cdev_init(mycdev,&hello_fops);
    cdev_add(mycdev,dev,1);
    printk(KERN_INFO "my init exec,%d,%s\n",a,b);
    atomic_set(&my_atomic,1);
    return 0;
}
static void __exit my_exit()
{
    unregister_chrdev_region(dev,1);
    cdev_del(mycdev);
    printk(KERN_INFO "my exit exec\n");
    return;
}
module_init(my_init);
module_exit(my_exit);
```

编译后生成模块 mydriver.ko。

应用程序测试代码 user1.c 如下：

```
#include "unistd.h"
#include "fcntl.h"
#include "stdio.h"
int main()
{
    int fd;
    fd=open("/dev/hello",O_RDWR);
    if(fd<0)
    {
        printf("open file hello failure\n");
        return -1;
    }
    printf("open file hello sucess\n");
    sleep(20);
```

```
        close(fd);
        return 0;
    }
```

编译生成可执行程序 user1。

应用程序测试代码 user2.c 如下：

```
    #include "unistd.h"
    #include "fcntl.h"
    #include "stdio.h"
    int main()
    {
        int fd;
    abc:
        fd=open("/dev/hello",O_RDWR);
        if(fd<0)
        {
            printf("open file hello failure\n");
            goto abc;
            return -1;
        }
        printf("open file hello sucess\n");
        sleep(20);
        close(fd);
        return 0;
    }
```

编译生成可执行程序 user2。

当 user1 打开设备 hello 时，user2 将不能打开设备 hello。

2. 自旋锁

自旋锁与多线程中所介绍的互斥锁类似，它们都是为了解决对某项资源的互斥使用。无论是互斥锁，还是自旋锁，在任何时刻，最多只能有一个保持者，即在任何时刻最多只能有一个执行单元获得锁。但是两者在调度机制上略有不同，对于互斥锁，如果资源已经被占用，资源申请者只能进入睡眠状态；而自旋锁不会引起调用者睡眠，如果自旋锁已经被别的执行单元保持，调用者就一直循环在那里看该自旋锁的保持者是否已经释放了锁，即自旋锁一直处于运行状态。

自旋锁的使用流程如图 8-2 所示。

图 8-2　自旋锁的使用流程

　　驱动开发人员也不能直接操作自旋锁变量，必须使用内核提供的相关接口函数去操作它。相关接口函数分别如下。

　　(1) spin_lock_init 函数。

　　函数形式：void spin_lock_init(spinlock_t　spin)。

　　功能：将自旋锁设置为 1，表示有一个资源可用。

　　参数：spin 为自旋锁变量。

　　返回值：无。

　　(2) spin_lock 函数。

　　函数形式：void spin_lock(spinlock_t　spin)。

　　功能：循环等待直到自旋锁解锁(置为 1)，然后将自旋锁锁上(置为 0)。

　　参数：spin 为自旋锁变量。

　　返回值：无。

　　(3) spin_unlock 函数。

　　函数形式：void spin_unlock(spinlock_t spin)。

　　功能：将自旋锁解锁(置为 1)。

　　参数：spin 为自旋锁变量。

　　返回值：无。

　　自旋锁的使用模板如下(使用自旋锁使得设备只能被一个进程打开)：

```
int xxx_count = 0;            //定义文件打开次数计数
static int xxx_open(struct inode *inode, struct file *filp)
{
...
        spinlock(&xxx_lock);
        if (xxx_count)          //已经打开
        {
spin_unlock(&xxx_lock);
             return    - EBUSY;
         }
        xxx_count++;          //增加使用计数
        spin_unlock(&xxx_lock);
        ...
        return 0;              //成功
    }

        static int xxx_release(struct inode *inode, struct file *filp)
        {
...
            spinlock(&xxx_lock);
            xxx_count--;        //减少使用计数
```

```
            spin_unlock(&xxx_lock);
            return 0;
        }
```

例 8-8 自旋锁使用示例。

mydriver.c 驱动代码如下：

```
#include "linux/module.h"
#include "linux/init.h"
#include "linux/kernel.h"
#include "linux/moduleparam.h"
#include "linux/cdev.h"
#include "linux/fs.h"
#include "asm/uaccess.h"
static int a=10;
static char b[]="abcdefghijk";

MODULE_LICENSE("GPL");
MODULE_AUTHOR("hello");
MODULE_DESCRIPTION("this is a test driver");
MODULE_VERSION("2013-07-02");
module_param(a,int,0000);

dev_t    dev;
int major=248;
int minor=1;
struct cdev *mycdev;

spinlock_t my_spinlock;
int count=0;

static int    my_open(struct inode *myinode,struct file *myfile)
{
  /* if(!atomic_dec_and_test(&my_atomic))
    {
        atomic_inc(&my_atomic);
        printk(KERN_INFO "open function failure\n");
        return -1;
    }
    */
    spin_lock(&my_spinlock);
    if(count)
```

```
    {
      spin_unlock(&my_spinlock);
      printk(KERN_INFO "open functin failure\n");
      return -1;
    }
    count++;
    spin_unlock(&my_spinlock);
    printk(KERN_INFO "open function exec\n");
    return 0;
}

static int my_release(struct inode *myinode,struct file *myfile)
{
    spin_lock(&my_spinlock);
    count--;
    spin_unlock(&my_spinlock);
    printk(KERN_INFO "release function exec\n");
    return 0;
}

struct file_operations hello_fops = {
        .owner = THIS_MODULE,
        .open=my_open,
        .release=my_release,
};

static int __init my_init()
{
    int ret;
    dev=MKDEV(major,minor);
    ret=register_chrdev_region (dev, 1, "hello");
    if(ret<0)
    {
      printk(KERN_INFO "dev_t can't use!");
      alloc_chrdev_region(&dev,1,1,"hello");
      printk(KERN_INFO "major=%d,minor=%d\n",MAJOR(dev),MINOR(dev));
    }
    mycdev=cdev_alloc();
    if(mycdev == NULL)
```

```
        {
             printk(KERN_INFO "can't alloc!\n");
             return -2;
        }
    mycdev->owner=THIS_MODULE;
    cdev_init(mycdev,&hello_fops);
    cdev_add(mycdev,dev,1);
    printk(KERN_INFO "my init exec,%d,%s\n",a,b);
    spin_lock_init(&my_spinlock);
    return 0;
}
static void __exit my_exit()
{
    unregister_chrdev_region(dev,1);
    cdev_del(mycdev);
    printk(KERN_INFO "my exit exec\n");
    return;
}
module_init(my_init);
module_exit(my_exit);
```

编译后生成模块 mydriver.ko。

应用程序测试代码 user1.c 如下：

```
#include "unistd.h"
#include "fcntl.h"
#include "stdio.h"
int main()
{
    int fd;
    fd=open("/dev/hello",O_RDWR);
    if(fd<0)
    {
        printf("open file hello failure\n");
        return -1;
    }
    printf("open file hello sucess\n");
    sleep(20);
    close(fd);
    return 0;
}
```

编译生成可执行程序 user1。

应用程序测试代码 user2.c 如下：

```
#include "unistd.h"
#include "fcntl.h"
#include "stdio.h"
int main()
{
    int fd;
abc:
    fd=open("/dev/hello",O_RDWR);
    if(fd<0)
    {
        printf("open file hello failure\n");
        goto abc;
        return -1;
    }
    printf("open file hello sucess\n");
    sleep(20);
    close(fd);
    return 0;
}
```

编译生成可执行程序 user2。

当 user1 打开设备 hello 时，user2 将不能打开设备 hello。

3. 信号量

信号量是用于保护临界区的一种常用方法。只有得到信号量的进程才能执行临界区代码,而没有得到信号量的进程进入休眠等待状态。信号量的使用流程如图 8-3 所示。

驱动开发人员不能直接信号量变量,必须使用内核提供的相关接口函数去操作它。相关接口函数分别如下。

(1) sema_init 函数。

函数形式：void sema_init (struct semaphore *sem, int val)。

功能：初始化信号量变量 sem 的值为 val。

参数：sem 为要初始化的信号量变量；val 为信号量变量 sem 初始化的值。

返回值：无。

(2) init_MUTEX 函数。

函数形式：void init_MUTEX(struct semaphore *sem)。

功能：初始化信号量变量 sem 的值为 0。

图 8-3　信号量的使用流程

参数：sem 为要初始化的信号量变量。

返回值：无。

(3) down 函数。

函数形式：void down(struct semaphore * sem)。

功能：当进程获取信号量 sem 成功时，信号量 sem 的值减 1；若进程获取信号量 sem 失败，此时进程进入睡眠状态，此睡眠不可被信号打断。

参数：sem 为信号量变量。

返回值：无。

(4) down_interruptible 函数。

函数形式：int down_interruptible (struct semaphore * sem)。

功能：当进程获取信号量 sem 成功时，信号量 sem 的值减 1；若进程获取信号量 sem 失败，此时进程进入睡眠状态，此睡眠可被信号打断。

参数：sem 为信号量变量。

返回值：当获取信号量成功时，返回 0，获取信号量失败时，返回一个非 0 的值。

(5) up 函数。

函数形式：void up(struct semaphore * sem)。

功能：释放信号量 sem，唤醒等待的进程。

参数：sem 为信号量变量。

返回值：无。

信号量的使用模板如下：

```
static int xxx_open(struct inode *inode, struct file *filp)

{

down(&mysem);

    …

}

static int xxx_release(struct inode *inode, struct file *filp)

 {

...

    up(&mysem);

 return 0;

 }
```

例 8-9　信号量使用示例。

mydriver.c 驱动代码如下：

```
#include "linux/module.h"

#include "linux/init.h"

#include "linux/kernel.h"

#include "linux/moduleparam.h"

#include "linux/cdev.h"

#include "linux/fs.h"
```

```
#include "asm/uaccess.h"
static int a=10;
static char b[]="abcdefghijk";

MODULE_LICENSE("GPL");
MODULE_AUTHOR("hello");
MODULE_DESCRIPTION("this is a test driver");
MODULE_VERSION("2013-07-02");
module_param(a,int,0000);

dev_t   dev;
int major=248;
int minor=1;
struct cdev *mycdev;
struct semaphore my_sem;

static int   my_open(struct inode *myinode,struct file *myfile)
{
    down(&my_sem);
    printk(KERN_INFO "open function exec\n");
    return 0;
}

static int my_release(struct inode *myinode,struct file *myfile)
{
    up(&my_sem);
    printk(KERN_INFO "release function exec\n");
    return 0;
}

struct file_operations hello_fops = {
    .owner = THIS_MODULE,
    .open=my_open,
    .release=my_release,
};

static int __init my_init()
{
    int ret;
```

```
    dev=MKDEV(major,minor);
    ret=register_chrdev_region (dev, 1, "hello");
    if(ret<0)
    {
        printk(KERN_INFO "dev_t can't use!");
        alloc_chrdev_region(&dev,1,1,"hello");
        printk(KERN_INFO "major=%d,minor=%d\n",MAJOR(dev),MINOR(dev));
    }
    mycdev=cdev_alloc();
    if(mycdev == NULL)
        {
            printk(KERN_INFO "can't alloc!\n");
            return -2;
        }
    mycdev->owner=THIS_MODULE;
    cdev_init(mycdev,&hello_fops);
    cdev_add(mycdev,dev,1);
    printk(KERN_INFO "my init exec,%d,%s\n",a,b);
    sema_init(&my_sem,1);
    return 0;
}
static void __exit my_exit()
{
    unregister_chrdev_region(dev,1);
    cdev_del(mycdev);
    printk(KERN_INFO "my exit exec\n");
    return;
}
module_init(my_init);
module_exit(my_exit);
```

编译后生成模块 mydriver.ko。

应用程序测试代码 user1.c 如下：

```
#include "unistd.h"
#include "fcntl.h"
#include "stdio.h"
int main()
{
    int fd;
    fd=open("/dev/hello",O_RDWR);
```

```
    if(fd<0)
    {
        printf("open file hello failure\n");
        return -1;
    }
    printf("open file hello sucess\n");
    sleep(20);
    close(fd);
    return 0;
}
```

编译生成可执行程序 user1。

应用程序测试代码 user2.c 如下：

```
#include "unistd.h"
#include "fcntl.h"
#include "stdio.h"
int main()
{
    int fd;
abc:
    fd=open("/dev/hello",O_RDWR);
    if(fd<0)
    {
        printf("open file hello failure\n");
        goto abc;
        return -1;
    }
    printf("open file hello sucess\n");
    sleep(20);
    close(fd);
    return 0;
}
```

编译生成可执行程序 user2。

当 user1 打开设备 hello 时，user2 将不能打开设备 hello。

4．原子变量、自旋锁和信号量之间的区别

① 信号量所保护的临界区包含可能引起阻塞的代码，而自旋锁则绝对要避免用来保护包含这样代码的临界区，因为阻塞意味着要进行进程的切换，如果进程被切换出去后，另一个进程企图获取本自旋锁，死锁就会发生。

② 如果保护的临界区代码运行时间较短，应使用自旋锁，若临界区代码运行时间很大，

应使用信号量。

自旋锁和信号量、原子变量之间的关系。自旋锁和信号量的核心代码都是由原子变量来实现的，类似于库函数与系统调用函数的区别(printf 与 write)。

8.7　驱动阻塞机制

本节介绍用户空间进程的阻塞机制在内核中的实现原理，用户空间的进程是无法实现阻塞的，它的阻塞是由内核来实现的，内核是由驱动来实现的。

阻塞是指在执行设备操作时，若条件不满足则进程挂起，被挂起的进程进入睡眠状态，被从调度器的运行队列移走，直到等待的条件满足。非阻塞是指进程在不能进行设备操作时并不挂起，它或者放弃，或者不停地查询，直到可以进行设备操作时，此时进程仍处于运行状态，一直占有 CPU。下面列举一个阻塞和非阻塞读取串口一个字符的例子。

例 8-10　阻塞读取串口一个字符示例。

```
char buf;
fd = open("/dev/ttysAC0",O_RDWR);
…
res = read(fd,&buf,1);              //当串口上有输入时才返回
if(res == 1)
{
    printf("%c\n",buf);
}
```

例 8-11　非阻塞读取串口一个字符示例。

```
char buf;
fd = open("/dev/ttys",O_RDWR | O_NONBLOCK);
while( read(fd,&buf,1) !=1);              //当串口上无输入也返回，所以要循环尝试读取串口
printf("%c\n",buf);
```

用户空间是无法实现进程阻塞的，进程阻塞是通过 Linux 内核的等待队列(wait queue)实现的。Linux 内核提供了有关等待队列实现的接口，具体介绍如下。

(1) wait_queue_head_t　my_queue。

功能：定义一个等待队列头，这个头就代表了这个队列，相当于链式队列中的头结点。

(2) init_waitqueue_head。

函数形式：static inline void init_waitqueue_head(wait_queue_head_t * my_queue)。

功能：初始化队列头，相当于生成一个空队列。

参数：my_queue 为等待队列头变量。

返回值：无。

上面两步也可以直接使用宏 DECLARE_WAIT_QUEUE_HEAD 来实现。

(3) DECLARE_WAIT_QUEUE_HEAD。

宏形式：DECLARE_WAIT_QUEUE_HEAD(my_queue)。

功能：定义一个等待队列头并初始化。

参数：my_queue 为等待队列头变量。

(4) DECLARE_WAITQUEUE。

宏形式：DECLARE_WAITQUEUE (name,tsk)。

功能：定义一个等待队列任务，相当于生成一个链式队列的结点，一个任务一个结点。注意：此时该结点并没有放入到等待队列中。

参数：第一个参数 name 就是定义的等待队列变量(类型是 wait_queue _t)；第二个参数是进程，一般使用 current。current 是一个默认的指针，代表的是当前用户进程。

(5) add_wait_queue。

函数形式：void fastcall add_wait_queue(wait_queue_head_t *q, wait_queue_t *wait)。

功能：将等待队列任务放入等待队列中，相当于队列中的入队操作。

参数：q 为等待队列头(头结点)，wait 为等待队列任务(结点)。

返回值：无。

(6) remove_wait_queue。

函数形式：void fastcall remove_wait_queue(wait_queue_head_t *q, wait_queue_t *wait)。

功能：将等待队列任务从等待队列中删除，相当于队列中的出队操作。

参数：q 为等待队列头(头结点)，wait 为等待队列任务(结点)。

返回值：无。

(7)～(10)函数是等待队列链表的睡眠操作接口函数。

(7) wait_event。

宏形式：wait_event(queue, conditon)。

功能：使等待队列上的进程睡眠，该睡眠不可被信号打断。

参数：queue是等待队列头变量；condition为睡眠条件，如果condition为假则一直睡眠，反之则退出睡眠。

(8) wait_event_interruptible。

宏形式：wait_event_interruptible(queue, condition)。

功能：使等待队列上的进程睡眠，该睡眠可被信号打断。

参数：queue是等待队列头变量；condition为睡眠条件，如果condition为假则一直睡眠，反之则退出睡眠。

(9) wait_event_timeout。

宏形式：wait_event_timeout(queue, condition, timeout)。

功能：使等待队列上的进程睡眠一段时间，该睡眠不可被信号打断。

参数：queue是等待队列头变量；condition为睡眠条件，如果condition为假则一直睡眠，反之则退出睡眠；timeout为睡眠时间。

(10) wait_event_interruptible_timeout。

宏形式：wait_event_interruptible_timeout(queue, condition, timeout)。

功能：使等待队列上的进程睡眠一段时间，该睡眠可被信号打断。

参数：queue是等待队列头变量；condition为睡眠条件，如果condition为假则一直睡眠，反之则退出睡眠；timeout为睡眠时间。

(11)～(12)函数是等待队列链表的唤醒操作接口函数。

(11) wake_up。

函数形式：void wake_up(wait_queue_head_t *queue)。

功能：唤醒不可被信号打断的等待队列上的睡眠进程。

参数：queue是等待队列头变量。

返回值：无。

(12) wake_up_interruptible。

函数形式：oid wake_up_interruptible(wait_queue_head_t *queue)。

功能：唤醒可被信号打断的等待队列上的睡眠进程。

参数：queue是等待队列头变量。

返回值：无。

这两个函数会唤醒以queue作为等待队列头的所有等待队列对应的进程。

例 8-12　　等待队列示例(wait_interruptable，写阻塞)。

驱动程序源码 mydriver.c 如下：

```c
#include "linux/init.h"
#include "linux/module.h"
#include "linux/fs.h"//file_operations
#include "linux/cdev.h"
#include "linux/kdev_t.h"
#include "asm/uaccess.h"
#include "mycmd.h"
#include "linux/ioctl.h"
#include "linux/sched.h"


MODULE_LICENSE("GPL");



struct cdev mycdev;
unsigned int major=0x10;
unsigned int minor=0x20;
dev_t mydev_t;


wait_queue_head_t   my_queue;
char recvbuf[12]={0};


int myopen(struct inode *pinode,struct file *pfile)
{
  printk(KERN_INFO   "kernel open function exec\n");
  return 0;
```

```
}

int myrelease(struct inode *pinode,struct file *pfile)
{
    printk(KERN_INFO "kernel release function exec\n");
    return 0;
}

ssize_t mywrite(struct file *pfile,const void    __user * buf,size_t len,loff_t *ploff)
{

    if(len > 12)
    {
        DECLARE_WAITQUEUE(name,current);
        add_wait_queue(&my_queue,&name);

        wait_event(my_queue,len <= 12);

        //let process sleep
    }
    else
    {
      copy_from_user(recvbuf,buf,10);
      printk(KERN_INFO"kernel write function exec,recvbuf=%s\n",recvbuf);
      return 0;
    }
}
static int myioctl(struct inode *inode, struct file *file, unsigned int cmd, unsigned long arg)
{
    if(cmd==LEDON)
    {
      printk(KERN_INFO "LED ON\n");
    }
    if(cmd==LEDOFF)
    {
        printk(KERN_INFO "LED OFF");
    }
    return 0;
}
```

```c
struct file_operations ops=
{
  .owner=THIS_MODULE,
  .open=myopen,
  .release=myrelease,
  .write=mywrite,
  .ioctl=myioctl,
};
static int __init myhello_init(void)
{
  int ret;
  mycdev.owner=THIS_MODULE;
  cdev_init(&mycdev,&ops);
  mydev_t=MKDEV(major,minor);

  printk(KERN_INFO "myhello init exec,mydev_t=%x\n",mydev_t);

  ret=register_chrdev_region(mydev_t,1,"hello");
  if(ret <0)
  {
    printk(KERN_INFO "dev_t is can't user\n");
    return -1;
  }
  cdev_add(&mycdev,mydev_t,1);

  init_waitqueue_head(&my_queue);

  return 0;
}

static void __exit myhello_exit(void)
{
    printk(KERN_INFO "myhello exit exec\n");
    unregister_chrdev_region(mydev_t,1);
    cdev_del(&mycdev);
    return ;
}
module_init(myhello_init);        //insmod
module_exit(myhello_exit);        //rmmod
```

命令的头文件 mycmd.h 如下：

```
#define DEVICE_TYPE 100//GPIO
#define LEDON    _IO (DEVICE_TYPE,1)
#define LEDOFF   _IO (DEVICE_TYPE,0)
```

编译后生成模块 mydriver.ko。

应用程序测试代码 test.c 如下：

```
#include "stdio.h"
#include "unistd.h"
#include "fcntl.h"
#include "stdlib.h"
#include "mycmd.h"
#include "sys/ioctl.h"
int main()
{
    int fd;
    char user_buf[]="user data abcdefghijk\n";
    fd=open("/dev/myhello",O_RDWR);
    if(fd <0)
    {
        printf("open myhello failure\n");
        return -1;
    }
    printf("open myhello sucess\n");
    write(fd,user_buf,sizeof(user_buf));
    printf("write after\n");
    close(fd);
    return 0;
}
```

编译后生成可执行程序，当应用程序运行到 write(fd,user_buf,sizeof(user_buf))时产生写阻塞，即应用程序处理 S 状态(可用命令：ps　–axj 查看)。

例 8-13　等待队列示例(wait_wake_interruptable，写阻塞，读后唤醒写进程)。

驱动程序源码 mydriver.c 如下：

```
#include "linux/init.h"
#include "linux/module.h"
#include "linux/fs.h"//file_operations
#include "linux/cdev.h"
#include "linux/kdev_t.h"
#include "asm/uaccess.h"
#include "mycmd.h"
```

```
#include "linux/ioctl.h"
#include "linux/sched.h"

MODULE_LICENSE("GPL");

struct cdev mycdev;
unsigned int major=0x20;
unsigned int minor=0x20;
dev_t mydev_t;

wait_queue_head_t    my_queue;
char recvbuf[12]={0};

int rw_len=20;

int myopen(struct inode *pinode,struct file *pfile)
{
  printk(KERN_INFO    "kernel open function exec\n");
  return 0;
}

int myrelease(struct inode *pinode,struct file *pfile)
{
    printk(KERN_INFO "kernel release function exec\n");
    return 0;
}
size_t myread(struct file *myfile,char __user *buf,size_t count,loff_t *ppos)
{
  rw_len=10;
  wake_up_interruptible(&my_queue);
  printk(KERN_INFO "kernel read function exec\n");
  return 0;
}
ssize_t mywrite(struct file *pfile,const void    __user * buf,size_t len,loff_t *ploff)
{

  if(rw_len > 12)
  {
    DECLARE_WAITQUEUE(name,current);
```

```
        add_wait_queue(&my_queue,&name);

        wait_event_interruptible(my_queue,rw_len <= 12);

        //let process sleep
      }
      copy_from_user(recvbuf,buf,10);
      printk(KERN_INFO"kernel write function exec,recvbuf=%s\n",recvbuf);
      return 0;

}
static int myioctl(struct inode *inode, struct file *file, unsigned int cmd, unsigned long arg)
{
    if(cmd==LEDON)
    {
      printk(KERN_INFO "LED ON\n");
    }
    if(cmd==LEDOFF)
    {
        printk(KERN_INFO "LED OFF");
    }
    return 0;
}
struct file_operations ops=
{
    .owner=THIS_MODULE,
    .open=myopen,
    .release=myrelease,
    .write=mywrite,
    .ioctl=myioctl,
    .read=myread,
};
static int __init myhello_init(void)
{
    int ret;
    mycdev.owner=THIS_MODULE;
    cdev_init(&mycdev,&ops);
    mydev_t=MKDEV(major,minor);
```

```
    printk(KERN_INFO "myhello init exec,mydev_t=%x\n",mydev_t);

    ret=register_chrdev_region(mydev_t,1,"hello");
    if(ret <0)
    {
      printk(KERN_INFO "dev_t is can't user\n");
      return -1;
    }
    cdev_add(&mycdev,mydev_t,1);

    init_waitqueue_head(&my_queue);

    return 0;
}

static void __exit myhello_exit(void)
{
    printk(KERN_INFO "myhello exit exec\n");
    unregister_chrdev_region(mydev_t,1);
    cdev_del(&mycdev);
    return ;
}
module_init(myhello_init);        //insmod
module_exit(myhello_exit);        //rmmod
```

命令的头文件 mycmd.h 如下：

```
mycmd.h
#define DEVICE_TYPE 100//GPIO


#define LEDON    _IO (DEVICE_TYPE,1)
#define LEDOFF   _IO (DEVICE_TYPE,0)
```

编译后生成模块 mydriver.ko。
应用程序测试代码 write.c 如下。

```
#include "stdio.h"
#include "unistd.h"
#include "fcntl.h"
#include "stdlib.h"
#include "mycmd.h"
#include "sys/ioctl.h"
int main()
```

```
{
    int fd;
    char user_buf[]="user data abcdefghijk\n";
    fd=open("/dev/myhello",O_RDWR);
    if(fd <0)
    {
        printf("open myhello failure\n");
        return -1;
    }
    printf("open myhello sucess\n");
    write(fd,user_buf,sizeof(user_buf));
    printf("write after\n");
    close(fd);
    return 0;
}
```

编译后生成可执行程序 write。

应用程序测试代码 read.c 如下：

```
#include "stdio.h"
#include "unistd.h"
#include "fcntl.h"
#include "stdlib.h"
#include "mycmd.h"
#include "sys/ioctl.h"
int main()
{
    int fd;
    char buf[16]={0};
    fd=open("/dev/myhello",O_RDWR);
    if(fd <0)
    {
        printf("open myhello failure\n");
        return -1;
    }
    printf("open myhello sucess\n");
    read(fd,buf,sizeof(buf));
    printf("read after\n");
    close(fd);
    return 0;
}
```

编译后生成可执行程序 read。

结果：write 进程运行时会产生写阻塞，然后运行 read 则唤醒 write 进程。

8.8　驱动异步 I/O 机制

本节介绍用户空间进程的信号驱动 I/O 机制在内核中的实现原理。应用程序空间的异步 I/O 的使用模板如下。

(1)　signal(SIGIO, handle)：告诉内核采用 handle 函数来处理 SIGIO 信号。

(2)　fcntl(fd,F_SETOWN,getpid())：告诉内核要发送 SIGIO 信号，而且要发送给本进程。

(3)　Oflags = fcntl(fd,F_GETFL)：获得文件的属性。

(4)　fcntl(fd, F_SETFL,Oflags | FASYNC)：设置文件的属性，使得文件支持异步通知(默认情况，文件在内核中是不支持异步通知的)。

例 8-14　异步 I/O 机制在应用程序空间使用示例。

应用程序 fasync_app.c 代码如下：

```c
#include "stdio.h"
#include "signal.h"
#include "unistd.h"
#include "stdlib.h"
#include "fcntl.h"
void handle(int sig_num)
{
    char buf[128]={0};
    printf("process SIGIO things signal=%d\n",sig_num);
    fgets(buf,128,stdin);
    return ;
}
int main()
{
    int Oflags=0;
    signal(SIGIO,handle);
    fcntl(0,F_SETOWN,getpid());
    Oflags = fcntl(0,F_GETFL);
    fcntl(0, F_SETFL,Oflags | FASYNC);
    while(1)
    {
        printf("the process is processing things\n");
        sleep(1);
    }
```

　　　　}

　　编译后生成可执行程序 fasync_app。

　　执行结果：正常时程序执行语句 printf("the process is processing things\n")，当用户在键盘上敲入数据时，则会执行 handle 函数，执行结束又重新执行语句 printf("the process is processing things\n")。

　　例 8-14 中，当用户的进程执行 fcntl(fd,F_SETOWN,getpid())时，内核的驱动程序中会把 SIGIO 信号发送给本进程，因为 fcntl(fd,F_SETOWN,getpid())的第三个参数是 getpid()；当用户的进程执行 fcntl(fd, F_SETFL,Oflags | FASYNC)时，将执行驱动程序 file_operations 的成员 fasync()，这个函数指针指向的函数形式如下。

　　函数形式：int myfasync(int fd,struct file *pfile,int mode)。

　　功能：使设备具备异步通知机制。

　　参数：第一个参数为文件描述符；第二个参数为文件结构体指针；第三个参数为可读写模式。

　　下面通过实例验证用户空间的 fcntl(fd, F_SETFL,Oflags | FASYNC)会调用驱动程序的 fasync()函数。

　　例 8-15 用户空间的 fcntl(fd, F_SETFL,Oflags | FASYNC)会调用驱动程序的 fasync()函数验证。

　　驱动程序源码 mydriver.c 如下：

```
#include "linux/init.h"
#include "linux/module.h"
#include "linux/fs.h"//file_operations
#include "linux/cdev.h"
#include "linux/kdev_t.h"
#include "asm/uaccess.h"
#include "mycmd.h"
#include "linux/ioctl.h"
MODULE_LICENSE("GPL");
struct cdev mycdev;
unsigned int major=0x10;
unsigned int minor=0x20;
dev_t mydev_t;
int myfasync(int fd,struct file *pfile,int mode)
{
    printk(KERN_INFO   "kernel fasync function exec\n");
    return 0;
}
int myopen(struct inode *pinode,struct file *pfile)
{
    printk(KERN_INFO   "kernel open function exec\n");
```

```
        return 0;
    }
    int myrelease(struct inode *pinode,struct file *pfile)
    {
        printk(KERN_INFO "kernel release function exec\n");
        return 0;
    }


    ssize_t mywrite(struct file *pfile,const void    __user * buf,size_t len,loff_t *ploff)
    {
        char kernelbuf[128]={0};
        copy_from_user(kernelbuf,buf,10);
        printk(KERN_INFO"kernel write function exec,kernelbuf=%s\n",kernelbuf);
        return 0;
    }
    static int myioctl(struct inode *inode, struct file *file, unsigned int cmd, unsigned long arg)
    {
        if(cmd==LEDON)
        {
          printk(KERN_INFO "LED ON\n");
        }
        if(cmd==LEDOFF)
        {
            printk(KERN_INFO "LED OFF");
        }
        return 0;
    }
    struct file_operations ops=
    {
        .owner=THIS_MODULE,
        .open=myopen,
        .release=myrelease,
        .write=mywrite,
        .ioctl=myioctl,
        .fasync=myfasync,
    };
    static int __init myhello_init(void)
    {
        int ret;
```

```
    mycdev.owner=THIS_MODULE;
    cdev_init(&mycdev,&ops);
    mydev_t=MKDEV(major,minor);

    printk(KERN_INFO "myhello init exec,mydev_t=%x\n",mydev_t);

    ret=register_chrdev_region(mydev_t,1,"hello");
    if(ret <0)
    {
      printk(KERN_INFO "dev_t is can't user\n");
      return -1;
    }
    cdev_add(&mycdev,mydev_t,1);

    return 0;
}


static void __exit myhello_exit(void)
{
    printk(KERN_INFO "myhello exit exec\n");
    unregister_chrdev_region(mydev_t,1);
    cdev_del(&mycdev);
    return ;
}
    module_init(myhello_init);          //insmod
    module_exit(myhello_exit);          //rmmod
```

命令的头文件 mycmd.h 如下：

```
    #define DEVICE_TYPE 100//GPIO
    #define LEDON     _IO (DEVICE_TYPE,1)
    #define LEDOFF    _IO (DEVICE_TYPE,0)
```

编译后生成模块 mydriver.ko。

应用程序测试代码 test.c 如下：

```
    #include "stdio.h"
    #include "unistd.h"
    #include "fcntl.h"
    #include "stdlib.h"
    #include "mycmd.h"
    #include "sys/ioctl.h"
    #include "signal.h"
```

```
void handle(int sig_num)
{
    return ;
}
int main()
{
    int fd;
    int oflags;
    char user_buf[]="user data\n";
    fd=open("/dev/myhello",O_RDWR);
    if(fd <0)
    {
        printf("open myhello failure\n");
        return -1;
    }
    printf("open myhello sucess\n");

    signal(SIGIO,handle);
    fcntl(fd,F_SETOWN,getpid());
    oflags=fcntl(fd,F_GETFL);
    printf("FASYNC before\n");
    fcntl(fd,F_SETFL,oflags | FASYNC);
    sleep(20);
    printf("FASYNC after\n");
    while(1)
    {
        printf("process main things\n");
        sleep(1);
    }
    close(fd);
    return 0;
}
```

编译后生成可执行程序 test。

结果：当 test 执行 fcntl(fd,F_SETFL,oflags | FASYNC) 时，驱动程序打印 printk(KERN_INFO "kernel fasync function exec\n");

上面介绍了异步 I/O 中应用程序与驱动程序之间的对应关系，fasync()是让设备文件具有异步通知功能，那么是怎样实现这个功能的呢？它是由内核的一个接口函数 fasync_helper 来实现的，该函数定义如下。

函数形式：int fasync_helper(int fd, struct file *file, int mode, struct fasync_struct

**fasync_queue)。

功能：实现异步通知功能。

参数：第一个参数为文件描述符；第二个参数为文件结构体指针；第三个参数为可读写模式；第四个参数为异步结构体 fasync_struct 指针的指针变量。

驱动程序中发送信号的函数是 kill_fasync。

函数形式：void kill_fasync(struct fasync_struct **fp, int sig, int band)。

功能：发送信号。

参数：第一个参数为异步结构体 fasync_struct 指针的指针变量；第二个参数为信号；第三个参数为带宽，一般为 POLL_IN 表示读，为 POLL_OUT 表示写。

下面通过例 8-16 介绍这两个函数的用法。

例 8-16　fasync_helper 和 kill_fasync 函数的用法。

驱动程序源码 mydriver.c 如下：

```
#include "linux/init.h"
#include "linux/module.h"
#include "linux/fs.h"//file_operations
#include "linux/cdev.h"
#include "linux/kdev_t.h"
#include "asm/uaccess.h"
#include "mycmd.h"
#include "linux/ioctl.h"
#include "linux/kernel.h"
#include "linux/poll.h"
#include "linux/sched.h"
MODULE_LICENSE("GPL");
struct cdev mycdev;
unsigned int major=0x10;
unsigned int minor=0x20;
dev_t mydev_t;
char kernelbuf[128]={0};

struct fasync_struct    *pfasync;
int myfasync(int fd,struct file *pfile,int mode)
{
    printk(KERN_INFO    "kernel fasync function exec\n");
    fasync_helper(fd, pfile, mode, &pfasync);
    return 0;
}
int myopen(struct inode *pinode,struct file *pfile)
{
```

```c
        printk(KERN_INFO   "kernel open function exec\n");
        return 0;
    }
    int myrelease(struct inode *pinode,struct file *pfile)
    {
        printk(KERN_INFO "kernel release function exec\n");
        return 0;
    }
    ssize_t mywrite(struct file *pfile,const void   __user * buf,size_t len,loff_t *ploff)
    {
      copy_from_user(kernelbuf,buf,10);
      printk(KERN_INFO"kernel write function exec,kernelbuf=%s\n",kernelbuf);
      kill_fasync(&pfasync,SIGIO,POLL_IN);
        return 0;
    }
    ssize_t myread(struct file *myfile,char __user *buf,size_t count,loff_t *ppos)
    {
      copy_to_user(buf,kernelbuf,10);
      printk(KERN_INFO "kernel read function exec\n");
        return 0;
    }
    static int myioctl(struct inode *inode, struct file *file, unsigned int cmd, unsigned long arg)
    {
      if(cmd==LEDON)
      {
       printk(KERN_INFO "LED ON\n");
      }
      if(cmd==LEDOFF)
      {
        printk(KERN_INFO "LED OFF");
      }
      return 0;
    }
    struct file_operations ops=
    {
      .owner=THIS_MODULE,
      .open=myopen,
      .release=myrelease,
      .write=mywrite,
```

```
        .ioctl=myioctl,
        .fasync=myfasync,
        .read=myread,
    };
    static int __init myhello_init(void)
    {
        int ret;
        mycdev.owner=THIS_MODULE;
        cdev_init(&mycdev,&ops);
        mydev_t=MKDEV(major,minor);
        printk(KERN_INFO "myhello init exec,mydev_t=%x\n",mydev_t);
        ret=register_chrdev_region(mydev_t,1,"hello");
        if(ret <0)
        {
printk(KERN_INFO "dev_t is can't user\n");
return -1;
        }
        cdev_add(&mycdev,mydev_t,1);
        return 0;
    }

    static void __exit myhello_exit(void)
    {
        printk(KERN_INFO "myhello exit exec\n");
        unregister_chrdev_region(mydev_t,1);
        cdev_del(&mycdev);
        return ;
    }
    module_init(myhello_init);//insmod
    module_exit(myhello_exit);//rmmod
```

命令的头文件 mycmd.h 如下：

```
    #define DEVICE_TYPE 100//GPIO
    #define LEDON    _IO (DEVICE_TYPE,1)
    #define LEDOFF   _IO (DEVICE_TYPE,0)
```

编译后生成模块 mydriver.ko。

应用程序测试代码 test.c 如下：

```
    #include "stdio.h"
    #include "unistd.h"
    #include "fcntl.h"
```

```c
#include "stdlib.h"
#include "mycmd.h"
#include "sys/ioctl.h"
#include "signal.h"
int fd;
void handle(int sig_num)
{
    char buf[128]={0};
    printf("recv signal sig_num=%d\n",sig_num);
    read(fd,buf,128);
    printf("buf=%s\n",buf);
    return ;
}
int main()
{
    int oflags;
    char user_buf[]="user data\n";
    fd=open("/dev/myhello",O_RDWR);
    if(fd <0)
    {
        printf("open myhello failure\n");
        return -1;
    }
    printf("open myhello sucess\n");

    signal(SIGIO,handle);
    fcntl(fd,F_SETOWN,getpid());
    oflags=fcntl(fd,F_GETFL);
    fcntl(fd,F_SETFL,oflags | FASYNC);

    while(1)
    {
        printf("process main things\n");
        sleep(1);
    }

    close(fd);
    return 0;
}
```

编译后生成可执行程序 test。

应用程序测试代码 write.c 如下：

```
#include "stdio.h"
#include "unistd.h"
#include "fcntl.h"
#include "stdlib.h"
#include "mycmd.h"
#include "sys/ioctl.h"
#include "signal.h"
void handle(int sig_num)
{
    return ;
}
int main()
{
    int fd;
    int oflags;
    char user_buf[]="user data\n";
    fd=open("/dev/myhello",O_RDWR);
    if(fd <0)
    {
        printf("open myhello failure\n");
        return -1;
    }
    printf("open myhello sucess\n");
    write(fd,user_buf,sizeof(user_buf));
    close(fd);
    return 0;
}
```

编译后生成可执行程序 write。

结果：当运行 test 程序时，执行 printf("process main things\n")；再执行程序 write 时，test 执行信号处理函数 handle，同时执行读处理，即只有向设备写数据时，才通知用户设备有数据可读。

8.9　驱动多路复用 I/O 机制

本节介绍用户空间进程的多路复用 I/O 机制在内核中的实现原理，当用户的进程执行 select 函数时，内核空间将执行 file_operations 的成员函数 poll，poll 函数形式如下。

函数形式：unsigned int poll (struct file *filp, struct poll_table_struct *wait)。

功能：把当前的文件指针挂到设备内部定义的等待队列中。

参数：filp 为文件描述符；wait 为等待队列，这两个变量由系统完成。

返回值：是否能对设备进行无阻塞可读或可写访问的掩码，常见的位掩码有 POLLRDNORM、POLLIN、POLLOUT 和 POLLWRNORM。例如：设备可读，返回 POLLIN | POLLRDNORM；设备可写，返回 POLLOUT | POLLWRNORM。

下面通过实例验证用户空间的 select 函数对应驱动程序中的结构体 file_operations 成员函数 poll。

例 8-17 用户空间的 select 函数会调用驱动程序 poll 函数的验证。

驱动程序源码 mydriver.c 如下：

```c
#include "linux/init.h"
#include "linux/module.h"
#include "linux/fs.h"//file_operations
#include "linux/cdev.h"
#include "linux/kdev_t.h"
#include "asm/uaccess.h"
#include "mycmd.h"
#include "linux/ioctl.h"
#include "linux/kernel.h"
#include "linux/poll.h"
#include "linux/sched.h"
MODULE_LICENSE("GPL");
struct cdev mycdev;
unsigned int major=0x10;
unsigned int minor=0x20;
dev_t mydev_t;
char kernelbuf[128]={0};
struct fasync_struct    *pfasync;
unsigned int mypoll(struct file *pfile, struct poll_table_struct *ptable)
{
    printk(KERN_INFO "kernel mypoll function exec\n");
    return 0;
}
int myfasync(int fd,struct file *pfile,int mode)
{
    printk(KERN_INFO    "kernel fasync function exec\n");
    fasync_helper(fd, pfile, mode, &pfasync);
    return 0;
}
```

```
int myopen(struct inode *pinode,struct file *pfile)
{
    printk(KERN_INFO   "kernel open function exec\n");
    return 0;
}
int myrelease(struct inode *pinode,struct file *pfile)
{
    printk(KERN_INFO "kernel release function exec\n");
    return 0;
}
ssize_t mywrite(struct file *pfile,const void    __user * buf,size_t len,loff_t *ploff)
{
    copy_from_user(kernelbuf,buf,10);
    printk(KERN_INFO"kernel write function exec,kernelbuf=%s\n",kernelbuf);
    kill_fasync(&pfasync,SIGIO,POLL_IN);
    return 0;
}
size_t myread(struct file *myfile,char __user *buf,size_t count,loff_t *ppos)
{
    copy_to_user(buf,kernelbuf,10);
    printk(KERN_INFO "kernel read function exec\n");
    return 0;
}
static int myioctl(struct inode *inode, struct file *file, unsigned int cmd, unsigned long arg)
{
    if(cmd==LEDON)
    {
      printk(KERN_INFO "LED ON\n");
    }
    if(cmd==LEDOFF)
    {
        printk(KERN_INFO "LED OFF");
    }
    return 0;
}
struct file_operations ops=
{
    .owner=THIS_MODULE,
    .open=myopen,
```

```
    .release=myrelease,
    .write=mywrite,
    .ioctl=myioctl,
    .fasync=myfasync,
    .read=myread,
    .poll=mypoll,
};
static int __init myhello_init(void)
{
    int ret;
    mycdev.owner=THIS_MODULE;
    cdev_init(&mycdev,&ops);
    mydev_t=MKDEV(major,minor);
    printk(KERN_INFO "myhello init exec,mydev_t=%x\n",mydev_t);
    ret=register_chrdev_region(mydev_t,1,"hello");
    if(ret <0)
    {
        printk(KERN_INFO "dev_t is can't user\n");
        return -1;
    }
    cdev_add(&mycdev,mydev_t,1);
    return 0;
}

static void __exit myhello_exit(void)
{
    printk(KERN_INFO "myhello exit exec\n");
    unregister_chrdev_region(mydev_t,1);
    cdev_del(&mycdev);
    return ;
}
module_init(myhello_init);        //insmod
module_exit(myhello_exit);        //rmmod
```

命令的头文件 mycmd.h 如下：

```
#define DEVICE_TYPE 100//GPIO
#define LEDON     _IO (DEVICE_TYPE,1)
#define LEDOFF    _IO (DEVICE_TYPE,0)
```

编译后生成模块 mydriver.ko。

应用程序测试代码 test.c 如下：

```
#include "stdio.h"
#include "unistd.h"
#include "stdlib.h"
#include "sys/select.h"
#include "fcntl.h"
int main()
{
    int fd;
    fd_set readfd;
    fd=open("/dev/myhello",O_RDWR);
    if(fd <0)
    {
        printf("open myhello failure\n");
        return -1;
    }
    printf("open myhello sucess\n");
    FD_ZERO(&readfd);
    FD_SET(fd,&readfd);
    printf("select before\n");
    sleep(20);
    select(fd+1,&readfd,NULL,NULL,NULL);
    printf("select after\n");
    return 0;
}
```

编译后生成可执行程序 test。

结 果：当 test 执 行 select(fd+1,&readfd,NULL,NULL,NULL) 时，驱 动 程 序 打 印 printk(KERN_INFO "kernel mypoll function exec\n")。

上面介绍了应用程序 select 函数与驱动程序 poll 函数之间的对应关系,那么 select 为什么会阻塞呢? 驱动程序中的 poll 函数不会使应用程序 select 阻塞,真正的阻塞在 poll 函数和 select 函数中间的 sys_poll 函数中,驱动程序的 poll 函数与 sys_poll 函数关系如下:

(1) 如果驱动程序 poll 函数返回的是 0, 则 sys_poll 函数阻塞。

(2) 如果驱动程序 poll 函数返回的是 POLL_IN, 则 sys_poll 函数不会阻塞, 则应用程序的 select 函数也不会阻塞, 表示有数据可读。

(3) 如果驱动程序 poll 函数返回的是 POLL_OUT, 则 sys_poll 函数不会阻塞, 则应用程序的 select 函数也不会阻塞, 表示有数据可写。

(4) 如果驱动程序 poll 函数返回的是 POLL_OUT | POLL_IN, 则 sys_poll 函数不会阻塞, 则应用程序的 select 函数也不会阻塞, 表示有数据可写和有数据可读。

下面通过实验验证驱动程序的 poll 函数与 sys_poll 函数的关系。

例 8-18　驱动程序的 poll 函数与系统调用的 poll 函数的关系示例 1。

驱动程序源码 mydriver.c 如下：

```c
#include "linux/init.h"
#include "linux/module.h"
#include "linux/fs.h"//file_operations
#include "linux/cdev.h"
#include "linux/kdev_t.h"
#include "asm/uaccess.h"
#include "mycmd.h"
#include "linux/ioctl.h"
#include "linux/kernel.h"
#include "linux/poll.h"
#include "linux/sched.h"
#define LEN    128
MODULE_LICENSE("GPL");
struct cdev mycdev;
unsigned int major=0x10;
unsigned int minor=0x20;
dev_t mydev_t;
char kernelbuf[LEN]={0};
int rw_len=0;
struct fasync_struct    *pfasync;
wait_queue_head_t    my_queue;
unsigned int mypoll(struct file *pfile, struct poll_table_struct *ptable)
{
    unsigned int mode=0;
    printk(KERN_INFO "kernel mypoll function exec\n");
    poll_wait(pfile,&my_queue,ptable);
    if(rw_len !=0)
        mode |=POLL_IN |POLLWRNORM;
    if(rw_len != LEN)
        mode=POLL_OUT | POLLWRNORM;
    return mode;
}
int myfasync(int fd,struct file *pfile,int mode)
{
    printk(KERN_INFO   "kernel fasync function exec\n");
    fasync_helper(fd, pfile, mode, &pfasync);
    return 0;
}
```

```
int myopen(struct inode *pinode,struct file *pfile)
{
    printk(KERN_INFO    "kernel open function exec\n");
    return 0;
}
int myrelease(struct inode *pinode,struct file *pfile)
{
    printk(KERN_INFO "kernel release function exec\n");
    return 0;
}
ssize_t mywrite(struct file *pfile,const void    __user * buf,size_t len,loff_t *ploff)
{
    copy_from_user(kernelbuf,buf,10);
    rw_len=10;
    printk(KERN_INFO"kernel write function exec,kernelbuf=%s\n",kernelbuf);
    wake_up_interruptible(&my_queue);
    return 0;
}
size_t myread(struct file *myfile,char __user *buf,size_t count,loff_t *ppos)
{
    copy_to_user(buf,kernelbuf,10);
    printk(KERN_INFO "kernel read function exec\n");
    return 0;
}
static int myioctl(struct inode *inode, struct file *file, unsigned int cmd, unsigned long arg)
{
    if(cmd==LEDON)
    {
    printk(KERN_INFO "LED ON\n");
    }
    if(cmd==LEDOFF)
    {
    printk(KERN_INFO "LED OFF");
    }
    return 0;
}
struct file_operations ops=
{
    .owner=THIS_MODULE,
```

```
        .open=myopen,
        .release=myrelease,
        .write=mywrite,
        .ioctl=myioctl,
        .fasync=myfasync,
        .read=myread,
        .poll=mypoll,
    };
    static int __init myhello_init(void)
    {
        int ret;
        mycdev.owner=THIS_MODULE;
        cdev_init(&mycdev,&ops);
        mydev_t=MKDEV(major,minor);
        printk(KERN_INFO "myhello init exec,mydev_t=%x\n",mydev_t);
        ret=register_chrdev_region(mydev_t,1,"hello");
        if(ret <0)
        {
            printk(KERN_INFO "dev_t is can't user\n");
            return -1;
        }
        cdev_add(&mycdev,mydev_t,1);
        init_waitqueue_head(&my_queue);
        DECLARE_WAITQUEUE(name,current);
        add_wait_queue(&my_queue,&name);
        return 0;
    }
    static void __exit myhello_exit(void)
    {
        printk(KERN_INFO "myhello exit exec\n");
        unregister_chrdev_region(mydev_t,1);
        cdev_del(&mycdev);
        return ;
    }
    module_init(myhello_init);          //insmod
    module_exit(myhello_exit);          //rmmod
```

命令的头文件 mycmd.h 如下：

```
    #define DEVICE_TYPE 100//GPIO
    #define LEDON      _IO (DEVICE_TYPE,1)
```

```
#define LEDOFF   _IO (DEVICE_TYPE,0)
```
编译后生成模块 mydriver.ko。

应用程序测试代码 test.c 如下：

```c
#include "stdio.h"
#include "unistd.h"
#include "stdlib.h"
#include "sys/select.h"
#include "fcntl.h"
int main()
{
    int fd;
    fd_set readfd;
    fd=open("/dev/myhello",O_RDWR);
    if(fd <0)
    {
        printf("open myhello failure\n");
        return -1;
    }
    printf("open myhello sucess\n");

    FD_ZERO(&readfd);
    FD_SET(fd,&readfd);
    printf("select before\n");
    select(fd+1,&readfd,NULL,NULL,NULL);
    printf("select after\n");
    return 0;
}
```
编译后生成可执行程序 test。

应用程序测试代码 write.c 如下：

```c
#include "stdio.h"
#include "unistd.h"
#include "fcntl.h"
#include "stdlib.h"
#include "mycmd.h"
#include "sys/ioctl.h"
int main()
{
    int fd;
    char user_buf[]="user data abcdefghijk\n";
```

```
fd=open("/dev/myhello",O_RDWR);
if(fd <0)
{
    printf("open myhello failure\n");
    return -1;
}
printf("open myhello sucess\n");
write(fd,user_buf,sizeof(user_buf));
printf("write after\n");
close(fd);
return 0;
}
```

编译后生成可执行程序 write。

结果：当运行 test 程序到 select 函数时，进程会阻塞，此时执行程序 write 时，test 进程会被唤醒，即打印 printf("select after\n")。

例 8-19 驱动程序的 poll 函数与系统调用的 poll 函数的关系示例 2。

驱动程序源码 mydriver.c 如下：

```
#include "linux/init.h"
#include "linux/module.h"
#include "linux/fs.h"//file_operations
#include "linux/cdev.h"
#include "linux/kdev_t.h"
#include "asm/uaccess.h"
#include "mycmd.h"
#include "linux/ioctl.h"
#include "linux/kernel.h"
#include "linux/poll.h"
#include "linux/sched.h"
MODULE_LICENSE("GPL");
struct cdev mycdev;
unsigned int major=0x10;
unsigned int minor=0x20;
dev_t mydev_t;
char kernelbuf[128]={0};
struct fasync_struct    *pfasync;

unsigned int mypoll(struct file *pfile, struct poll_table_struct *ptable)
{
    unsigned int mode;
```

```
    mode=POLL_IN;
    printk(KERN_INFO "kernel mypoll function exec\n");
    return mode;
}
int myfasync(int fd,struct file *pfile,int mode)
{
    printk(KERN_INFO    "kernel fasync function exec\n");
    fasync_helper(fd, pfile, mode, &pfasync);
    return 0;
}
int myopen(struct inode *pinode,struct file *pfile)
{
    printk(KERN_INFO    "kernel open function exec\n");
    return 0;
}
int myrelease(struct inode *pinode,struct file *pfile)
{
    printk(KERN_INFO "kernel release function exec\n");
    return 0;
}


ssize_t mywrite(struct file *pfile,const void    __user * buf,size_t len,loff_t *ploff)
{
    copy_from_user(kernelbuf,buf,10);
    printk(KERN_INFO"kernel write function exec,kernelbuf=%s\n",kernelbuf);
    kill_fasync(&pfasync,SIGIO,POLL_IN);
    return 0;
}
size_t myread(struct file *myfile,char __user *buf,size_t count,loff_t *ppos)
{
    copy_to_user(buf,kernelbuf,10);
    printk(KERN_INFO "kernel read function exec\n");
    return 0;
}


static int myioctl(struct inode *inode, struct file *file, unsigned int cmd, unsigned long arg)
{
    if(cmd==LEDON)
    {
```

```
        printk(KERN_INFO "LED ON\n");
    }
    if(cmd==LEDOFF)
    {
        printk(KERN_INFO "LED OFF");
    }
    return 0;
}
struct file_operations ops=
{
    .owner=THIS_MODULE,
    .open=myopen,
    .release=myrelease,
    .write=mywrite,
    .ioctl=myioctl,
    .fasync=myfasync,
    .read=myread,
    .poll=mypoll,
};
static int __init myhello_init(void)
{
    int ret;
    mycdev.owner=THIS_MODULE;
    cdev_init(&mycdev,&ops);
    mydev_t=MKDEV(major,minor);
    printk(KERN_INFO "myhello init exec,mydev_t=%x\n",mydev_t);
    ret=register_chrdev_region(mydev_t,1,"hello");
    if(ret <0)
    {
        printk(KERN_INFO "dev_t is can't user\n");
        return -1;
    }
    cdev_add(&mycdev,mydev_t,1);
    return 0;
}
static void __exit myhello_exit(void)
{
    printk(KERN_INFO "myhello exit exec\n");
    unregister_chrdev_region(mydev_t,1);
```

```
        cdev_del(&mycdev);
        return ;
    }
    module_init(myhello_init);          //insmod
    module_exit(myhello_exit);          //rmmod
```

命令的头文件 mycmd.h 如下：

```
    #define DEVICE_TYPE 100         //GPIO
    #define LEDON    _IO (DEVICE_TYPE,1)
    #define LEDOFF   _IO (DEVICE_TYPE,0)
```

编译后生成模块 mydriver.ko。

应用程序测试代码 test.c 如下：

```
    #include "stdio.h"
    #include "unistd.h"
    #include "stdlib.h"
    #include "sys/select.h"
    #include "fcntl.h"
    int main()
    {
        int fd;
        fd_set readfd;
        fd=open("/dev/myhello",O_RDWR);
        if(fd <0)
        {
            printf("open myhello failure\n");
            return -1;
        }
        printf("open myhello sucess\n");
        FD_ZERO(&readfd);
        FD_SET(fd,&readfd);
        printf("select before\n");
        select(fd+1,&readfd,NULL,NULL,NULL);
        printf("select after\n");
        return 0;
    }
```

编译后生成可执行程序 test。

结果：当运行 test 程序到 select 函数时，进程不会阻塞。

例 8-20　驱动程序的 poll 函数与系统调用的 poll 函数的关系示例 3。

驱动程序源码 mydriver.c 如下：

```
    #include "linux/module.h"
```

```c
#include "linux/init.h"
#include "linux/kernel.h"
#include "linux/moduleparam.h"
#include "linux/cdev.h"
#include "linux/fs.h"
#include "asm/uaccess.h"
#include "linux/signal.h"
#include "linux/poll.h"
#include "linux/sched.h"
#define    LED_ON    _IO(100,1)
#define    LED_OFF 2
static int a=10;
static char b[]="abcdefghijk";
MODULE_LICENSE("GPL");
MODULE_AUTHOR("hello");
MODULE_DESCRIPTION("this is a test driver");
MODULE_VERSION("2013-07-02");
module_param(a,int,0000);
dev_t    dev;
int major=248;
int minor=1;
struct cdev *mycdev;
int MEM_MAX=0;
wait_queue_head_t my_queue;
struct fasync_struct *my_fasync_struct;
static int    my_open(struct inode *myinode,struct file *myfile)
{
    printk(KERN_INFO "open function exec\n");
    return 0;
}
static int my_release(struct inode *myinode,struct file *myfile)
{
    printk(KERN_INFO "release function exec\n");
    return 0;
}
ssize_t my_write(struct file *myfile,const char __user *buf,size_t count,loff_t *ppos)
{
    MEM_MAX=10;
    wake_up_interruptible(&my_queue);
```

```
    return 0;
}

ssize_t my_read(struct file *myfile,char __user *buf,size_t count,loff_t *ppos)
{
    DECLARE_WAITQUEUE(name,current);
    add_wait_queue(&my_queue,&name);
    return 0;
}

static int my_ioctl(struct inode *mynode,struct file *myfile,unsigned int cmd,unsigned long arg)
{
    switch(cmd)
    {
      case LED_ON:
            printk(KERN_INFO "led on,arg=%d\n",arg);
            break;
      case LED_OFF:
            printk(KERN_INFO "led off\n");
            break;
      default:
            printk(KERN_INFO "not led on or off\n");
            break;
    }

    return 0;
}
static int my_fasync(int fd,struct file *myfile,int mode)
{
    printk(KERN_INFO " my_fasync function exec\n");
    int ret=0;
    ret=fasync_helper(fd,myfile,mode,&my_fasync_struct);
    return ret;
}
static unsigned int my_poll(struct file *myfile,struct poll_table *mywait)
{
    int mask;
    printk(KERN_INFO "my_poll function exec\n" );
    if(MEM_MAX>0)
```

```
        mask |= POLLIN | POLLRDNORM;              //may read
    else
        mask=0;
    return mask;
}
struct file_operations hello_fops = {
    .owner = THIS_MODULE,
    .open=my_open,
    .release=my_release,
    .write=my_write,
    .read=my_read,
    .ioctl=my_ioctl,
    .fasync=my_fasync,
    .poll=my_poll,
};


static int __init my_init(void)
{
    int ret;
    dev=MKDEV(major,minor);
    ret=register_chrdev_region (dev, 1, "hello");
    if(ret<0)
    {
        printk(KERN_INFO "dev_t can't use!");
        alloc_chrdev_region(&dev,1,1,"hello");
        printk(KERN_INFO "major=%d,minor=%d\n",MAJOR(dev),MINOR(dev));
    }
    mycdev=cdev_alloc();
    if(mycdev == NULL)
        {
            printk(KERN_INFO "can't alloc!\n");
            return -2;
        }
    mycdev->owner=THIS_MODULE;
    cdev_init(mycdev,&hello_fops);
    cdev_add(mycdev,dev,1);
    printk(KERN_INFO "my init exec,%d,%s\n",a,b);
    printk(KERN_INFO "insert module sucess,major=%d\n",major);
    init_waitqueue_head(&my_queue);
```

```
        return 0;
    }
    static void __exit my_exit(void)

    {
        unregister_chrdev_region(dev,1);
        cdev_del(mycdev);
        printk(KERN_INFO "my exit exec\n");
        return;
    }
    module_init(my_init);
    module_exit(my_exit);
```

命令的头文件 mycmd.h 如下：

```
    #define DEVICE_TYPE 100//GPIO
    #define LEDON     _IO (DEVICE_TYPE,1)
    #define LEDOFF    _IO (DEVICE_TYPE,0)
```

编译后生成模块 mydriver.ko。

应用程序测试代码 test.c 如下：

```
    #include "unistd.h"
    #include "fcntl.h"
    #include "stdio.h"
    #include "sys/ioctl.h"
    #include "signal.h"
    int main()
    {
        int ret;
        int fd;
        fd_set readfd;
        fd=open("/dev/hello",O_RDWR);
        if(fd<0)
        {
            printf("open hello failure\n");
            return -2;
        }

        FD_ZERO(&readfd);
        FD_SET(fd,&readfd);
        printf("select before\n");
```

```
        ret=select(fd+1,&readfd,NULL,NULL,NULL);
        if(ret<0)
        {
          printf("exec select failure\n");
          return -1;
        }
        printf("select after\n");

        return 0;
      }
```

编译后生成可执行程序 test。

应用程序测试代码 write.c 如下：

```
      #include "fcntl.h"
      #include "unistd.h"
      #include "stdio.h"
      int main()
      {
        int fd;
        char buf[]="hello linux\n";
        fd=open("/dev/hello",O_RDWR);
        if(fd<0)
        {
          printf("open file failure\n");
          return -1;
        }
        write(fd,buf,sizeof(buf));
        close(fd);
        return 0;
      }
```

编译后生成可执行程序 write。

结果：当运行 test 程序到 select 函数时，进程会阻塞，此时执行程序 write 时，test 进程会被唤醒。

8.10　驱动中断机制

本节介绍内核中的中断机制原理。Linux 内核需要对连接到计算机上的所有硬件设备进行管理，为了管理这些设备，需要硬件设备和 Linux 内核之间互相通信，一般有两种方式可实现这种功能。

(1) 轮询(polling)：让内核定期对设备的状态进行查询，然后做出相应的处理。

(2) 中断(interrupt)：让硬件在需要的时候向内核发出信号(变内核主动为硬件主动)。

轮询因其周期性的执行会影响效率，故而采用中断方式管理所有外设。Linux 内核内核的中断接口函数分别介绍如下。

1．requese_irq 函数

函数形式：int request_irq(unsigned int irq, irqreturn_t (*handler)(int, void *, struct pt_regs *), unsigned long flags, const char *dev_name,void *dev_id)。

功能：向内核注册中断。

参数：requese_irq 参数说明如表 8-1 所示。

表 8-1　request_irq 参数说明

参　数	说　明		
irq	注册的中断号，如果是 ARM，则为 ARM 的中断号		
handler	中断处理函数指针	第一个参数	中断号
		第二个参数	设备 ID
		第三个参数	寄存器值
flags	中断属性	常用的属性	功能
		IRQF_SHARED	共享中断
		IRQF_DISABLED	快速中断
		IRQ_TYPE_EDGE_RISING	上升沿触发
		RQ_TYPE_EDGE_FALLING	下降沿触发
		IRQ_TYPE_EDGE_BOTH	双边触发
		IRQ_TYPE_LEVEL_HIGH	高电平触发
		IRQ_TYPE_LEVEL_LOW	低电平触发
dev_name	设备名称		
dev_id	设备 ID：传入中断处理程序的参数，可以为 NULL。在注册共享中断时，此参数不能为 NULL，作为共享中断时的中断区别参数		

返回值：返回 0 表示注册成功，返回 −1 表示注册失败。

2．free_irq 函数

函数形式：void free_irq(unsigned int irq, void * dev_id)。

功能：向内核注销中断。

参数：irq 为中断号；dev_id 为设备 ID。

返回值：无。

8.11　驱动定时器机制

本节介绍内核中的定时器机制原理。驱动中使用的定时器原理与 ARM 的定时器原理相似：每次定时器溢出时，会运行定时器处理函数，同时给定时器重新装入定时值。定时器使用步骤如下：

(1) 声明一个定时器对象。

(2) 指定定时器处理函数。

(3) 指定下一次定时器溢出的时间。

(4) 将定时器结构加入内核的定时器链表。

因此，内核提供的定时器相关的变量和接口函数如下。

1. 定时器结构体类型

```
struct timer_list
{
struct list_head list;              //定时器链表头
unsigned long expires;              //定时时间
unsigned long data;                 //传递给定时器处理函数的参数
void (*function)(unsigned long);    //定时器处理函数
};
```

2. init_timer 函数

函数形式：void init_timer(struct timer_list　*timer)。

功能：初始化定时器。

参数：timer 为定时器结构对象指针。

返回值：无。

使用本函数前应该先定义结构体对象指针，并对其成员进行初始化，也可以使用下面的 setup_timer 函数直接传递参数进行初始化。

3. setup_timer 函数

函数形式：void setup_timer(struct timer_list　*timer，void (*function)(unsigned long)，unsigned long　data)。

功能：初始化定时器。

参数：timer 为定时器结构对象指针；function 为定时器处理函数；data 为传递给定时器处理函数的参数。

返回值：无。

4. add_timer 函数

函数形式：void add_timer(struct timer_list　*timer)。

功能：加入到内核中，同时启动定时器。

参数：timer 为定时器结构对象指针。

返回值：无。

5. del_timer 函数

函数形式：void del_timer(struct timer_list　*timer)。

功能：从内核中将定时器删除。

参数：timer 为定时器结构对象指针。

返回值：无。

6. mod_timer 函数

函数形式：void mod_timer(struct timer_list　*timer, unsigned long　expires)。

功能：修改定时器定时时间。

参数：timer 为定时器结构对象指针；expires 为定时时间。

返回值：无。

7. jiffies 函数

jiffies 函数是 Linux 内核中的一个全局变量，用来记录自系统启动以来所产生的节拍的总数。启动时，内核将该变量初始化为 0，此后，每次时钟中断处理程序都会增加该变量的值。因为一秒内时钟中断的次数等于 Hz，所以 jiffies 一秒内增加的值也就为 Hz。系统运行时间以秒为单位计算，就等于 jiffies/Hz。

节拍 Hz 是通过静态预处理定义的，在系统启动时按照 Hz 值对硬件进行设置。体系结构不同，Hz 值就不同，一般定义在 linux/param.h 文件中，如：

```
#define Hz 250
```

上述 Hz 表示每秒钟时钟中断 250 次，即在 1 秒内 jiffies 会被增加 250 次。假如定时一秒，则 jiffies=jiffies+50，若 jiffies =10000，对应的是开机时间 40 秒。

例 8-21　jiffies 测试示例。

驱动程序源码 mydriver.c 如下：

```c
#include "linux/init.h"
#include "linux/module.h"
#include "linux/fs.h"//file_operations
#include "linux/cdev.h"
#include "linux/kdev_t.h"
#include "asm/uaccess.h"
#include "mycmd.h"
#include "linux/ioctl.h"
#include "linux/kernel.h"
#include "linux/poll.h"
#include "linux/sched.h"
#include "linux/param.h"
MODULE_LICENSE("GPL");
struct cdev mycdev;
unsigned int major=0x10;
unsigned int minor=0x20;
dev_t mydev_t;
char kernelbuf[128]={0};
struct fasync_struct　*pfasync;
unsigned int mypoll(struct file *pfile, struct poll_table_struct *ptable)
{
```

```
        unsigned int mode;
        mode=POLL_IN;
        printk(KERN_INFO "kernel mypoll function exec\n");
        return mode;
    }
    int myfasync(int fd,struct file *pfile,int mode)
    {
        printk(KERN_INFO    "kernel fasync function exec\n");
        fasync_helper(fd, pfile, mode, &pfasync);
        return 0;
    }
    int myopen(struct inode *pinode,struct file *pfile)
    {
        printk(KERN_INFO    "kernel open function exec\n");
        return 0;
    }
    int myrelease(struct inode *pinode,struct file *pfile)
    {
        printk(KERN_INFO "kernel release function exec\n");
        return 0;
    }
    ssize_t mywrite(struct file *pfile,const void    __user * buf,size_t len,loff_t *ploff)
    {
        copy_from_user(kernelbuf,buf,10);
        printk(KERN_INFO"kernel write function exec,kernelbuf=%s\n",kernelbuf);
        kill_fasync(&pfasync,SIGIO,POLL_IN);
        return 0;
    }
    size_t myread(struct file *myfile,char __user *buf,size_t count,loff_t *ppos)
    {
        copy_to_user(buf,kernelbuf,10);
        printk(KERN_INFO "kernel read function exec\n");
        return 0;
    }
    static int myioctl(struct inode *inode, struct file *file, unsigned int cmd, unsigned long arg)
    {
        if(cmd==LEDON)
        {
         printk(KERN_INFO "LED ON\n");
```

```
        }
        if(cmd==LEDOFF)
        {
            printk(KERN_INFO "LED OFF");
        }
        return 0;
    }
struct file_operations ops=
{
    .owner=THIS_MODULE,
    .open=myopen,
    .release=myrelease,
    .write=mywrite,
    .ioctl=myioctl,
    .fasync=myfasync,
    .read=myread,
    .poll=mypoll,
};
static int __init myhello_init(void)
{
    int ret;
    mycdev.owner=THIS_MODULE;
    cdev_init(&mycdev,&ops);
    mydev_t=MKDEV(major,minor);
    printk(KERN_INFO "myhello init exec,mydev_t=%x\n",mydev_t);
    printk(KERN_INFO   "the current HZ=%d, jiffies=%ld\n",HZ,jiffies );
    ret=register_chrdev_region(mydev_t,1,"hello");
    if(ret <0)
    {
        printk(KERN_INFO "dev_t is can't user\n");
        return -1;
    }
    cdev_add(&mycdev,mydev_t,1);
    return 0;
}
static void __exit myhello_exit(void)
{
    printk(KERN_INFO "myhello exit exec\n");
    unregister_chrdev_region(mydev_t,1);
```

```
        cdev_del(&mycdev);
        return ;
    }
    module_init(myhello_init);          //insmod
    module_exit(myhello_exit);          //rmmod
```

命令的头文件 mycmd.h 如下：

```
    #define DEVICE_TYPE 100//GPIO
    #define LEDON    _IO (DEVICE_TYPE,1)
    #define LEDOFF   _IO (DEVICE_TYPE,0)
```

编译后生成模块 mydriver.ko。

结果：当运行 insmod mydriver.ko 时，内核会打印 printk(KERN_INFO "the current HZ=%d, jiffies=%ld\n",HZ,jiffies)，并可计算系统已经运行多长时间。

例 8-22 定时器编程示例。

驱动程序源码 mydriver.c 如下：

```
    #include "linux/init.h"
    #include "linux/module.h"
    #include "linux/fs.h"//file_operations
    #include "linux/cdev.h"
    #include "linux/kdev_t.h"
    #include "asm/uaccess.h"
    #include "mycmd.h"
    #include "linux/ioctl.h"
    #include "linux/kernel.h"
    #include "linux/poll.h"
    #include "linux/sched.h"
    #include "linux/param.h"
    MODULE_LICENSE("GPL");
    struct cdev mycdev;
    unsigned int major=0x10;
    unsigned int minor=0x20;
    dev_t mydev_t;
    char kernelbuf[128]={0};
    struct fasync_struct   *pfasync;
    struct timer_list mytimer;
    void time_process(unsigned long data)
    {
        printk(KERN_INFO "time_process function exec, data=%ld,jiffies=%ld\n",data,jiffies);
        return;
    }
```

```
unsigned int mypoll(struct file *pfile, struct poll_table_struct *ptable)
{
    unsigned int mode;
    mode=POLL_IN;
    printk(KERN_INFO "kernel mypoll function exec\n");
    return mode;
}
int myfasync(int fd,struct file *pfile,int mode)
{
    printk(KERN_INFO   "kernel fasync function exec\n");
    fasync_helper(fd, pfile, mode, &pfasync);
    return 0;
}
int myopen(struct inode *pinode,struct file *pfile)
{
    printk(KERN_INFO   "kernel open function exec\n");
    add_timer(&mytimer);
    return 0;
}
int myrelease(struct inode *pinode,struct file *pfile)
{
    printk(KERN_INFO "kernel release function exec\n");
    del_timer(&mytimer);
    return 0;
}
ssize_t mywrite(struct file *pfile,const void    __user * buf,size_t len,loff_t *ploff)
{
    copy_from_user(kernelbuf,buf,10);
    printk(KERN_INFO"kernel write function exec,kernelbuf=%s\n",kernelbuf);
    kill_fasync(&pfasync,SIGIO,POLL_IN);
    return 0;
}
size_t myread(struct file *myfile,char __user *buf,size_t count,loff_t *ppos)
{
    copy_to_user(buf,kernelbuf,10);
    printk(KERN_INFO "kernel read function exec\n");
    return 0;
}
static int myioctl(struct inode *inode, struct file *file, unsigned int cmd, unsigned long arg)
```

```
{
    if(cmd==LEDON)
    {
        printk(KERN_INFO "LED ON\n");
    }
    if(cmd==LEDOFF)
    {
        printk(KERN_INFO "LED OFF");
    }
    return 0;
}
struct file_operations ops=
{
    .owner=THIS_MODULE,
    .open=myopen,
    .release=myrelease,
    .write=mywrite,
    .ioctl=myioctl,
    .fasync=myfasync,
    .read=myread,
    .poll=mypoll,
};
static int __init myhello_init(void)
{
    int ret;
    mycdev.owner=THIS_MODULE;
    cdev_init(&mycdev,&ops);
    mydev_t=MKDEV(major,minor);
    printk(KERN_INFO "myhello init exec,mydev_t=%x\n",mydev_t);
    printk(KERN_INFO   "the current HZ=%d, jiffies=%ld\n",HZ,jiffies );
    ret=register_chrdev_region(mydev_t,1,"hello");
    if(ret <0)
    {
        printk(KERN_INFO "dev_t is can't user\n");
        return -1;
    }
    cdev_add(&mycdev,mydev_t,1);
    mytimer. expires=jiffies + HZ * 100;
    mytimer.function=time_process;
```

```
        mytimer.data=2;
        init_timer(&mytimer);
        return 0;
    }


    static void __exit myhello_exit(void)
    {
        printk(KERN_INFO "myhello exit exec\n");
        unregister_chrdev_region(mydev_t,1);
        cdev_del(&mycdev);
        return ;
    }
    module_init(myhello_init);          //insmod
    module_exit(myhello_exit);          //rmmod
```

命令的头文件 mycmd.h 如下：

```
    #define DEVICE_TYPE 100//GPIO
    #define LEDON      _IO (DEVICE_TYPE,1)
    #define LEDOFF     _IO (DEVICE_TYPE,0)
```

编译后生成模块 mydriver.ko。

应用程序测试代码 test.c 如下：

```
    #include "stdio.h"
    #include "unistd.h"
    #include    "fcntl.h"
    #include "stdlib.h"
    int main()
    {
        int fd;
        fd=open("/dev/myhello",O_RDWR);
        if(fd<0)
        {
            printf("open myhello failure\n");
            return -1;
        }
        printf("open myhello sucess\n");
        while(1);
        return 0;
    }
```

编译后生成可执行程序 test。

结果：当 test 执行后，内核会定时打印 printk(KERN_INFO "time_process function exec, data=%ld,jiffies=%ld\n",data,jiffies)语句。

本 章 小 结

本章首先讲述了 Linux 设备驱动的基本原理，接着逐层讲述了驱动相关的命令、驱动程序框架、字符设备的框架、字符设备的主体 file_operation、驱动并发机制、驱动阻塞机制、驱动异步 I/O 机制、驱动多路复用 I/O 机制、驱动中断机制和驱动定时器机制等内容。

第 9 章　嵌入式 Linux 驱动应用实例

9.1　硬 件 平 台

本章以三星公司 S3C2440 芯片为例，讲述驱动程序的接口实例。S3C2440 芯片是三星公司的 16/32 位精简指令集(RISC)微处理器，为手持设备和普通应用提供了低功耗和高性能小型芯片微控制器的解决方案。S3C2440 是基于 ARM920T 核、0.13 μm 的 CMOS 标准宏单元和存储器单元，且采用全静态设计，特别适合于对成本和功率敏感的应用场合。

ARM920T 核实现了 MMU、AMBA 总线和哈佛结构高速缓冲体系结构，该结构具有独立的 16 KB 指令高速缓存和 16 KB 数据高速缓存，其中，每个都是由具有 8 字长的行(line)组成的。通过提供一套完整的通用系统外设，S3C2440 芯片减少了整体系统成本且无需配置额外的组件。

S3C2440 提供了以下系统外设：

(1) 1.2 V 内核供电，1.8 V/2.5 V/3.3 V 存储器供电，3.3 V 外部 I/O 供电，具备 16 KB 的指令缓存、16 KB 的数据缓存和 MMU。

(2) 外部存储控制器(SDRAM 控制和片选逻辑)。

(3) LCD 控制器(最大支持 4K 色 STN 和 256K 色 TFT)提供 1 通道 LCD 专用 DMA。

(4) 4 通道 DMA，并有外部请求引脚。

(5) 3 通道 UART(IrDA1.0，64 字节发送 FIFO 和 64 字节接收 FIFO)。

(6) 2 通道 SPI。

(7) 1 通道 IIC 总线接口(支持多主机)。

(8) 1 通道 IIS 总线音频编码器接口。

(9) AC'97 编解码器接口。

(10) 兼容 SD 主接口协议 1.0 版和 MMC 卡协议 2.11 兼容版。

(11) 2 通道 USB 主机/1 通道 USB 设备(1.1 版)。

(12) 4 通道 PWM 定时器和 1 通道内部定时器/看门狗定时器。

(13) 8 通道 10 位 ADC 和触摸屏接口。

(14) 具有日历功能的 RTC。

(15) 摄像头接口(最大支持 4096 × 4096 像素输入；2048 × 2048 像素输入支持缩放)。

(16) 130 个通用 I/O 口和 24 通道外部中断源。

(17) 具有普通、慢速、空闲和掉电模式。

(18) 具有 PLL 片上时钟发生器。

9.2　GPIO 接口驱动

1. 硬件电路

S3C2440 的 GPIO 的介绍参见第 6 章 6.2 节。连接 GPIO 的 LED 电路原理图如图 9-1 所示。

图 9-1　连接 GPIO 的 LED 电路原理图

对应图 9-1 所示的电路，nLED1、nLED2、nLED4 分别接 S3C2440 芯片的 GPF4、GPF5、GPF6。由 S3C2440 芯片文档可知相关寄存器如表 9-1、表 9-2、表 9-3 和表 9-4 所示。

表 9-1　GPF 口寄存器

寄存器	地址	读/写	描　　述	初始状态
GPFCON	0x56000050	读/写	配置端口 F 的引脚	0x0
GPFDAT	0x56000054	读/写	端口 F 的数据寄存器	—
GPFUP	0x56000058	读/写	端口 F 的上拉使能寄存器	0x00
保留	0x5600005c	读/写	保留	—

表 9-2　GPF 口配置寄存器

GPFCON	位	描　　述			
GPF7	[15:14]	00=输入	01=输出	10=外部中断 7	11=保留
GPF6	[13:12]	00=输入	01=输出	10=外部中断 6	11=保留
GPF5	[11:10]	00=输入	01=输出	10=外部中断 5	11=保留
GPF4	[9:8]	00=输入	01=输出	10=外部中断 4	11=保留
GPF3	[7:6]	00=输入	01=输出	10=外部中断 3	11=保留
GPF2	[5:4]	00=输入	01=输出	10=外部中断 2	11=保留
GPF1	[3:2]	00=输入	01=输出	10=外部中断 1	11=保留
GPF0	[1:0]	00=输入	01=输出	10=外部中断 0	11=保留

表 9-3　GPF 口数据寄存器

GPFDAT	位	描　述
GPF[7:0]	[7:0]	当端口配置为输入端口时，相应位为引脚状态。当端口配置为输出端口时，引脚状态将与相应位相同。当端口配置为功能引脚时，将读取到未定义值

表 9-4　GPF 口上拉寄存器

GPFUP	位	描　述
GPF[7:0]	[7:0]	0：使能附加上拉功能到相应端口引脚； 1：禁止附加上拉功能到相应端口引脚

2. 驱动程序

驱动程序的源码 mydriver.c 如下：

```c
#include <linux/module.h>
#include <linux/moduleparam.h>
#include <linux/init.h>
#include <linux/kernel.h>       /* printk() */
#include <linux/slab.h>         /* kmalloc() */
#include <linux/fs.h>           /* everything... */
#include <linux/errno.h>        /* error codes */
#include <linux/types.h>        /* size_t */
#include <linux/mm.h>
#include <linux/kdev_t.h>
#include <linux/cdev.h>
#include <linux/delay.h>
#include <linux/device.h>
#include <asm/io.h>
#include <asm/uaccess.h>
#include <asm/arch-s3c2410/regs-gpio.h>
#define GPFDAT 0x56000054
#define GPFCON 0x56000050
#define GPF4_ON 0x4800   //这两个宏定义并不是 GPFDAT 的值，只是作传递使用
#define GPF4_OFF 0x4801

static int simple_major = 248;
module_param(simple_major，int，0);
MODULE_AUTHOR("farsight");
MODULE_LICENSE("Dual BSD/GPL");
static volatile unsigned int *gpfcon;
static volatile unsigned int *gpfdat;
```

```
static struct cdev SimpleDevs;
dev_t dev;
int simple_open (struct inode *inode，struct file *filp)
{
        gpfcon = ioremap(GPFCON，0x04);      //get virtual address of GPFCON
        gpfdat = ioremap(GPFDAT，0x04);      //get virtual address of GPFDAT
        *gpfcon &= (~(3<<8))+(1<<8);         //设置 GPF4 为输出
        *gpfdat =0xffff;
        return 0;
}


ssize_t simple_read(struct file *file，char __user *buff，size_t count，loff_t *offp)
{
        return 0;
}


ssize_t simple_write(struct file *file，const char __user *buff，size_t count，loff_t *offp)
{
        return 0;
}
void led_stop( void )
{
    *gpfdat = *gpfdat | (1<<4); //灯灭
    printk(KERN_INFO "stop\n");
}
void led_start( void )
{
    *gpfdat &= (~(1<<4));   //灯亮
    printk(KERN_INFO "start\n");
}
static int simple_ioctl(struct inode *inode，struct file *file，unsigned int cmd，unsigned long arg)
{
    switch ( cmd ) {
        case GPF4_ON:
            {
                    led_start();
                    break;
            }
        case GPF4_OFF:
```

```
                {
                    led_stop();
                    break;
                }
        default:
                {
                    break;
                }
    }
    return 0;
}
static int simple_release(struct inode *node，struct file *file)
{
    return 0;
}
static void simple_setup_cdev(struct cdev *mydev，int minor,
        struct file_operations *fops)
{
    cdev_init(mydev，fops);
    err = cdev_add (mydev，dev，1);
    if (err)
        printk (KERN_NOTICE "Error %d adding simple%d"，err，minor);
}
static struct file_operations simple_remap_ops = {
    .owner    = THIS_MODULE,
    .open     = simple_open,
    .release = simple_release,
    .read     = simple_read,
    .write    = simple_write,
    .ioctl    = simple_ioctl,
};
static int simple_init(void)
{
    int result;
    dev = MKDEV(simple_major，0);
    result = register_chrdev_region(dev，1，"simple");
    if(result<0)
    {
        alloc_chrdev_region(&dev，0，1，"simple");
```

```
        simple_major = MAJOR(dev);
    }
    simple_setup_cdev(&SimpleDevs，0，&simple_remap_ops);
    printk(KERN_INFO "use dev:major=%d,minor=%d\n",MAJOR(dev),MINOR(dev));
    return 0;
}
static void simple_cleanup(void)
{
    iounmap(gpfcon);
    iounmap(gpfdat);
    cdev_del(&SimpleDevs);
    unregister_chrdev_region(dev，1);
    printk("simple device uninstalled\n");
}
module_init(simple_init);
module_exit(simple_cleanup);
```

编译后生成 mydriver.ko。

3. 应用程序测试代码

应用程序测试源码 led_test.c 如下：

```c
#include <stdio.h>
#include <stdlib.h>
#include <unistd.h>
#include <fcntl.h>
#include <string.h>
#include <sys/types.h>
#include <sys/stat.h>
#define GPF4_ON 0x4800
#define GPF4_OFF 0x4801
int main()
{
    int i = 0;
    int n = 20;
    int dev_fd;
    dev_fd = open("./led",O_RDWR | O_NONBLOCK);
    if ( dev_fd == -1 ) {
        printf("Cann't open file /dev/led\n");
        exit(1);
    }
```

```
        while(n--)
        {
            ioctl(dev_fd,GPF4_ON,0);
            sleep(1);
            ioctl(dev_fd,GPF4_OFF,0);
            sleep(1);
        }
        return 0;
    }
```

编译后生成 led_test。

结果：当应用程序运行机制后，每 1 秒三个灯将交替亮灭。

9.3　IIC 接口驱动

9.3.1　IIC 概述

　　IIC(内置集成电路)总线是由 Philips 公司于 20 世纪 80 年代开发的两线式串行总线，用于连接微控制器及其外围设备。IIC 总线简单而有效，只占用很少的 PCB(印刷电路板)空间，其芯片管脚数量少，设计成本低。IIC 总线支持多主控(Multi-Mastering)模式，任何能够进行发送和接收的设备都可以成为主设备，主控能够控制数据的传输和时钟频率，在任意时刻只能有一个主控。IIC 具有如下特点：

　　(1) 只有两条总线线路：一条串行数据线(SDA)，一条串行时钟线(SCL)。

　　(2) 每个连接到总线的器件都可以使用地址识别它。

　　(3) 传输数据的设备间是简单的主从关系。

　　(4) 主机可以用作主机发送器或主机接收器。

　　(5) 它是一个真正的多主机总线，两个或多个主机同时发起数据传输时，可以通过冲突检测和仲裁来防止数据被破坏。

　　(6) 串行的 8 位双向数据传输，位速率在标准模式下可达 100 kb/s，在快速模式下可达 400 kb/s，在高速模式下可达 3.4 Mb/s。

　　(7) 片上的滤波器可以增加抗干扰功能，保证了数据的完整性。

　　(8) 连接到同一总线上的 IC 数量只受总线的最大电容 400 pF 的限制。

　　IIC 总线是由数据线(SDA)和时钟线(SCL)构成的串行总线，可发送和接收数据。IIC 总线运用主从双向通信，发送数据到总线上的器件定义为发送器，从总线上接收数据的器件则定义为接收器。初始化发送、产生时钟信号和终止发送的器件称为主器件或主机，被主器件寻址的器件称为从器件或从机。总线必须由主机控制，主机产生 SCL 信号控制总线的传输方向，SCL 为高电平时，SDA 由高电平向低电平跳变，开始传送数据；SCL 为低电平时，SDA 由低电平向高电平跳变，结束传送数据。主机向从机发出一个信号后，等待从机发出一个应答信号，主控设备接收到应答信号后，根据实际情况做出是否继续传递信号的判断。IIC 总线起始和终止信号时序图如图 9-2 所示。

图 9-2　IIC 总线起始和终止信号时序图(开始信号 S，结束信号 P)

开始位和停止位都由 IIC 主设备产生。在选择从设备时，如果从设备采用 7 位地址，则主设备在发起传输过程前，需先发送 1 字节的地址信息，前 7 位为设备地址，最后 1 位为读写标志。之后，每次传输的数据也是 1 个字节，从数据的最高位(MSB)开始传输。每个字节传完后，在 SCL 的第 9 个上升沿到来之前，接收方应该发出 1 个 ACK 位。SCL 上的时钟脉冲由 IIC 主控方发出，在第 8 个时钟周期之后，主控方应该释放 SDA。IIC 总线的数据传输时序如图 9-3 所示。

图 9-3　IIC 总线的数据传输时序

9.3.2　IIC 总线的数据传输格式

发送到 SDA 线上的每个字必须是 8 位的，每次传输可以发送的字节数不受限制，每个字节后必须跟一个响应位，首先传输的是数据的最高位(MSB)。如果从机要完成一些其他功能后(例如一个内部中断服务程序)才能继续接收或发送下一个字节，从机可以拉低 SCL 迫使主机进入等待状态。当从机准备好接收下一个数据并释放 SCL 后，数据传输继续。如果主机在传输数据期间也需要完成一些其他功能(例如一个内部中断服务程序)，也可以拉低 SCL 以占住总线。

启动一个传输时，主机先发出 S 信号，然后发出 8 位数据。这 8 位数据中前 7 位为从机地址，第 8 位表示传输的方向(0 表示写操作，1 表示读操作)。被选中的从机发出响应信号，紧接着传输一系列字节及其响应位。最后，主机发出 P 信号结束本次传输。如图 9-4 所示是几种 IIC 总线上数据传输的格式。

实际工作中，并非每传输 8 位数据之后都会有 ACK 信号，有以下 3 种例外。

(1) 当从机不能响应从机地址时(例如它正忙于其他事无法响应 IIC 总线的操作，或者这个地址没有对应的从机时)，在第 9 个 SCL 周期内 SDA 线没有被拉低，即没有 ACK 信号时，主机发出一个 P 信号终止传输或者重新发送一个 S 信号开始新的传输。

(2) 如果从机接收器在传输过程中不能接收更多的数据时，它也不会发送 ACK 信号。这时，主机就意识到这一点，从而发出一个 P 信号终止传输或者重新发出一个 S 信号开始新的传输。

(3) 主机接收器在接收最后一个字节后，也不会发出 ACK 信号。于是，从机发送器释放 SDA 线，以从机发出 P 信号为准结束传输。

7位地址写模式数据格式

10位地址写模式数据格式

7位地址读模式数据格式

10位地址读模式数据格式

注释：
1. S: 起始；rS: 再起始；P: 停止；A: 应答
2. □ 从主机到从机；▨ 从从机到主机

图 9-4　IIC 总线上数据传输的格式

9.3.3　IIC 总线的写时序

典型 IIC 总线写操作主要有两种方式：字节写和页面写。

(1) 字节写是指每次在指定的位置写入一个字节数据。主机首先向从机发送启动信号，然后发送 7bit 从机地址和 1 bit 写标志位，再等待应答信号。在应答信号来到之后，主机发送器件内部地址，再次等待应答信号。当主机收到应答信号之后发送应写入的数据。之后，主机等待从机的应答信号。当收到应答后，主机发送停止信号。IIC 总线字节写方式的数据传输格式如图 9-5 所示。

图 9-5　IIC 总线字节写方式的数据传输格式

(2) 页面写的操作与字节写类似，区别是主机在完成第一轮数据传送后，继续发送待写的数据而不发送停止信号。IIC 总线页面写方式的数据传输格式如图 9-6 所示。

10位地址写模式数据格式

图 9-6　IIC 总线页面写方式的数据传输格式

9.3.4　IIC 总线的读时序

典型 IIC 总线读操作主要有两种方式：字节读和连续读。

(1) 字节读是指每次从指定的位置读取一个字节数据。主机首先向从机发送启动信号，然后发送 7 bit 从机地址和 1 bit 读标志位，等待从机应答。当收到从机的应答信号后，主机从从机接收数据，接收完成后发送一个非应答信号并发送一个停止信号。IIC 总线字节读方式的数据传输格式如图 9-7 所示。

7位地址读模式数据格式

图 9-7　IIC 总线字节读方式的数据传输格式

(2) 连续读与字节读类似，但是当主机接收到一个字节数据后，不是发停止信号，而是发一个应答信号。当从机收到应答信号后自动将地址加 1，继续发送该地址对应的数据直到收到停止信号。IIC 总线连续读方式的数据传输格式如图 9-8 所示。

10位地址读模式数据格式

图 9-8　IIC 总线连续读方式的数据传输格式

9.3.5　基于 S3C2440 的 IIC 总线驱动程序设计

本节选用微处理器 S3C2440 作为总线上的主机，其他器件作为从机。IIC 总线上同时可以接入多个从机，每个从机都有一个唯一地址。S3C2440 的 IIC 模块的寄存器包括 IIC 总线控制寄存器(IICCON)、IIC 总线控制状态寄存器(IICSTAT)、IIC 总线接收发送数据移位寄存器(IICDS)和 IIC 总线地址寄存器(IICADD)。

IIC 总线控制寄存器如表 9-5 所示。

表 9-5　IIC 总线控制寄存器

寄存器	地址	读/写	描　　述	复位值
IICCON	0x54000000	读/写	IIC 总线控制寄存器	0x0X

IICCON	位	描　　述	初始状态
应答发生(1)	[7]	IIC 总线应答使能位： 0 = 禁止； 1 = 允许； Tx 模式中，IICSDA 在应答时间为空闲。Rx 模式中，IICSDA 在应答时间为低	0
Tx 时钟源选择	[6]	IIC 总线发送时钟预分频器的时钟源选择： 0：IICCLK = PCLK /16； 1：IICCLK = PCLK /512	0
Tx/Rx 中断(5)	[5]	IIC 总线 Tx/Rx 中断使能/禁止位： 0 = 禁止； 1 = 允许	0
中断挂起标志(2) (3)	[4]	IIC 总线 Tx/Rx 中断挂起标志。不能写 1 到此位。当此位读到 1 时，IICSCL 限制为低并且停止 IIC。清除此位为 0 以继续操作。 0： ① 无中断挂起(读时)； ② 清除挂起条件并且继续操作(写时)； 1： ① 中断挂起(读时)； ② N/A(写时)	0
发送时钟值(4)	[3:0]	IIC 总线发送时钟预分频器，IC 总线发送时钟预分频器是由此 4 位预分频值按以下公式决定的： Tx 时钟 = IICCLK / (IICCON[3:0] + 1)	0

注释：

(1) EEPROM 接口，Rx 模式中为了产生停止条件，在读取最后数据之前会禁止产生应答。

(2) IIC 总线中断发生在：① 当完成了 1 字节发送或接收操作时；② 当广播呼叫或从地址匹配发生时；③ 总线仲裁失败。

(3) 为了在 SCL 上升沿之前调整 SDA 的建立时间，必须在清除 IIC 中断挂起位前写 IICOS。

(4) IICCLK 由 IICCON[6]决定。Tx 时钟可以由 SCL 变化时间改变。当 IICCON[6]=0，IICCON[3：0]=0x0 或 0x1 为不可用。

(5) 如果 IICCON[5]=0，则 IICCON[4]将工作不正确。因此，即使不使用 IIC 中断也要设置 IICCON[5]=1。

IIC 总线控制状态寄存器如表 9-6 所示。

表 9-6　IIC 总线控制状态寄存器

寄存器	地址	读/写	描　　述	复位值
IICSTAT	0x54000004	读/写	IIC 总线控制/状态寄存器	0x0X

IICSTAT	位	描　　述	初始状态
模式选择	[7:6]	IIC 总线主机/从机 Tx/Rx 模式选择位： 00：从接收模式； 01：从发送模式； 10：主接收模式； 11：主发送模式	00
忙信号状态/ 起始停止条件	[5]	IIC 总线忙信号状态位： 0： 　读)不忙(读时)； 　写)停止信号产生； 1： 　读)忙(读时)； 　写)起始信号产生，只在起始信号后自动传输 IICDS 中的数据	
串行输出	[4]	IIC 总线数据输出使能/禁止位： 0：禁止 Rx/Tx； 1：使能 Rx/Tx	
仲裁状态标志	[3]	IIC 总线仲裁过程状态标志位： 0：总线仲裁成功； 1：串行 I/O 间总线仲裁失败	
从地址状态标志	[2]	IIC 总线从地址状态标志位： 0：发现起始/停止条件清除； 1：收到从地址与 IICADD 中的地址值匹配	
地址零状态标志	[1]	IIC 总线地址零状态标志位： 0：发现起始/停止条件清除； 1：收到从地址为 00000000b	
最后收到位 状态标志	[0]	IIC 总线最后收到位状态标志位： 0：最后收到位为 0(已收到 ACK)； 1：最后收到位为 1(未收到 ACK)	

IIC 总线地址寄存器如表 9-7 所示。

表 9-7 IIC 总线地址寄存器

寄存器	地址	读/写	描 述	复位值
IICADD	0x54000008	读/写	IIC 总线地址寄存器	0xXX
IICADD	位	描 述		初始值
IICADD	[7:0]	从 IIC 总线锁存的 7 位从地址。 当 IICSTAT 中串行输出使能=0 时，IICADD 为写使能。可以在任意时间读取 IICADD 的值，不用去考虑当前输出使能位(IICSTAT)的设置。 从地址：[7:1]，未映射：[0]		XXXXXXXX

IIC 总线接收/发送数据移位寄存器如表 9-8 所示。

表 9-8 IIC 总线接收/发送数据移位寄存器

寄存器	地址	读/写	描 述	复位值
IICDS	0x540000C	读/写	IIC 总线发送/接收数据移位寄存器	0xXX
IICDS	位	描 述		初始值
数据移位	[7:0]	IIC总线Tx/Rx操作的8 位数据移位寄存器。 当IICSTAT中串行输出使能=1，IICDS为写使能。以在任意时间读取IICDS 的值，不用去考虑当前输出使能位(IICSTAT)的设置		XXXXXXXX

S3C2440IIC 总线主接收模式和主发送模式工作流程图如图 9-9、图 9-10 所示。

图 9-9 IIC 总线主接以模式工作流程图

图 9-10　IIC 总线主发送模式工作流程图

以上是对 S3C2440 的 IIC 总线工作流程的分析。本节将其 IIC 设备驱动程序按功能分为 5 个主要部分：初始化模块、打开模块、读模块、写模块和关闭模块。

（1）初始化模块。该模块 my_IIC_drv_init()函数的主要功能是完成字符设备注册和虚拟地址映射。

代码如下：

```
int my_IIC_drv_init(void)
{
    if(major)
    {
        /*已知起始设备的设备号，申请设备号*/
        device_num_ret = register_chrdev_region(my_IIC_drv_dev_t, 1,"my_IIC");
    }
    else
    {
        /*设备号未知，动态申请未被注册的设备号*/
        device_num_ret = alloc_chrdev_region(&my_IIC_drv_dev_t, 0，1，"my_IIC");
        major = MAJOR(my_IIC_drv_dev_t);
    }
    /*初始化 cdev 成员，并建立 cdev 和 file_operations 之间的链接*/
```

```
        cdev_init(&my_IIC_drv_cdev，&my_IIC_drv_ops);
         /*向系统添加一个 cdev，完成字符设备的注册*/
        cdev_add_ret = cdev_add(&my_IIC_drv_cdev, my_IIC_drv_dev_t，1);
         /*完成动态创建设备节点*/
        my_IIC_drv_class = class_create(THIS_MODULE，"my_IIC");
        my_IIC_drv_class_device = class_device_create(my_IIC_drv_class，NULL，
        my_IIC_drv_dev_t，NULL，"my_IIC");
         /*完成相关寄存器的物理地址到虚拟地址的映射*/
        clkcon = (volatile unsigned long *)ioremap(0x4c00000c，8);
        for(i=0;i<10000;i++);
         /*IIC 总线控制寄存器*/
        IICcon   = (volatile unsigned int *)ioremap(0x54000000，16);
         /*IIC 总线状态寄存器*/
        IICstat = IICcon + 1;
         /*IIC 总线地址寄存器*/
        IICadd   = IICcon + 2;
         /*IIC 总线接收/发送数据移位寄存器*/
        IICds    = IICcon + 3;
        gpecon = (volatile unsigned long *)ioremap(0x56000040，8);
        *clkcon |= (0x1 << 16);
        return 0;
    }
```

(2) 打开模块。该模块 my_IIC_drv_open 函数完成 IIC 端口使能、IIC 总线初始化、申请资源、总线相关参数的设置。在该模块中，可配置 GPECON 寄存器使能 IIC 端口。为了使 IIC 总线正常工作，还需配置 GPEUP 寄存器禁止内部上拉电阻。通过配置 IIC 的控制寄存器 IICON 和 IIC 状态寄存器 IICSTAT 使能主机。

代码如下：

```
        static int my_IIC_drv_open(struct inode *inode，struct file *file)
        {
         /*申请中断，向内核注册中断处理函数*/
         ret=request_irq(IRQ_IIC, my_IIC_drv_irq, IRQF_DISABLED，"my_IIC"，    NULL);

         /*IIC 总线地址寄存器：IIC 总线锁存的 7 位从设备地址*/
         *IICadd = 0xa0;
        /*IIC 总线控制寄存器：使能 IIC 总线应答，使能 IIC 总线接收发送*
         *设定 IIC 总线发送时钟频率等                                      */
         *IICcon   = 0xaf;
         /*IIC 总线状态寄存器：从接收模式，使能 IIC 总线数据输出等*/
         *IICstat = 0xa0;
```

```
/*配置 GPECON 寄存器使能 IIC 端口，配置 GPE15 为 IICSDA，配置 GPE14*
*为 IICSCL*/
*gpecon &= ~((0x3 << 14 * 2) | (0x3 << 15 * 2));
*gpecon |=   ((0x2 << 14 * 2) | (0x2 << 15 * 2));
return 0;

    }
```

(3) 读模块。该模块的主要功能是根据 IIC 总线的读写时序读取 IIC 设备数据。根据 IIC 总线不同的读时序，通过读字节函数实现读多字节数据。

读字节：IIC_read( )

代码如下：

```
static int IIC_read(unsigned int device_addr, unsigned int address, unsigned char    *data)
    {
    ………

       for(i = 0; i < 100; i ++);

       /* 发送设备地址 */
       *IICds    = device_addr;
    /*IIC 总线主发送模式，使能串行输出功能，发出 S 信号*/
       *IICstat = 0xf0;
    /*延时*/
       for(i = 0; i < 10000; i ++);
    /*等待中断结束，标志位在中断处理函数置 1*/
       while(flag == 0);
       flag = 0;

       /* 发送字节地址 */
       *IICds    = address;
       *IICcon = 0xaf;
       for(i = 0; i < 10000; i ++);
       while(flag == 0);
       flag = 0;

       /* host receive the device address */
       *IICds     = device_addr;
       *IICstat = 0xb0;
       *IICcon    = 0xaf;
       for(i = 0; i < 10000; i ++);
       while(flag == 0);
```

```
        flag = 0;

        /* host receive data */
        *IICcon = 0x2f;
        for(i = 0; i < 10000; i++);
        temp = *IICds;

        /* end read */
        *IICstat = 0x90;
        *IICcon   = 0xaf;
    /*读出数据*/
        *data = temp;

        return 0;
    }
```

读多字节数据：my_IIC_drv_read()

代码如下：

```
static ssize_t my_IIC_drv_read(struct file *file，char __user *buf，size_t size，loff_t *ppos)
{

/*读 size 个字节数据*/
    for(i = 0; i < size; i ++)
    {
        IIC_read(0xa0，i，&(data_buf[i]));
    }
    data_buf[size] = '\0';
/*将读出的数据发送到用户空间*/
    ret = copy_to_user(buf，data_buf，sizeof(data_buf));

}
```

(4) 写模块。该模块的主要功能是根据 IIC 时序向 IIC 设备写入数据。根据 IIC 总线不同的写时序，通过写字节函数实现写多字节的数据。

写字节：IIC_write()

代码如下：

```
static int IIC_write(unsigned int device_addr，unsigned int address，unsigned char data)
{
………

for(i = 0; i < 1000; i ++);
```

```
        /* 发送要写往的设备地址 */
        *IICds = device_addr;
        *IICstat = 0xf0;
        for(i = 0; i < 10000; i ++);
    /*等待应答信号*/
        while(flag == 0);
        flag = 0;

        /* 发送字节地址 */
        *IICds = address;
        *IICcon = 0xaf;
        for(i = 0; i < 10000; i ++);
        while(flag == 0);
        flag = 0;

        /* 发送数据 */
        *IICds = data;
        *IICcon = 0xaf;
        for(i = 0; i < 10000; i ++);
        while(flag == 0);
        flag = 0;

        /* 写结束 */
        *IICstat = 0xd0;
        *IICcon = 0xaf;


    .........
    }
```

写多字节数据：my_IIC_drv_write()

代码如下：

```
static ssize_t my_IIC_drv_write(struct file *file，const char __user *buf，size_t size，loff_t *ppos)
{
/*从用户空间复制将要写的数据*/
ret = copy_from_user(data_buf，buf，size);

    /*写 size 个字节数据*/
    for(i = 0; i < size; i ++)
    {
        IIC_write(0xa0，i，data_buf[i]);
```

```
        }
    }
```

(5) 关闭模块。该模块实现设备相关资源的释放，结束总线。在 S3C2440 的 IIC 总线中可通过配置 IICSTAT 和 IICCON 寄存器实现停止主机和结束总线。

代码如下：

```
static int my_IIC_drv_release(struct inode *inode，struct file *file)
{
    /*释放中断*/
    free_irq(IRQ_IIC，NULL);
    return 0;
}


void my_IIC_drv_exit(void)
{
    /*注销申请的中断号*/
    unregister_chrdev_region(my_IIC_drv_dev_t，1);
    /*注销设备*/
    cdev_del(&my_IIC_drv_cdev);
    /*删除设备节点*/
    class_device_unregister(my_IIC_drv_class_device);
    class_destroy(my_IIC_drv_class);
    /*取消物理地址的虚拟映射*/
    iounmap(IICcon);
    iounmap(gpecon);
    iounmap(clkcon);
    return;
}
```

(6) 填充 file_operations 结构体。结构体 file_operations 在头文件 linux/fs.h 中定义，用来存储驱动内核模块提供的对设备进行各种操作的函数指针。该结构体的每个域都对应着驱动内核模块用来处理某个被请求事务的函数地址。

代码如下：

```
static struct file_operations my_IIC_drv_ops =
{
    .owner   = THIS_MODULE,
    .open    = my_IIC_drv_open,
    .release = my_IIC_drv_release,
    .read    = my_IIC_drv_read,
    .write   = my_IIC_drv_write,
};
```

(7) 驱动程序的加载和卸载。可以将驱动程序静态编译进内核中，也可以在使用时将它作为模块再加载。在配置内核时，如果某个配置项被设为 m，就表示它将会被编译成一个模块。在内核中，模块的扩展名为.ko，可以使用 insmod 命令加载，使用 rmmod 命令卸载，使用 lsmod 命令查看内核中已经加载了哪些模块。

当使用 insmod 命令加载模块时，模块的初始化函数被调用，用来向内核注册驱动程序；当使用 rmmod 命令卸载模块时，模块的清除函数被调用。在驱动代码中，这两个函数要么取固定的名字：init_module 和 cleanup_module，要么使用以下两行来标记它们：

```
module_init(my_IIC_drv_init);   //驱动函数入口
module_exit(my_IIC_drv_exit);  //驱动函数出口
```

(8) Makefile 的编写。

代码如下：

```
ifeq ($(KERNELRELEASE),)

# set your object kernel dir
KERNELDIR = /home/changwei/linux/kernel/linux-2.6.22.6

PWD := $(shell pwd)

modules:
$(MAKE) -C $(KERNELDIR) M=$(PWD) modules

modules_install:
$(MAKE) -C $(KERNELDIR) M=$(PWD) modules_install

clean:
rm -rf *.o *~ core .depend .*.cmd *.ko *.mod.c .tmp_versions Module* modules*

.PHONY: modules modules_install clean

else
obj-m := my_IIC_drv.o
Endif
```

Makefile 提供生成驱动模块的规则，驱动模块的生成依赖于内核，执行 make 命令时会执行内核目录的 Makefile 生成驱动模块。

9.3.6　基于 S3C2440 的 IIC 总线驱动程序测试

通过编写测试程序测试基于该驱动程序的 IIC 设备是否能成功读写数据。测试程序如下：

```
int main(int argc，char *argv[])
{
    //打开 IIC 总线设备，返回文件描述符
    fd = open("/dev/my_IIC"，O_RDWR);
    //向 IIC 总线设备写入数据
    printf("write : %s\n"，data_buf);
    write(fd，data_buf，sizeof(data_buf));
    memset(data_buf，0，SIZE);
    //从 IIC 总线设备中读出数据
    read(fd，data_buf，sizeof(data_buf));
    printf("read : %s\n"，data_buf);

    close(fd);
    return 0;
}
```

测试结果如图 9-11 所示。

```
# insmod my_iic_drv.ko
my_iic_drv_init
# lsmod
Module                Size  Used by    Not tainted
my_iic_drv            5112  0
# ./i2c_test
write:message to i2c!
read:message to i2c!
#
```

图 9-11　测试结果图

经验证，读出数据与写入数据相同，证明该 IIC 驱动程序是成功的。

9.4　看门狗接口驱动

看门狗属于定时器模块，定时时间离不开时钟模块，因此在介绍看门狗之前，先介绍时钟模块。

9.4.1　S3C2440 时钟模块

S3C2440 中的时钟控制逻辑可以产生必须的时钟信号，如 CPU 的 FCLK、AHB 总线外设的 HCLK 以及 APB 总线外设的 PCLK 都要有时钟。S3C2440 包含两个锁相环(MPLL、UPLL)：MPLL 提供给 FCLK、HCLK 和 PCLK，UPLL 专用于 USB 模块(48 MHz)，如图 9-12 所示。

图 9-12 显示了时钟结构的原理图。主时钟源来自一个外部晶振(XTIpll)或外部时钟(EXTCLK)，时钟源选择如表 9-9 所示。

图 9-12 时钟产生模块原理图

表 9-9 时钟源选择控制引脚说明表

模式 OM[3:2]	MPLL 状态	UPLL 状态	主时钟源	USB 时钟源
00	开启	开启	晶振	晶振
01	开启	开启	晶振	外部时钟
10	开启	开启	外部时钟	晶振
11	开启	开启	外部时钟	外部时钟

表 9-9 显示了模式控制引脚(OM3 和 OM2)的组合与 S3C2440 选择时钟源的关系。通常状态下使用 OM[3:2]=00 的状态,即主时钟与 USB 时钟均使用晶振。在 nRESET 上升沿时参考 OM3 和 OM2 引脚将 OM[3:2]的状态在内部锁定。虽然 MPLL 在复位后就开始,MPLL 输出(Mpll)并没有作为系统时钟,直到软件写入有效值来设置 MPLLCON 寄存器。在设置此值之前是将外部晶振或外部时钟源提供的时钟直接作为系统时钟的。

从图 9-12 中可以看出,FCLK 是提供给 ARM920T 的时钟;HCLK 是提供给 AHB 总线的模块，如存储器控制器、中断控制器、LCD 控制器、DMA 和 USB 主机模块等；PCLK 是提供给 APB 总线上的模块，如 WDT、IIS、IIC、PWM 定时器、MMC/SD 接口、ADC、UART、GPIO、RTC 和 SPI 等。

S3C2440 还支持对 FCLK、HCLK 和 PCLK 之间分频比例的选择，该比例由 CLKDIVN 控制寄存器中的 HDIVN 和 PDIVN 所决定。

综上所述，S3C2440 的时钟模块应该有以下一些寄存器。

(1) 时钟控制寄存器 CLKCON，地址为 0x4C00000C。该寄存器的 2～20 位分别对应 IDLE BIT、SLEEP、NAND Flash Controller、LCD、USB host、USB device、PWMTIMER、SDI、UART0、UART1、UART2、GPIO、RTC、ADC(&Touch Screen)、IIC、IIS、SPI、Camera、AC97 的时钟控制，当对应位置 1 时表示时钟允许，当清零时表示时钟禁止。该寄存器默认值为 0xFFFFF0，所以无需另行设置。

(2) 锁相环配置寄存器 MPLLCON，地址为 0x4C000004。MPLLCON 位功能说明如表 9-10 所示。

表 9-10　MPLLCON 位功能

PLLCON	位	描　　述	初始状态
MDIV	[19:12]	主分频控制器	0x96/0x4d
PDIV	[9:4]	预分频控制器	0x03/0x03
SDIV	[1:0]	后分频控制器	0x0/0x0

MPLL 控制寄存器计算公式为

$$Mpll = (2 \times m \times Fin) / (p \times 2s)$$

其中，m = (MDIV + 8)，p = (PDIV + 2)，s = SDIV，Fin 为外部晶振或外部时钟。

设置好 MPLLCON 后，通过公式计算得出的 Mpll 实际为 FCLK，Mpll 再通过时钟分频控制寄存器 CLKDIVN 的设置后便可生成最终的 HCLK 和 PCLK。

(3) 时钟分频控制寄存器 CLKDIVN，地址为 0x4C000014。CLKDIVN 位功能说明如表 9-11 所示。

表 9-11　CLKDIVN 位功能

CLKDIVN	位	描　　述	初始状态
DIVN_UPLL	[3]	UCLK 选择寄存器(UCLK 必须把 48 MHz 给 USB) 0：UCLK = UPLL 时钟； 1：UCLK = UPLL 时钟/2； 当 UPLL 时钟被设置为 48 MHz 时，设置为 0；当 UPLL 时钟被设置为 96 MHz 时，设置为 1	0
HDIVN	[2:1]	00：HCLK = FCLK/1； 01：HCLK = FCLK/2； 10：当 CAMDIVN[9] = 0 时，HCLK = FCLK/4； 　　当 CAMDIVN[9] = 1 时，HCLK = FCLK/8； 11：当 CAMDIVN[8] = 0 时，HCLK = FCLK/3； 　　当 CAMDIVN[8] = 1 时，HCLK = FCLK/6	00
PDIVN	[0]	0：PCLK 是和 HCLK/1 相同的时钟； 1：PCLK 是和 HCLK/2 相同的时钟	0

表 9-11 中的 HDIVN 和 PDIVN 的设置对应的 FCLD、HCLK、PCLK 的分频比如表 9-12 所示。

表 9-12 FCLD、HCLK、PCLK 的分频比

HDIVN	PDIVN	HCLK3_HALF/ HCLK4_HALF	FCLK	HCLK	PCLK	分频比例
0	0	-	FCLK	HCLK	PCLK	1∶1∶1(默认)
0	1	-	FCLK	FCLK	FCLK/2	1∶1∶2
1	0	-	FCLK	FCLK/2	FCLK/2	1∶2∶2
1	1	-	FCLK	FCLK/2	FCLK/4	1∶2∶4
3	0	0/0	FCLK	FCLK/3	FCLK/3	1∶3∶3
3	1	0/0	FCLK	FCLK/3	FCLK/6	1∶3∶6
3	0	1/0	FCLK	FCLK/6	FCLK/6	1∶6∶6
3	1	1/0	FCLK	FCLK/6	FCLK/12	1∶6∶12
2	0	0/0	FCLK	FCLK/4	FCLK/4	1∶4∶4
2	1	0/0	FCLK	FCLK/4	FCLK/8	1∶4∶8
2	0	0/1	FCLK	FCLK/8	FCLK/8	1∶8∶8
2	1	0/1	FCLK	FCLK/8	FCLK/16	1∶8∶16

如果 HDIVN 不为 0，CPU 总线模式应该使用以下指令使其从快总线模式变为异步总线模式(S3C2440 不支持同步总线模式)：

```
MMU_SetAsyncBusMode
MRC   p15，0，r0，c1，c0，0
ORR   r0，r0，#R1_nF:OR:R1_iA
MCR   p15，0，r0，c1，c0，0
```

下面通过一个时钟实例对上面 S3C2440 模块的原理进行总结。

例 9-1 时钟模块实例代码。

```
#define    CLKDIVN         (*(volatile unsigned long *)0x4c000014)
#define    MPLLCON         (*(volatile unsigned long *)0x4c000004)
#define S3C2440_MPLL_200MHZ    ((0x5c<<12)|(0x01<<4)|(0x02))
//外部晶振使用 12MHz，设置 FCLK 为 200MHz，HCLK 为 100MHz，PCLK 为 50MHz
void clock_init()
{
    CLKDIVN = 0x03;   // 分频比 FCLK:HCLK:PCLK=1:2:4
    _asm_{
            mrc    p15，0，r1，c1，c0，0
            orr    r1，r1，#0xc0000000
            mcr    p15，0，r1，c1，c0，0
    }
    MPLLCON = S3C2440_MPLL_200MHz;
}
```

9.4.2 看门狗定时器

S3C2440 的看门狗定时器用于当系统由于噪声或其他原因引起的故障干扰时恢复控制器。它可以被用作普通 16 位内部定时器来请求中断服务,其时钟原理图如图 9-13 所示。

图 9-13 看门狗定时器时钟原理图

从图 9-13 中可以看出,看门狗定时器使用 PCLK 作为时钟源,并通过预分频与选择分频后才作为看门狗定时器来使用。原理图中共涉及 3 个寄存器,分别是看门狗定时器控制寄存器 WTCON、看门狗定时器数据寄存器 WTDAT、看门狗定时器计数寄存器 WTCNT。

(1) 看门狗定时器控制寄存器 WTCON,地址为 0x53000000。WTCON 寄存器位功能说明表如表 9-13 所示。

表 9-13 WTCON 位功能说明表

WTCON	位	描 述	初始状态
预分频值	[15:8]	预分频值。该值范围为 0~255	0x80
保留	[7:6]	保留。正常工作时这两位必须为 00	00
看门狗定时器	[5]	看门狗定时器的使能或禁止位: 0 = 禁止; 1 = 使能	1
时钟选择	[4:3]	全局闹钟使能: 00:16; 01:32; 10:64; 11:128	00
中断产生	[2]	中断的使能或禁止位: 0 = 禁止; 1 = 使能	0
保留	[1]	保留。正常工作中此位必须为 0	0
复位使能/禁止	[0]	看门狗定时器复位输出的使能或禁止位: 1:看门狗超时时发出 S3C2440 复位信号; 0:禁止看门狗定时器的复位功能	1

看门狗时钟计算公式为

t_看门狗 = 1 / [PCLK / (预分频值 + 1) / 分频系数]

例如,当 PCLK 为 100 MHz 时,通过下式可以设置看门狗定时器的时钟为 1/128 MHz:

WTCON = ((PCLK/1000000-1)<<8)|(3<<3)|(0<<2)

(2) 看门狗定时器数据寄存器 WTDAT,地址为 0x53000004。WTDAT 寄存器用于设定定时时钟的个数，它的内容不能在初始化看门狗定时器操作时被自动加载到定时计数器 WTCNT 中。设定 WTDAT 寄存器后，当 WTCNT 的值减为 0 时，WTDAT 的值将被自动重载到 WTCNT 中。

该定时器的[15:0]位为看门狗定时器重载的计数值。

(3) 看门狗定时器计数寄存器 WTCNT，地址为 0x53000008。WTCNT 寄存器包含正常工作期间看门狗定时器的当前值。当看门狗定时器开始使能时，WTDAT 寄存器的内容不能自动加载到 WTCNT 中，因此在使能 WTCNT 寄存器前必须设置初始值。

9.4.3 看门狗定时器驱动程序

驱动程序的源码 mydriver.c 如下：

```
#include <linux/module.h>
#include <linux/init.h>
#include <linux/fs.h>
#include <linux/cdev.h>
#include <linux/ioctl.h>
#include <asm/uaccess.h>
#include <asm/hardware.h>
#include <asm/arch/regs-watchdog.h>
#include <asm/io.h>
#include <linux/delay.h>
#define GPFDAT      0x56000054
#define GPFCON      0x56000050
#define     CLKDIVN  0x4c000014
#define     MPLLCON        0x4c000004
#define     WTCON        0x53000000
#define     WTDAT      0x53000004
#define     WTCNT      0x53000008
#define GPF4_ON     0x4800
#define GPF4_OFF 0x4801
#define WATCHDOG_START 0x4803
#define WATCHDOG_STOP    0x4804
#define WATCHDOG_GET      0x4805
#define S3C2440_MPLL_200MHZ        ((0x5c<<12)|(0x01<<4)|(0x02))
#define PCLK (200000000/4)
#define DEVICE_NAME "s3c2410_watchdog"
dev_t mydev;
static volatile unsigned int *gpfcon;
static volatile unsigned int *gpfdat;
static volatile unsigned int *wtcon;
```

```
static volatile unsigned int *wtdat;
static volatile unsigned int *wtcnt;
MODULE_LICENSE("GPL");
MODULE_AUTHOR("mxl");
MODULE_DESCRIPTION("s3c2440 Watchdog");
static int watchdog_major = 248;
static struct cdev watchdog_cdev;
static void led_init(void)
{
    gpfcon = ioremap(GPFCON，0x04);      //get virtual address of GPFCON
    gpfdat = ioremap(GPFDAT，0x04);      //get virtual address of GPFDAT
    *gpfcon &= (~(3<<8))+(1<<8);         //设置 GPF4 为输出
    *gpfdat =0xffff;
}
static void watchdog_control_init(void)
{
    wtcon = ioremap(WTCON，0x04);
    wtdat = ioremap(WTDAT，0x04);
    wtcnt = ioremap(WTCNT，0x04);
    *wtcon = ((PCLK/1000000-1)<<8)|(3<<3)|(0<<2);
    *wtdat = 7812;   //设置周期时间为 1 s
    *wtcnt = 7812;
}
static int watchdog_open(struct inode *inode ,struct file *file)
{
    led_init();
    watchdog_control_init();
    printk(KERN_NOTICE"open the watchdog now!\n");
    return 0;
}
static int watchdog_release(struct inode *inode,struct file *file)
{
    return 0;
}
void led_stop( void )
{
    *gpfdat = *gpfdat | (1<<4); //灯灭
    printk(KERN_INFO "led stop\n");
}
```

```
void led_start( void )
{
    *gpfdat &= (~(1<<4));   //灯亮
    printk(KERN_INFO "led start\n");
}
static int watchdog_ioctl(struct inode *inode,struct file *file,unsigned int cmd,unsigned long arg)
{
    switch(cmd)
        {
                case GPF4_ON:   led_start(); break;
                case GPF4_OFF: led_stop(); break;
                case WATCHDOG_START:   *wtcon |= (1<<5); break;
                case WATCHDOG_STOP:   *wtcon &= ~(1<<5);break;
                case WATCHDOG_GET:   return *wtcnt ;
                default: break;
        }
    return 0;
}
//将设备注册到系统之中
static void watchdog_setup_dev(struct cdev *cdev,int minor,struct file_operations *fops)
{
    int err;
    cdev_init(cdev,fops);
    cdev->owner=THIS_MODULE;
    err=cdev_add(cdev,mydev,1);
    if(err)
    printk(KERN_INFO"Error %d adding watchdog %d\n",err,minor);
}
static struct file_operations watchdog_remap_ops={
    .owner=THIS_MODULE,
    .open=watchdog_open，
    .release=watchdog_release，
    .ioctl=watchdog_ioctl,
};
//注册设备驱动程序，主要完成主设备号的注册
static int __init watchdog_init(void)
{
    int result;
    mydev = MKDEV(watchdog_major,0);
```

```
        result = register_chrdev_region(mydev,1,DEVICE_NAME);
        if(result < 0)
        {
            result = alloc_chrdev_region(&mydev,0,1,DEVICE_NAME);
            watchdog_major = MAJOR(mydev);
        }
        watchdog_setup_dev(&watchdog_cdev,MINOR(mydev),&watchdog_remap_ops);
        printk(KERN_NOTICE"watchdog device
        major:%d,minor:%d\n",watchdog_major,MINOR(mydev));
        return 0;
    }
    //驱动模块卸载
    static void s3c2410_watchdog_exit(void)
    {
        cdev_del(&watchdog_cdev);
        unregister_chrdev_region(MKDEV(watchdog_major,0),1);
        printk("watchdog device uninstalled\n");
    }
    module_init(watchdog_init);
    module_exit(s3c2410_watchdog_exit);
```

编译后生成 mydriver.ko。

9.4.4　看门狗定时器测试程序

应用程序测试源码 wdt_test.c 如下:

```
#include <stdio.h>
#include <sys/types.h>
#include <unistd.h>
#include <fcntl.h>
#include <time.h>
#include <sys/ioctl.h>
#define GPF4_ON    0x4800
#define GPF4_OFF 0x4801
#define WATCHDOG_START 0x4803
#define WATCHDOG_STOP    0x4804
#define WATCHDOG_GET       0x4805
int main(int argc,char **argv)
{
    int fd,num,i=0;
    //打开看门狗
```

```
fd=open("./wtd",O_RDWR);
if(fd<0)
{
    printf("cannot open the watchdog device\n");
    return -1;
}
ioctl(fd,WATCHDOG_START,0);
while(1)
{
    num=ioctl(fd,WATCHDOG_GET,0);
    if(num == 7812/2)
        i==0 ? (ioctl(fd,GPF4_ON,0),i=1):(ioctl(fd,GPF4_OFF,0),i=0);
}
close(fd);
return 0;
}
```

编译后生成 wdt_test。

9.5 ADC 接口驱动

9.5.1 S3C2440 ADC 模块

S3C2440 的 COMS 模数转换器(ADC，Analog to Digtal Converter)可以接收 8 个通道的模拟信号输入，并将它们转换为 10 位的二进制数据(10 位分辨率)。在 2.5 MHz 的 ADC 转换时钟下，最大的转换速率可达 500 kSPS(SPS，Samples Er Second，每秒采样的次数)。ADC 模块原理图如图 9-14 所示。

图 9-14 ADC 模块原理图

从图 9-14 中可以看出，可以通过设置寄存器来选择对哪路模拟信号(多达 8 路)进行采样。中断信号 INT_ADC 表示 ADC 转换器已经转换完毕并产生 AD 中断。

ADC 模块的启动方式有两种：手工启动和读结果时自动启动下一次转换。也有两种方法获得当前转换是否结束：查询状态位和转换结束时发出中断。

ADC 模块相关的寄存器介绍如下。

(1) ADC 控制寄存器 ADCCON，其定义如表 9-14 所示。

表 9-14　ADC 控制寄存器

寄存器	地址	读/写	描　述	复位值
ADCCON	0x5800000	读/写	ADC 控制寄存器	0x3FC4
ADCCON	位	描　述		初始状态
ECFLG	[15]	转换结束的标志(只读)： 0=A/D 转换正在进行； 1=A/D 转换结束		0
PRSCEN	[14]	XA/D 转换时钟使能 0=禁止； 1=使能		0
PRSCVL	[13:6]	A/D 转换时钟预分频参数，数据范围为 0～255。 注意：ADC 频率应该设置为低于 PCLK 的 1/5		0xFF
SEL_MUX	[5:3]	选择需要进行转换的 ADC 信道： 000 = AIN 0　001 = AIN 1　010 = AIN 2　011 = AIN 3 100 = YM　　　101 = YP　　　110 = XM　　111 = =XP		0
STDBM	[2]	闲置模式选择： 0 = 正常工作模式； 1 = 闲置模式		1
READ_START	[1]	A/D 转换由读数据开始： 0 = 禁止由读操作开始转换； 1 =由读操作开始转换		0
ENABLE_START	[0]	该位启动 A/D 转换。如果 READ_START 没有被激活， 该值没有意义。 0 = 无操作； 1 = A/D 转换开始，并且开始后将该位清零		0

(2) ADC 触摸屏控制寄存器 ADCTSC，其定义如表 9-15 所示。

表 9-15　ADC 触摸屏控制寄存器

寄存器	地址	读/写	描　述	复位值
ADCTSC	0x5800004	读/写	ADC 触摸屏控制寄存器	0x58

ADCTSC	位	描　述	初始状态
UD_SEN	[8]	检测中断模式状态： 0：检测按下产生的中断信号； 1：检测释放产生的中断信号	0
YM_SEN	[7]	YM 开关使能： 0=YM 输出驱动器禁止； 1 = YM 输出驱动器使能	0
YP_SEN	[6]	YP 开关使能： 0=YM 输出驱动器禁止； 1 = YM 输出驱动器使能	1
XM_SEN	[5]	XM 开关使能： 0=YM 输出驱动器禁止； 1 = YM 输出驱动器使能	0
XP_SEN	[4]	XP 开关使能： 0=YM 输出驱动器禁止； 1 = YM 输出驱动器使能	1
PULL_UP	[3]	上位开关使能： 0=XP 上拉使能； 1 = XP 上拉禁止	1
AUTO_PST	[2]	自动顺序 X 方向和 Y 方向转换： 0：正常 ADC 转换； 1：自动顺序 X 方向和 Y 方向测量	0
XY_PST	[1:0]	手动测量 X 方向和 Y 方向： 00：无操作模式； 01：X 方向测量； 10：Y 方向测量； 11：等待中断模式	0

(3) ADC 数据转换寄存器 ADCDAT0，其定义如表 9-16 所示。

表 9-16　ADC 数据转换寄存器

寄存器	地址	读/写	描　述	复位值
ADCDAT0	0x580000C	读	ADC 转换数据寄存器	—
ADCDAT0	位	描　述		初始状态
UPDOWN	[15]	选择中断模式的类型： 0：按下产生中断； 1：释放产生中断		—
AUTO_PST	[14]	X/Y 轴自动转换使能位： 0=正常 A/D 转换模式； 1 =按顺序测量 x、y 轴的坐标		—
XY_PST	[13:12]	选择 X/Y 轴自动转换模式： 00 =不做任何操作； 01 = X 轴测量； 10 = Y 轴测量； 11 =等待中断模式		—
保留	[11:10]	保留		—
XPDATA (正常 ADC)	[9:0]	X 轴转换过来的值(包括普通 ADC 转化的数值) 数值范围为 0~3FF		—

9.5.2　ADC 模块使用的步骤

(1) 设置 ADCCON 寄存器，选择输入通道，设置 ADC 转换的时钟：

$$ADC \ 时钟=PCLK/(PRSCVL+1)$$

(2) 设置 ADCTSC 寄存器。使用时设为普通转换模式，不使用触摸屏功能。对于普通的 ADC，使用它的默认值即可，或设置其位[2]为 0。

(3) 设置 ADCCON 寄存器，启动 ADC 转换。如果设置 READ_START 位，则读转换数据时即启动下一次转换，否则，可以通过设置 ENABLE_START 位再启动 ADC 转换。

(4) 转换结束时，读取 ADCDAT0 寄存器获得数据值。使用查询方式，则可以不断读取 ADCCON 寄存器的 ECFLG 位来确定是否结束：0 为正在转换；1 为转换结束。否则可以使用 INT_ADC 中断来判断，即发生 INT_ADC 中断时表示转换结束。

例 9-2　ADC 模块使用的步骤示例。

假如外接可调电阻器接入 ADC 模块的输入引脚 AIN0、AIN1，则测量可变电阻器的电压值的应用程序代码如下。

```
void test_adc(void)
{
    float vol0,vol1;
    int t0,t1;
    printf("mesuring the voltage of ain0 and ain1,press any key to exit\n\r");
    while(!awaitkey(0))              //串口无输入则不断测试
```

```
    {
        vol0=((float)readadc(0)*3.3)/1024.0;        //计算电压值
        vol1=((float)readadc(1)*3.3)/1024.0;        //计算电压值
        t0=(vol0-(int)vol0)*1000;                   //计算小数部分
        tT1=(vol1-(int)vol1)*1000;                  //计算小数部分
        printf("ain0=%d.%-3dv    ain1=%d.%-3dv\r", (int)vol0,t0,(int)vol1,t1);
    }
    printf("\n")
}
```

上述函数中先调用 readadc 函数发起 ADC 转换。readadc 返回 10 为转换值(最大值为 1023)，然后计算实际的电压值(S3C2410/S3C2440，ADC 信号最大电压值为 3.3V)。

readadc 函数设置启动 ADC 获取转换结果，使用查询方式读取 ADC 转换值，代码如下。

```
static int readadc(int ch)
{
    //选择模拟通道，使能预分频功能，设置 ADC 转换的时钟=PCLK/(49+1)
    ADCCON=PRESCALE_EN?PRSCVL(49)/(ADC_INPUT(ch));
    //清除位[2],设置普通转换模式
    ADCTSC&=~(1<<2);
    //设置位[0]为 1，启动 ADC 转换
    ADCCON|=ADC_START;
    //当 ADC 转换真正开始时，位[0]会自动清 0
    while(ADCCON&ADC_START);
    //检测位[15],当它为 1 时表示转换结束
    while(!(ADCCON&ADC_ENDCVT));
    //读取数据
    return(ADCDAT0&0X3FF);
}
```

9.5.3　ADC 模块驱动代码

```
#include <linux/module.h>
#include <linux/kernel.h>
#include <linux/init.h>

#include <linux/sched.h>
#include <linux/delay.h>

#include <asm/uaccess.h>
#include <linux/kernel.h>          //printk()
#include <linux/slab.h>            //kmalloc()
```

```c
#include <linux/fs.h>            //everything...
#include <linux/errno.h>         //error codes
#include <linux/types.h>         //size_t
#include <linux/mm.h>
#include <linux/kdev_t.h>
#include <linux/cdev.h>
#include <linux/delay.h>
#include <asm/io.h>
#include <asm/uaccess.h>
#include <linux/errno.h>
#include <linux/kernel.h>
#include <linux/module.h>
#include <linux/slab.h>
#include <linux/input.h>
#include <linux/init.h>
#include <linux/serio.h>
#include <asm/irq.h>
#include <linux/irq.h>
#include "s3c2440-adc.h"
#define DEVICE_NAME    "adc"
#define ADCRAW_MINOR        0
#define ADC_INPUT(x)     ((x)<<3)
#define PRSCVL(x) ((x)<<6)


#define ADCCON      0x58000000
#define ADCTSC      0x58000004
#define ADCDAT0     0x5800000c
#define CLKCON      0x4c00000c
static int adc_major = 258;
static volatile unsigned int *adccon;
static volatile unsigned int *adcdat0;
static volatile unsigned int *clkcon;
typedef struct
{
    struct semaphore lock;        //声明一个信号量
    wait_queue_head_t wait;       //声明一个等待队列头
    int channel;                  //选择哪一路 AD 转换器
    int prescale;                 //预分频值
}ADC_DEV;
```

```
static ADC_DEV adcdev;
//中断处理函数
static irqreturn_t adcdone_int_handler(int irq,void *dev_id)
{
    wake_up(&adcdev.wait);              //唤醒等待队列
    return IRQ_HANDLED ;
}
//对设备进行写操作,buffer 一定是用户空间的
static ssize_t s3c2440_adc_write(struct file *file，const char *buffer，size_t count，loff_t * ppos)
{
    int data;
    if(count!=sizeof(data)){
        printk(KERN_INFO"the size of   input data must be %d\n"，sizeof(data));
        return 0;
    }
    copy_from_user(&data，buffer，count);            //从用户空间拷贝数据到内核空间
    adcdev.channel=ADC_WRITE_GETCH(data);           //得到哪一路 AD 转换器
    adcdev.prescale=ADC_WRITE_GETPRE(data);         //得到预分频值
    printk(KERN_INFO"set adc channel=%d，prescale=0x%x\n"，adcdev.channel，adcdev.prescale);
    return count;
}
//对设备进行读操作，buffer 一定是用户空间的
static ssize_t s3c2440_adc_read(struct file *filp，char *buffer，size_t count，loff_t *ppos)
{
    int ret = 0;
    if (down_interruptible(&adcdev.lock))          //获得信号量
        return -ERESTARTSYS;
     //对 AD 控制寄存器进行操作，具体参看 S3C2440 datasheet
        writel( readl(adccon) &(~1)，adccon);
    writel( (1<<14) | (255<<6) |(1<<0)|(1<<0)| ADC_INPUT(adcdev.channel)，adccon);
    sleep_on( &adcdev.wait );
    ret = readl(adcdat0);
    ret &= 0x3ff;
    printk(KERN_INFO"AIN[%d] = 0x%04x，%d\n"，adcdev.channel，ret，readl(S3C2440_
ADCCON) & 0x80 ? 1:0);
    copy_to_user(buffer，(char *)&ret，sizeof(ret));        //拷贝内核数据到用户空间
    up(&adcdev.lock);
    return sizeof(ret);
}
```

/*打开设备*/
```
        static int s3c2440_adc_open(struct inode *inode，struct file *filp)
    {
        int ret;
        printk("in adc open");
        ret = request_irq(IRQ_ADC, adcdone_int_handler, IRQF_DISABLED，DEVICE_NAME,
NULL);        //注册中断例程
        if (ret)
        {
            return ret;
        }
        init_MUTEX(&adcdev.lock);            //初始化一个互斥的信号量，并设置为 1
        init_waitqueue_head(&(adcdev.wait));    //初始化等待队列
        adcdev.channel=0;
        adcdev.prescale=0xff;
        printk(KERN_INFO"adc opened\n");
        return 0;
    }
    //关闭设备
    static int s3c2440_adc_release(struct inode *inode，struct file *filp)
    {
        free_irq(IRQ_ADC，NULL);        //释放中断资源
        printk(KERN_INFO"adc closed\n");
        return 0;
    }
    //初始化并添加结构体 struct cdev 到系统之中
    static void adc_setup_cdev(struct cdev *dev, int minor,struct file_operations *fops)
    {
        int err，devno = MKDEV(adc_major，minor);
        cdev_init(dev，fops);//初始化结构体 struct cdev
        dev->owner = THIS_MODULE;
        dev->ops = fops;//给结构体里的 ops 成员赋初值，这里是对设备操作具体的实现函数
        err = cdev_add (dev，devno，1);        //将结构体 struct cdev 添加到系统之中
        if (err)
            printk (KERN_NOTICE "Error %d adding adc %d"，err，minor);
    }
    static struct cdev AdcDevs;
    //定义一个 file_operations 结构体，实现对设备的具体操作的功能
    static struct file_operations adc_remap_ops = {
```

```
    owner:        THIS_MODULE,
    open: s3c2440_adc_open,
    read:         s3c2440_adc_read,
    write:s3c2440_adc_write,
    release:        s3c2440_adc_release,
};
```

/*初始化设备驱动模块，主要完成对字符设备结构体的初始化和添加到系统中，并得到一个设备的设备号*/

```
static int    adc_init(void)
{
//    writel(0,S3C2440_ADCTSC); //XP_PST(NOP_MODE);
    int result;
    dev_t dev = MKDEV(adc_major，0);
    /* Figure out our device number. */
    if (adc_major)
```
//静态注册一个设备，设备号提前指定好，并得到一个设备名，通过 cat /proc/device 来查看信息
```
        result = register_chrdev_region(dev，1，"adc");
      else
      {
```
        //如果主设备号被占用，则由系统提供一个主设备号给设备驱动程序得到主设备号
```
        result = alloc_chrdev_region(&dev，0，1，"adc");        adc_major = MAJOR(dev);
    }
    if (result < 0)
    {
        return result;
    }
    if (adc_major == 0)
        adc_major = result;
    //初始化和添加结构体 struct cdev 到系统之中
    adc_setup_cdev(&AdcDevs，0，&adc_remap_ops);
    //do ioremap
    adccon = ioremap(ADCCON，0x4);
    adcdat0 = ioremap(ADCDAT0，0x4);
    clkcon = ioremap(CLKCON，0x4);
    printk(KERN_INFO"adc clock = %d\n"，*clkcon & (0x1<<15));
    *clkcon |= 0x1 << 15; //open clock for adc
    printk(KERN_INFO"adc device installed，with major %d\n"，adc_major);
    return 0;
```

```
    }
    /*卸载驱动模块*/
    static void adc_cleanup(void)
    {
        iounmap(adccon);
        iounmap(adcdat0);
        cdev_del(&AdcDevs);//删除结构体 struct cdev
        unregister_chrdev_region(MKDEV(adc_major，0)，1);//卸载设备驱动所占有的资源
        printk(KERN_INFO"adc device uninstalled\n");
    }
    module_init(adc_init);//初始化设备驱动程序的入口
    module_exit(adc_cleanup);//卸载设备驱动程序的入口
    MODULE_LICENSE("Dual BSD/GPL"); //模块应该指定代码所使用的许可证
```

S3C2440-adc.h 的代码如下：

```
    #ifndef _S3C2440_ADC_H_
    #define _S3C2440_ADC_H_

    #define ADC_WRITE(ch，prescale)    ((ch)<<16|(prescale))

    #define ADC_WRITE_GETCH(data)   (((data)>>16)&0x7)
    #define ADC_WRITE_GETPRE(data)  ((data)&0xff)

    #endif /* _S3C2440_ADC_H_ */
```

9.5.4　ADC 模块测试代码

```
    #include <stdio.h>
    #include <unistd.h>
    #include <sys/types.h>
    #include <sys/ipc.h>
    #include <sys/ioctl.h>
    #include <pthread.h>
    #include <fcntl.h>
    #include "s3c2410-adc.h"

    #define ADC_DEV         "/dev/adc"
    static int adc_fd = -1;

    static int init_ADdevice(void)
    {   //打开设备
```

```
        printf(ADC_DEV);
        if((adc_fd=open(ADC_DEV,O_RDWR))<0){
                perror("open");
                return -1;
        }
}
static int GetADresult(int channel)
{
        int PRESCALE=0XFF;
        int data=ADC_WRITE(channel，PRESCALE);
        write(adc_fd，&data，sizeof(data));      //对设备进行读操作
        read(adc_fd，&data，sizeof(data));       //对设备进行写操作
        return data;
}
int main(void)
{
        int i;
        float d;
        if(init_ADdevice()<0)
                return -1;
        while( 1 )
        {
          d=((float)GetADresult(0)*3.3)/1024.0;
          printf("%8.4f\t",d);
          printf("\n");
          sleep(1);
          printf("\r");
        }
        close(adc_fd);//关闭设备
        return 0;
}
```

9.6 按键中断接口驱动

9.6.1 按键接口原理图

按键的硬件原理图如图 9-15 所示。为了更好地测试按键中断，按键按下后，对应的
LED 的灯亮，其硬件原理图如图 9-16 所示。

图 9-15　按键的硬件原理图

图 9-16　LED 硬件原理图

9.6.2　代码设计

当 EINT0 按下时，LED1 灯亮，当 EINT0 松开时，LED1 灯灭；当 EINT2 按下时，LED2 灯亮，当 EINT2 松开时，LED2 灯灭；当 EINT11 按下时，LED4 灯亮，当 EINT11 松开时，LED4 灯灭。

1. 按键中断驱动代码

```
#include <linux/module.h>
```

```
#include <linux/moduleparam.h>
#include <linux/init.h>
#include <linux/kernel.h>          //printk()
#include <linux/slab.h>            //kmalloc()
#include <linux/fs.h>              //everything...
#include <linux/errno.h>           //error codes
#include <linux/types.h>           //size_t
#include <linux/mm.h>
#include <linux/kdev_t.h>
#include <linux/cdev.h>
#include <linux/delay.h>
#include <linux/device.h>
#include <asm/io.h>
#include <asm/uaccess.h>
#include <asm/arch-s3c2410/regs-gpio.h>
#define GPFDAT 0x56000054
#define GPFCON 0x56000050
#define GPGDAT 0x56000064
#define GPGCON 0x56000060
#define GPF4_ON    0x011   //这两个宏定义并不是 GPFDAT 的值，只是作传递使用
#define GPF4_OFF 0x012
#define GPF5_ON    0x021
#define GPF5_OFF 0x022
#define GPF6_ON    0x041
#define GPF6_OFF 0x042


#define GPF0_UP      0x01
#define GPF0_DOWN 0x00
#define GPF2_UP      0x21
#define GPF2_DOWN 0x20
#define GPG3_UP      0x31
#define GPG3_DOWN 0x30

static int simple_major = 248;
module_param(simple_major，int，0);
MODULE_AUTHOR("farsight");
MODULE_LICENSE("Dual BSD/GPL");

static volatile unsigned int *gpfcon;
```

```
static volatile unsigned int *gpfdat;
static volatile unsigned int *gpgcon;
static volatile unsigned int *gpgdat;
static struct cdev SimpleDevs;
dev_t dev;

/*Open the device; in fact，there's nothing to do here*/
int simple_open (struct inode *inode，struct file *filp)
{
    gpfcon = ioremap(GPFCON，0x04);      //get virtual address of GPFCON
    gpfdat = ioremap(GPFDAT，0x04);      //get virtual address of GPFDAT
    gpgcon = ioremap(GPGCON，0x04);      //get virtual address of GPFCON
    gpgdat = ioremap(GPGDAT，0x04);      //get virtual address of GPFDAT
    *gpfcon = 0xffff;
    *gpfcon &= (~(3<<8))+(1<<8);         //设置 LED 为输出
    *gpfcon &= (~(3<<10))+(1<<10);
    *gpfcon &= (~(3<<12))+(1<<12);
    *gpfcon &= (~(3<<0));                //设置 KEY 为输入
    *gpfcon &= (~(3<<4));
    *gpgcon = 0xffff;
    *gpgcon &= (~(3<<6));                //设置 KEY 为输入
    *gpfdat =0xffff;
    return 0;
}


ssize_t simple_read(struct file *file，char __user *u_buf，size_t count，loff_t *offp)
{
    int dat,ret;
    char k_buf[10]={0};
    dat=*gpfdat;
    if(dat & 1)
        k_buf[0]=GPF0_UP;   //高电平，未按下
    else
        k_buf[0]=GPF0_DOWN;
    if(dat & (1<<2))
        k_buf[1]=GPF2_UP;
    else
        k_buf[1]=GPF2_DOWN;
    dat=*gpgdat;
```

```
        if(dat & (1<<3))
                k_buf[2]=GPG3_UP;
        else
                k_buf[2]=GPG3_DOWN;
        ret=copy_to_user(u_buf,k_buf,count);
        return count-ret;
}
ssize_t simple_write(struct file *file, const char __user *buff, size_t count, loff_t *offp)
{
        return 0;
}
void led_control( unsigned int cmd )
{
        if(cmd%16 == 1)
        {
                *gpfdat &= ~(cmd & 0xf0);
                printk(KERN_INFO "LED%d start\n",(cmd/16)/2);
        }
        else
        {
                *gpfdat |= (cmd & 0xf0);
                printk(KERN_INFO "LED%d stop\n",(cmd/16)/2);
        }
}
static int simple_ioctl(struct inode *inode, struct file *file, unsigned int cmd, unsigned long arg)
{
        if((cmd == GPF4_ON)||(cmd == GPF4_OFF)||(cmd == GPF5_ON)||(cmd == GPF5_OFF)||(cmd
== GPF6_ON)||(cmd == GPF6_OFF))
        {
                led_control(cmd);
        }
        else
                return -1;
        return 0;
}
static int simple_release(struct inode *node, struct file *file)
{
        return 0;
}
```

```c
static void simple_setup_cdev(struct cdev *mydev，int minor,
        struct file_operations *fops)
{
    cdev_init(mydev，fops);
    //dev->ops = fops;
    int err = cdev_add (mydev，dev，1);
    if (err)
        printk (KERN_NOTICE "Error %d adding simple%d"，err，minor);
}
static struct file_operations simple_remap_ops = {
    .owner    = THIS_MODULE,
    .open     = simple_open,
    .release = simple_release,
    .read     = simple_read,
    .write    = simple_write,
    .ioctl     = simple_ioctl,
};


/* Module housekeeping. */
static int simple_init(void)
{
    int result;
    dev = MKDEV(simple_major，0);
    result = register_chrdev_region(dev，1，"simple");
    if(result<0)
    {
        alloc_chrdev_region(&dev，0，1，"simple");
        simple_major = MAJOR(dev);
    }
    simple_setup_cdev(&SimpleDevs，0，&simple_remap_ops);
    printk(KERN_INFO "use dev:major=%d,minor=%d\n",MAJOR(dev),MINOR(dev));
    //printk("simple device installed，with major %d\n"，simple_major);
    return 0;
}
static void simple_cleanup(void)
{
    iounmap(gpfcon);
    iounmap(gpfdat);
    cdev_del(&SimpleDevs);
```

```c
        unregister_chrdev_region(dev, 1);
        printk("simple device uninstalled\n");
    }
    module_init(simple_init);
    module_exit(simple_cleanup);
```

2. 按键中断测试代码

```c
    #include <stdio.h>
    #include <stdlib.h>
    #include <unistd.h>
    #include <fcntl.h>
    #include <string.h>
    #include <sys/types.h>
    #include <sys/stat.h>
    #define GPF4_ON   0x011    //这两个宏定义并不是 GPFDAT 的值，只是作传递使用
    #define GPF4_OFF 0x012
    #define GPF5_ON   0x021
    #define GPF5_OFF 0x022
    #define GPF6_ON   0x041

    #define GPF6_OFF 0x042
    #define GPF0_UP      0x01
    #define GPF0_DOWN 0x00
    #define GPF2_UP      0x21
    #define GPF2_DOWN 0x20
    #define GPG3_UP      0x31
    #define GPG3_DOWN 0x30
    int main()
    {
        int i = 0;
        int dev_fd;
        char u_buf[10]={0},bef_buf[10]={1,1,1};
        dev_fd = open("./led",O_RDWR | O_NONBLOCK);
        if ( dev_fd == -1 ) {
            printf("Cann't open file /dev/led\n");
            exit(1);
        }
        while(1)
        {
```

```
read(dev_fd,u_buf,10);
if(bef_buf[0] != u_buf[0]) //状态判断，避免稳定状态时多次使用相同的 ioctl()
{
if(u_buf[0] == GPF0_DOWN)
        ioctl(dev_fd,GPF4_ON,0);
else
        ioctl(dev_fd,GPF4_OFF,0);
}

if(bef_buf[1] != u_buf[1])
{
   if(u_buf[1] == GPF2_DOWN)
        ioctl(dev_fd,GPF5_ON,0);
   else
        ioctl(dev_fd,GPF5_OFF,0);
}

if(bef_buf[2] != u_buf[2])
{
   if(u_buf[2] == GPG3_DOWN)
        ioctl(dev_fd,GPF6_ON,0);
   else
        ioctl(dev_fd,GPF6_OFF,0);
}
for(i=0;i<3;i++)
        bef_buf[i]=u_buf[i];
}
return 0;
}
```

本 章 小 结

　　本章讲述了工程中常用的接口 GPIO、IIC、看门狗、ADC 和按键中断的原理，依据原理和前面章节对应用层、硬件层和内核知识的讲解设计了接口驱动，并进行了应用程序的测试。

参 考 文 献

[1] 马小陆. 基于 ARM9 的嵌入式 Linux 系统开发原理与实践. 西安：西安电子科技大学出版社，2011

[2] 梁庚，陈明，马小陆. 高质量嵌入式 Linux C 编程. 北京：电子工业出版社，2015

[3] 王学龙. 嵌入式 LINUX 系统设计与应用. 北京：清华大学出版社，2001

[4] 李驹光，等. ARM 应用系统开发详解-基于 S3C4510B 的系统设计. 北京：清华大学出版社，2003

[5] 吴明晖. 基于 ARM 的嵌入式系统开发与应用. 北京：人民邮电出版社，2004

[6] 胡伟. ARM 嵌入式系统基础与实践. 北京：北京航空航天大学出版社，2007

[7] 胥静. 嵌入式系统设计与开发实例详解：基于 ARM 的应用. 北京：北京航空航天大学出版社， 2005

[8] 杜春雷. ARM 体系结构与编程. 北京：清华大学出版社，2003

[9] 孙天泽，袁文菊. 嵌入式设计及 Linux 驱动开发指南:基于 ARM 9 处理器. 3 版. 北京：电子工业出版社，2009

[10] 罗苑棠. 嵌入式 Linux 驱动程序和系统开发实例精讲. 北京：电子工业出版社，2009

[11] 怯肇乾. 嵌入式图形系统设计. 北京：北京航空航天大学出版社，2009

[12] 滕英岩. 嵌入式系统开发基础:基于 ARM 微处理器和 Linux 操作系统. 北京：电子工业出版社，2008

[13] 王黎明，等. ARM 9 嵌入式系统开发与实践. 北京：北京航空航天大学出版社，2008

[14] 赵刚，等. 32 位 ARM 嵌入式系统开发技术：流程、技巧与实现. 北京：电子工业出版社，2008

[15] 孙弋. ARM-Linux 嵌入式系统开发基础. 西安：西安电子科技大学出版社，2008

[16] 黄智伟，邓月明，王彦. ARM9 嵌入式系统设计基础教程. 北京：北京航空航天大学出版社，2008

[17] 张石. ARM 嵌入式系统教程. 北京：机械工业出版社，2008

[18] 马忠梅，等. ARM & Linux 嵌入式系统教程. 2 版. 北京：北京航空航天大学出版社，2008

[19] 李超，肖建. 嵌入式 Linux 开发技术与应用. 北京：电子工业出版社，2008

[20] http://www.embedded-linux.org/

[21] http://www.embed.com.cn/

[22] http://www.busybox.net/

[23] http://www.gnu.org/

[24] ftp://ftp.kernel.org/

[25] ftp://ftp.gnu.org/